城市空间扩展及其生态风险评估与防控研究
——以呼和浩特市为例

甄江红　著

国家自然科学基金资助项目（项目编号：41761032）

U0260896

科学出版社

北　京

内 容 简 介

本书以城市化进程迅速而生态脆弱的呼和浩特市为研究对象，在进行城市扩展时空分析的基础上，探究用地格局演变的生态环境效应；通过城市空间扩展的生态风险识别及其驱动因子辨析，开展生态风险的时空评估与预警研究；基于城市空间扩展与生态风险演变的耦合关联分析，揭示其间的互动效应与作用机制；依据城市扩展的外部约束与内生机制，进行城市空间扩展及其生态风险的模拟与调控研究，构建城市生态安全格局与风险防控体系。本书旨在丰富城市空间扩展与生态风险演变耦合机理的研究框架，为西部地区城市扩展与用地优化提供借鉴，为城市规划及土地管理部门提供依据。

本书可供地理学、生态学、城乡规划、土地管理等专业领域的教学、科研工作者参考和阅读。

审图号：蒙 S[2020]022 号

图书在版编目（CIP）数据

城市空间扩展及其生态风险评估与防控研究：以呼和浩特市为例/甄江红著. —北京：科学出版社，2021.6
　ISBN 978-7-03-069150-7

Ⅰ.①城… Ⅱ.①甄… Ⅲ.①城市空间-城市扩展-关系-城市环境-环境生态评价-呼和浩特　Ⅳ.①X321.226.1

中国版本图书馆 CIP 数据核字（2021）第 110259 号

责任编辑：吴卓晶 / 责任校对：马英菊
责任印制：吕春珉 / 封面设计：东方人华平面设计部

科 学 出 版 社 出版
北京东黄城根北街 16 号
邮政编码：100717
http://www.sciencep.com

北京虎彩文化传播有限公司 印刷
科学出版社发行　　各地新华书店经销
*

2021 年 6 月第 一 版　　开本：B5（720×1000）
2021 年 6 月第一次印刷　　印张：13　插页：17
字数：262 000

定价：109.00 元
（如有印装质量问题，我社负责调换〈虎彩〉）
销售部电话 010-62136230　编辑部电话 010-62143239（BN12）

前　言

近年来，随着国民经济的持续发展，我国城市化进程也在不断加快。然而，城市空间扩展不仅是城市化的主要特征，还是社会经济发展的重要标志。伴随着城市建设用地的大幅扩张与区域资源的开发利用，城市生态系统及其景观格局发生变化，极易造成城市热岛、土地退化、植被破坏、生态失衡等环境问题，甚至引发区域生态风险。可见，城市空间扩展及由此导致的土地利用变化对区域生态安全起着决定作用。因此，有效遏阻建设用地的无序扩张，是实现城市及区域可持续发展的重要途径。为此，我国住房和城乡建设部、党的十九大报告均将控制与划定城镇空间增长边界、合理确定建设用地规模作为城市发展的核心议题。基于此，如何在快速城市化进程中，选择合理的城市空间扩展策略，使其既不影响城市社会经济发展与环境质量，又能达到土地利用效益最大化和生态风险最小化的目的，成为当今学术界极为关注的前沿任务和重要问题。

作为内蒙古自治区的首府城市，呼和浩特市不仅是自治区的政治、经济、文化与科技中心，亦是连接黄河经济带、亚欧大陆桥、环渤海经济区的重要桥梁及"一带一路"倡议发展的重要节点。"十五"以来，呼和浩特经济发展一直保持着高速增长，全市常住人口城镇化率均高于全国与自治区的平均水平。伴随着经济发展与人口增加，呼和浩特城区用地不断扩张，导致用地结构与生态环境发生改变，对区域生态安全构成威胁。因其特殊的生态区位与战略地位，呼和浩特环境质量的优劣对内蒙古乃至全国均有重要影响，开展其城市空间扩展的生态风险评估与预警防控研究，对有效调控城市扩张并保障区域生态安全意义重大。

基于上述背景，本书作者在国家自然科学基金项目"经济快速增长区城市用地扩展的生态风险评估及其防控研究——以内蒙古呼和浩特市为例"（项目编号：41761032）与内蒙古自然科学基金项目"呼和浩特城市空间扩展对生态安全的影响及其调控研究"（项目编号：2016MS0410）的资助下，以地处少数民族地区、经济增长迅速、城市化进程也快速推进而生态环境敏感脆弱的呼和浩特市为研究对象，开展城市用地扩展与生态风险演变的时空规律及其驱动机制与响应机理的理论分析及实证研究，构建基于生态安全的城市空间扩展调控方案与生态风险分区防控策略。本书即为以上研究成果之一，旨在探寻呼和浩特城市空间扩展与区域生态风险间的耦合机制、作用机理与调控途径，划定城市空间增长边界，优化城市用地结构，为实现城市发展与生态保护的双赢提供依据。

本书的完成与出版得到了内蒙古师范大学多位同行、学生和科学出版社的鼎力支持与热情帮助。内蒙古师范大学地理科学学院院长包玉海教授给予了出版资金的资助，博士研究生冯琰玮，硕士研究生何孙鹏、罗莎莎、田圆圆、王亚丰、王琳娟、王金礼、查苏娜、峰一、陶云、马晨阳、韩帅、曹勇参与了资料收集、数据处理、影像合成与解译、模型构建与拟合、城市扩展模拟与调控及生态安全格局构建工作，为本书的顺利完成奠定了基础，在此一并致以诚挚的谢意。

因作者水平有限，本书尚存不足，恳请专家、学者及有关人士批评指正。

甄江红

2020 年 11 月

内蒙古呼和浩特市

目　　录

第一章 绪 论

第一节 研究背景与研究意义

一、研究背景

20 世纪 90 年代以来,随着资源、环境和人口问题的日益突出,土地利用/覆被变化(land-use/land-cover change,LUCC)成为全球环境变化研究的重要内容,而城市用地扩展是 LUCC 的直接表现之一,也是中国城市化的突出特征和社会经济加速发展的重要标志。伴随着建设用地的快速扩张,城市土地利用格局不断变化,不仅会加剧城市用地供需矛盾,还使城市生态系统的过程、结构、功能、服务价值及景观格局、生物群落等发生改变,甚至造成耕地资源锐减、局部气候变异、环境污染加剧、生物多样性降低、生态超负荷运载、开发建设粗放、基础设施滞后等一系列问题,进而影响城市生态安全,导致区域生态风险的加剧。可见,城市空间扩展及由此引发的土地利用变化对区域生态安全起着决定性作用[1]。因此,分析城市用地扩展的时空过程与演变趋势,研究土地结构变化对生态风险的驱动机制及其调控机理,不仅可有效遏制城市用地扩张对生态环境的负面影响,还对统筹区域发展和城市空间扩展、构建城市土地利用安全格局具有重要意义与价值。

呼和浩特市地处中国环渤海经济圈、西部大开发、振兴东北老工业基地三大战略交会处,是连接黄河经济带、亚欧大陆桥、环渤海经济区的重要桥梁,也是呼包银榆经济带与呼包鄂榆城市群的核心城市,国家向北、向西开放的前沿城市及"一带一路"倡议发展的重要节点。"十五"期间,呼和浩特市经济发展保持着 30%的高速增长,连续 5 年在全国 27 个省会城市中位居第一,经济总量在少数民族地区首府城市中名列前茅;"十一五"期间,呼和浩特市地区生产总值(gross domestic product,GDP)年均增速达 15.6%,高于全国同期平均水平(11.2%),居于省会城市之首;"十二五"期间,呼和浩特市 GDP 年均增速为 10.1%,比全国同期平均水平高 2.1%。截至 2017 年年底,呼和浩特市建成区面积达 274km²,在全国主要城市中居于第 37 位;全市常住人口城镇化率达 69.1%,基本接近沿海发达地区水平,分别比全国与内蒙古平均水平高 10.6%和 7.1%。目前,呼和浩特市初步实现了由西部地区落后的中小型城市向大型中心城市的历史性转变,已经成为带动自治区经济增长及城镇发展的"引擎"。因经济快速发展及城市人口迅速增加,呼和浩特城区用地向周边地区不断扩张,使其用地结构与景观格局发生较大变化，不仅导致局部生态环境破坏，还对区域生态系统造成胁迫效应，影响城市经济社会的持续发展与生态安全。研究显示：1977～2017 年，呼和浩特市建成区面积从 34.59km² 扩展到 274.10km²，增加了 6.92 倍，平均每年扩展 5.99km²；同期耕地面积减少 26.19%，城市排污总量增加 0.82 倍，热岛比例指数上升 0.78 倍，斑块数量增加 0.96 倍，生物丰度指数下降 13.02%，生态压力指数升高 2.75 倍。可见，呼和浩特城市化进程中城市空间扩展及其用地结构变化已导致区域生态风险的加剧。作为内蒙古自治区首府及呼包鄂金三角的中心城市，呼和浩特市社会经济活跃，聚集效应较强；因地处中国生态脆弱的农牧交错地带，其人地关系复杂，生态环境敏感，被喻为研究 LUCC 及其生态环境效应的"天然实验室"。因其特殊的生态区位与战略地位，呼和浩特市社会经济发展与环境质量对内蒙古乃至全国有着十分重要的影响，以其城市空间扩展所致的生态风险评估为切入点，开展城市用地扩展模拟调控及其生态风险预警防控研究，对实现城市土地资源的优化配置及保障区域生态安全，具有重要的理论意义与实践价值。

二、研究意义

研究表明，近期中国土地利用变化的主要特点之一就是城市的快速发展。随着城市空间扩展与资源开发利用，人类经济与社会活动将改变区域物质及能量流，进而影响区域生态过程，甚至还会产生环境污染、森林退化、水土流失、土地沙化、热岛效应及残留自然区域的破碎化及孤立化等全球性和区域性的生态安全问题，最终会威胁人类生存环境和经济社会的持续发展。因此，有效遏阻建设用地的无序扩张，是实现城市及区域可持续发展的重要途径。基于此，中国住房和城乡建设部发布的《城市规划编制办法》提出"研究中心城区空间增长边界，确定建设用地规模，划定建设用地范围"的要求；党的十九大报告也明确要"完成生态保护红线、永久基本农田、城镇开发边界三条控制线划定工作"。可见，科学、合理地划定城市增长边界，是构建空间规划体系、实现资源有效管控的重要内容。

作为内蒙古自治区的首府及经济发展的"极点"，近年来呼和浩特城市建设用地扩张特征十分明显，城市化进程中用地结构变化引发的耕地锐减、大气污染、热岛效应、景观破碎等问题已导致区域生态风险不断加剧。鉴于城市经济快速发展对土地供给的现实需求及土地利用变化与生态风险评估是国内外研究的热点问题，而目前对经济欠发达地区城市化进程中城市空间扩展的研究略显不足，且生态风险缺乏实测或可视化的空间数据供城市规划参考的实际，本书以地处少数民族地区、经济增长迅速、城市化进程逐步加快而生态环境敏感脆弱、生态地位极其重要的呼和浩特市为研究对象，在对其城市用地扩展与生态风险演变的时空规律及其驱动机制与响应机理进行理论分析与实证研究的基础上，探寻基于生态安全的城市空间扩展调控方案与生态风险防控策略，这对促进生态脆弱区的城市土地优化利用，实现其生态修复与环境保护意义重大。

（一）为城市规划与土地管理提供理论依据

2013 年，中国提出了建设"丝绸之路经济带"的发展战略。为有效把握"一带一路"倡议提供的良好机遇，呼和浩特作为重要的节点城市，在城市发展中应做好空间定位与规划工作，加强城市与区域规划中的生态研究，在确保生态安全的基础上，更好地利用节点城市拥有的生产要素、交通枢纽及开发优势，提升城市综合竞争实力，带动周边地区社会经济的快速发展。基于此，借助多期遥感影像及遥感（remote sensing, RS）技术、地理信息系统（geographic information system, GIS）技术，本书在深入分析呼和浩特城市空间扩展及其用地结构演变的时空特征、发展趋势和驱动机制的基础上，构建基于生态安全的城市空间扩展调控策略及其用地结构优化方案，可为呼和浩特市国土空间开发及其产业有序布局提供理论依据，为政府部门制定区域发展战略、城市规划和土地管理政策提供实践指导。同时，呼和浩特城市空间扩展研究可反映中国大多城市现阶段的发展弊端，不仅可为建立科学的城市空间扩展战略提供理论素材与成功经验，还对其他城市空间扩展策略的制定具有推广和应用价值。

（二）可为生态风险防控与管理提供决策依据

随着城市生态环境问题日益凸显，已有诸多学者开展了生态安全与生态风险评估及其防控研究，但目前生态风险评估领域尚未形成普遍认同的指标体系和评估标准。本书以生态风险评估的最新理论成果和实践应用为指导，基于呼和浩特城市用地扩展的时空特征及其生态环境效应，构建科学、可行的指标体系与计量模型，进行生态风险的评估、监测、预警与防控研究；在对呼和浩特城市空间扩展所致生态风险的演变规律实现定量化、空间化和可视化研究的基础上，提出基于生态安全的生态风险空间分区防控策略，这不仅可丰富中国生态风险防控研究的理论与方法，还可为生态风险的监测与管理提供决策依据。

（三）为生态脆弱区实现城市发展与环境保护双赢提供实践指导

本书以城市化进程迅速而生态环境敏感脆弱的呼和浩特市为研究对象，将城市空间扩展及其用地结构演变与生态风险问题纳入一个系统中，进行城市空间扩展对生态风险的影响、生态风险对城市空间扩展的响应及城市空间扩展模拟调控与生态风险预警防控的理论分析与实证研究，这不仅可辨识该地区城市空间扩展与生态风险演变间的耦合关系，以促进生态脆弱区的城市化进程及其生态修复与环境保护，实现其城市发展与生态保护的并重与双赢；还可为经济发展阶段和环境背景相似的西部地区城市空间扩展与用地结构优化及其生态建设提供借鉴，为政府有关部门制定相应政策、措施提供实践指导，具有较强的针对性、实用性和推广价值。

（四）能够丰富和完善城市空间扩展与生态风险演变耦合关系的研究框架及理论体系

本书采用新技术集成的研究方法，在理论研究层面上，通过探究城市空间扩展过程中生态风险的形成特征、演变过程与防控机理，为城市土地资源的优化配置提供依据；在实证应用方面，基于中心城区空间扩展及其用地结构演变研究，从资源、环境、景观格局、服务价值、生态压力等不同视角，构建了城市尺度的空间扩展与生态效应的多元、多层次的综合定量评估体系和技术方法。其旨在通过理论述评与实证研究，建立并完善以城市空间扩展与生态风险演变的耦合机理与预警防控为研究对象的学科领域，探寻二者间协调发展的调控模式与途径。这不仅促进了多学科交叉的理论体系的形成与发展，注重理论与实践相结合，而且建立并完善了相应的研究框架与理论体系，对丰富和发展城市空间扩展与生态风险防控的理论研究具有重要意义。

第二节　研究综述

一、城市空间扩展及其生态环境效应的研究进展

随着全球城市化的推进，城市空间扩展及其用地结构变化逐渐成为国内外城市发展研究的热点领域[2,3]。国外城市空间扩展研究发端于 20 世纪 60 年代的计量革命，LUCC 的正式研究始于 1992 年联合国制定的《二十一世纪议程》，其研究内容集中于城市空间扩展及土地利用变化的形态特征、时空演变、扩展模式、驱动机制、模拟预测、生态安全影响及预警、效应与调控等方面[3]，并在理论探讨与技术研究层面取得了丰硕成果。中国城市空间扩展研究自 20 世纪 80 年代中期开始，LUCC 研究始于 20 世纪 50 年代末期的土地类型调查与制图。学者们采用遥感、地理信息系统、全球定位系统（remote sensing、geographical information system、global position system，3S）技术、相关分析、多因素分析、景观指数与地图信息图谱等方法及计量经济学、元胞自动机（cellular automata，CA）、人工神经网络（artificial neutral network，ANN）、多代理系统（multi-agents system，MAS）等模型[4,5]，从形态、规模、模式、方向、速度、特征、动力机制、建模预测与结构优化、对生态系统及全球变化的影响、景观格局变化及其空间特征、调控政策和手段等方面，对全国、省域或区域及部分城市的空间扩展及其用地变化进行了深入分析与实证研究[4-12]，研究方法与技术手段逐渐与国际接轨，研究成果对认识城市空间扩展的复杂性与多样性具有重要的理论价值与实践意义。但学术界关于城市土地利用结构的影响因素与优化标准还未形成统一观点，相关成果中仍存在着土地利用变化的空间过程及其推理演绎研究相对欠缺，机制认识尚不

明朗，城市空间扩展的动态模拟与预测功能不足，实践研究难以突破，中西部城市及典型区研究亟待加强，土地利用优化方法有待完善[11]，研究结果缺乏可比性、针对性及操作性不强等问题，致使国内研究滞后于国际研究。今后，城市空间扩展模拟、预测与调控及土地利用变化理论模型的构建与应用，将成为研究的重点与热点；基于多角度的典型地区城市空间扩展与土地利用过程的时空分异及其驱动因素的综合研究，城市空间扩展与区域生态、粮食安全的耦合关系及其响应机制与预警研究亟待加强；区域尺度和中西部经济欠发达地区及案例城市的空间扩展规律及多学科、多领域的综合交叉研究，将是城市空间扩展与用地结构变化研究的重要领域。

国外关于城市空间扩展及其土地利用变化的生态环境效应研究最早由欧洲学者开展，研究内容集中于两个方面：一是运用自然地理学理论与方法，研究城市区域下垫面变化和人为热、废气排放导致的城市大气、土壤、水文、生物、地貌与地质环境效应及其对城市居民生产、生活带来的负面影响[13,14]；二是运用生态调查和环境监测方法，通过城市及周边生物区系组成的改变来反映生物对环境胁迫的响应，揭示由于城市扩展导致的环境污染、气候异常等生态安全问题[14]。国内学者基于遥感数据、3S技术与计量模型，从大气环境、热环境、水环境、土壤环境、生物环境、地质环境及生态用地流失、生态服务价值、景观生态效应与生态环境综合影响等方面[15-20]，对城市空间扩展及其用地结构变化导致的生态环境效应进行了探讨，认为城镇用地的增加是导致城市洪水、水土流失、环境污染加剧和生态环境恶化的主要原因，土地利用变化对生物多样性、水资源安全和人类健康产生了威胁，致使生态风险有加剧趋势。目前，相关研究中虽然采用了数学模型、空间分析等定量方法，但是案例研究中仍缺乏结合上述方法与环境影响评估技术及政策仿真等多种手段进行的动态模拟及综合分析与比较研究；大多数模型从国外引入，致使适合地区特点的土地利用变化与生态环境效应间的数学关系尚未全面体现出来。今后，3S与多尺度的景观信息技术仍是城市空间扩展与土地利用变化评估数据获取的主要手段，小尺度和全球尺度的城市景观的演变机理分析、城市空间扩展的环境效应与土地利用对多个环境要素的综合影响研究，将成为该领域的研究重点。

二、生态风险评估、预警与防控的研究进展

国外生态风险评估研究始于20世纪80年代。其中，美国是开展生态风险研究最早的国家。1992年，美国国家环境保护局确定了生态风险评估指南并制订了工作大纲。此后，英国、澳大利亚、加拿大、荷兰、南非、欧盟等国家和地区相继对美国提出的框架进行了修正和延伸，并构建出适用于本国和本地区的研究框架[21]。20世纪90年代末期以来，国际生态风险评估研究已涉及污染生态风险、生态事件生态风险、区域生态风险、自然灾害生态风险、人类开发活动生态风险

等多个领域[22-28]，风险源由起初的化学污染物单一风险源扩展至物理干扰、自然灾害及人类活动等多风险源，评估尺度从种群、群落、生态系统扩展至区域、流域和景观水平，风险受体也从单一受体发展到多受体，评估方法由传统的污染物扩散模型、统计模型转变为景观结构模型，研究框架由美国模式衍生出欧盟模式与筛选模式。可见，国外已基本形成一个较为系统、规范的生态风险评估体系。

　　中国生态风险评估研究始于 20 世纪 90 年代中期，学者们在对生态风险评估概念、过程、指标、模型、发展趋势进行探讨的基础上，对水环境和自然灾害、重金属沉积物、农田系统与转基因作物、人体健康、土地整理与土地利用、生物安全及项目工程等领域生态风险评估的基础理论和技术方法进行了探讨[29,30]，并对湿地、岛屿、绿洲、流域、湖区、矿区、海岸带、高原农牧区、城乡交错带、铁路与公路沿线、部分城市的生态风险进行了综合评估[31]。其中，城市生态风险是由城市发展与建设导致的城市生态环境的不利变化。因城市是人类社会的政治、经济、文化与生活中心，城市生态风险评估成为区域生态风险评估研究的重要内容。有学者基于暴露-响应分析、压力-状态-响应（pressure-state-response，PSR）概念模型、风险源-风险受体-风险效应及危险度-易损性-损失度等维度构建了生态风险评估指标体系，对部分城市空间扩展及其土地利用变化所致的生态风险进行了实证研究，为本书的研究提供了借鉴。但目前中国在生态系统水平及区域尺度的风险评估方面还缺少统一的评估理论、量化方法、指标体系、评估导则与技术规范，特别是基于土地利用变化尺度的城市生态风险的识别、评估与研究的方法体系仍处于探索阶段；同时，生态风险评估与生态风险管理及相关决策制定的衔接程度不够，评估结果也未体现在风险管理的决策中。今后，在人体健康和全球环境两个极端尺度之间，以区域为尺度的生态风险评估将逐渐兴起并趋于标准化[28]。因此，建立适合地区特点的区域生态风险评估体系与技术指南，进行生态风险阈值判定，加强区域生态风险的监测、预警、防控研究及其与人类活动的耦合分析，提高评估结果在管理决策中的有效性，是生态风险评估研究的发展趋势。

　　国外对于风险预警的研究起源于管理学，并形成了风险管理理论，风险管理政策、风险管理手段、风险预警机制、环境风险管理与控制相继成为研究重点。在倡导土地利用效益最大化和生态风险最小化方面，美国学者 McHarg 于 20 世纪 60 年代发展了生态规划概念及其框架，使生态规划思想引起了土地管理与城市规划工作者的重视[14,21]。国外针对土地利用的生态风险防控所开展的全面系统研究尚不多见，但不少学者提出了生态风险防控的某方面对策与措施，如开展高水平的风险评估，提高应对风险源的管理水平，成立环境风险管理机构，推行环境友好型管理方式等，对土地利用所致生态风险的防控研究具有重要参考价值。国内有关土地生态安全调控的研究集中于三个方面：一是有关土地利用优化调控[32]；二是土地生态系统调控；三是土地市场调控。总体来看，尽管生态规划、生态安全格局和反规划理念已运用于中国土地优化利用和减少生态风险的实践中，但关于生态风险防控的理论研究并不多见，城市开发中的风险研究尚处于起步阶段。另外，现有研究中虽构建了模拟模型，但多数模型只能反映某一类过程的变化，不仅缺乏空间变化的表现力，而且研究区域差异较大致使土地利用的生态风险变化调控模型适用性较差。此外，相关模拟模型较少关注土地利用变化引起的生态系统功能退化及其结构破坏，对快速城市化引起的土地利用结构与功能变化所导致的生态风险演变关注不多，通过模型模拟生态风险调控决策与管理等方面的研究更少。今后，人地相互作用的风险及其形成机制与防控研究将备受关注，城市土地扩展的风险监测、预警、控制、规避研究，以及基于生态安全的城市生态空间优化决策模型、城市用地扩展调控模式的构建将成为研究热点。鉴于此，在快速城市化的典型区域环境恶化趋势未能有效遏止的前提下，开展城市空间扩展与用地格局演变及其对生态风险的影响研究，将有助于加强城市化进程对生态环境影响的理解，对构建城市土地利用的安全格局，降低生态环境风险，促进城市持续发展具有重要意义。

三、城市空间扩展与用地结构调控的研究进展

在城市空间扩展过程中，其时空上的无序性和非理性导致城市生态环境破坏、城市安全风险剧增[33]。为此，学术界相继开展了城市空间扩展的规划调控研究。早期的城市空间扩展规划调控主要体现在城市或区域的外围规划设限与特定空间导引两个方面[34]。例如，20世纪30年代，英国伦敦分别采用环形绿带限制蔓延和建设新城疏散蔓延两种方式进行规划布局调控，以促使城市空间有序发展；20世纪60年代，法国巴黎主要以平行于塞纳河的南北两条轴线来支撑和平衡城市中心的人口和产业扩张，并在近郊发展9个城市副中心，以改变其原有的单中心城市空间格局；中国香港以分区规划的形式，在区域空间范围内引导和管制土地发展和利用，变被动的防止无序蔓延为主动的综合性规划[34]。20世纪后期以来，随城市空间扩张问题的日益凸显，美国的规划调控实践倾向于城市内部空间的集约化发展及其内在要素的组织与调整，并在城市外围突出一些刚性生态环境要素的限定作用，如将城市增长边界（urban growth boundary，UGB）划定、精明增长理论及绿地基础设施规划等应用于城市空间扩展调控中。城市增长边界的划定试图将集约化发展体现在城市增长边界以内，边界以外则倾向于严格控制和保护农地与林地免于被城市蔓延发展吞噬，基于此，Tobler首次采用CA模型模拟并预测了美国底特律地区的城市用地扩展[35]；精明增长理论试图通过节约用地及公用设施来提高综合服务质量，改善社区环境并以此重塑城市和郊区的发展模式；绿地基础设施规划体现城市蔓延背景下区域生态系统保护的刚性目标，如马里兰州的绿色基础设施规划是通过绿道连接形成一个覆盖全州的大型生态网络系统，以减少因城市发展带来的土地破碎化等负面影响[34]。同时，针对城市蔓延，西方学者提出了区域主义、城市成长管理、新城市主义、紧凑城市、理性增长等[36]

管控理念与措施，以及容纳式城市发展、公交导向发展（transit oriented development，TOD）、区域差异调节、经济引导[37]等城市增长管理策略。从规划角度来看，增长管理策略是政府用来约束城市土地开发的数量、速度、类型、布局和质量的土地利用规章[37]。其中，容纳式城市发展政策是世界各国应对城市蔓延所普遍采用的一种策略[37]，包含土地开放空间用地征用、土地利用控制和基础设施投资调控等规制内容，通常有3种表现形式，即绿带、城市增长边界和城市服务边界（urban service boundary，USB），其主要目的是保护开放空间和提高城市用地使用效率[37]。公交导向发展是一种基于"交通-土地利用"相互关系的土地开发创新模式，最早由美国学者彼得·卡尔索尔普倡导，它强调在区域层面上整合公共交通与土地利用的关系，通过增加步行、自行车和公交车等多种出行方式，达到高效率的交通运行和集约化的土地利用[37]。区域差异调节政策是通过对不同区域设置灵活的差异性政策来实现土地开发行为的合理疏导，代表性措施为发展权的转移和购买[37]。经济引导政策旨在通过税收杠杆对土地开发行为进行激励或限制，主要有开发影响费、税收优惠、差别化税率等税收制度[38]。

　　中国城市发展中普遍存在着城市空间无序扩张、相关规划调控失效的现象[39]。为此，形成了土地用途管制制度，部分城市进行了规划调控的积极探索。例如，北京市在城市总体规划指导下，突出农田保护、河湖湿地、水源保护、城市绿地、超标洪水风险、地震灾害、水土流失等刚性要素，构建限建性因素体系，推动了限建区规划的实施[34]。同时，国内学者也从城市规划角度提出了城市空间扩展策略[36,40]。段进[41]指出未来城市空间发展模式研究应侧重于理想、原则和目标方面；朱喜钢[42]提出"有机集中"思想并将其运用于南京城市空间调整[36]；李翅等[43]提出城市空间扩展应具有区域整体视野，采用适度规模与合理的城市形态，促使城市精明增长和紧凑发展；韩守庆[44]认为城市区域空间结构的调控机制应有市场经济机制、民主法制机制、政策公平机制及行政干预机制；黄馨等[45]依据长春城市空间扩展特征及其机理，提出内涵式增长的城市空间扩展调控措施。基于相关研究，中国于2006年在《城市规划编制办法》中提出了城市增长边界的概念，要求"研究中心城区空间增长边界，确定建设用地规模，划定建设用地范围"，使得城市增长边界的划定研究备受关注[46]，诸多学者运用定量方法开展了城市增长边界划定研究。叶玉瑶[47]提出了生态阻力面（urban expansion ecological resistance，UEER）模型并将其运用于广州的城市扩展模拟中；陶卓霖[48]构建了城市相互吸引力指数并应用于新疆阿纳斯县的城市扩展模拟中；丛佃敏[49]借助元胞自动机-马尔可夫（cellular automata-Markov，CA-Markov）模型划定了天水市规划区的城市增长边界。与国外相比，国内关于城市扩展控制政策的效能研究较为缺乏[37]，目前并没有严格意义上"增长管理"措施，仅以城市总体规划或土地利用总体规划作为管理依据，且因缺乏对规划制定程序、内容以及机制的评估而使其指导实践的效用大为降低。因此，有必要引进国外关于城市增长管理效能评估的相关方法，为中国城市用地扩展调控注入新的活力[37]。

国外有关土地利用结构的优化研究始于 20 世纪上半叶[50]，大多采用定性的经验规划方法来确定农、林、牧、副、渔用地的配置比例[50]。20 世纪下半叶，用地结构优化研究受到重视，研究领域涉及农业、林业、交通运输、城市等用地的优化配置，且计算机、RS 与 GIS 技术及数学方法也被引入区域土地利用优化调控中。土地利用结构优化研究涉及环境、经济、技术、政策等多个领域，多目标分析方法在用地结构优化中得到了广泛应用[50]。近年来，中国学者也对用地结构的优化调控开展了相关研究，研究方法呈现出多元化、交叉性的特点。有学者基于景观生态学方法、马尔可夫理论、生态绿当量概念，建立了土地利用结构优化配置模型，对部分城市的用地结构优化进行了实证研究并提出调控方案；也有学者采用线性规划模型、灰色线性规划法、多目标规划法、灰色多目标线性规划法、模糊数学方法、遗传算法对城市用地结构进行优化调整，一定程度上提高了土地利用的经济效益、社会效益和生态效益[50]。

四、呼和浩特城市空间扩展及其生态风险评估与防控的研究进展

有关呼和浩特城市空间扩展及其土地利用变化的研究成果较多，主要集中于城市建成区面积的动态监测，土地利用动态演变，城市用地扩展过程、趋势及其驱动因素，景观格局变化及大气环境与热岛效应、景观生态功能响应等方面[51]。有学者基于 2006 年 Spot 卫星解译数据，通过构建景观破碎度和面积加权生态价值指数，对呼和浩特城市生态风险的空间分布进行了分析[52]。但运用多种方法，从多个角度开展的呼和浩特城市用地扩展的时空监测、生态环境效应分析及其所致生态风险的识别、评估、预警、防控的综合分析与系统研究还较欠缺。作为内蒙古自治区中心城市，呼和浩特市独特的政治、经济、社会地位与中国北方的生态屏障作用尤为显著，开展城市空间扩展与用地结构时空演变及其生态风险评估与防控研究，对首府城市社会经济与生态环境协调发展意义重大。

综上所述，快速城市化地区的城市空间扩展与区域生态安全问题备受关注[53]，城市空间扩展的演化机制与环境效应及其对生态风险的影响评估和预警分析将成为研究热点；而依据土地利用格局与生态环境间的关联效应与耦合机制，进行城市空间扩展调控与用地格局优化及生态风险防控是维护生态系统服务功能稳定发挥、保证区域生态安全和可持续发展的有力手段[4]。鉴于目前对呼和浩特城市空间扩展及其所致生态风险研究略显不足的实际，且城市扩张态势及其驱动机理具有明显的阶段性、区域性与等级性特征[54]，本书在实地调研并借鉴相关理论成果与实践成果的基础上，对城市空间扩展与生态风险演变的耦合机制及其调控策略进行实证研究，以推动其经济、社会与生态的协调、持续、稳定发展。

第三节　研　究　方　案

一、研究内容

作为城市的自然载体，土地是城市生态安全的核心组成要素，而由城市土地扩展引发的生态环境变化，也是生态安全研究的重点内容。目前，中国正处于城市化快速发展时期，城市土地扩展及受其影响表现出的区域特征极为显著，并在很大程度上对区域空间发展格局产生重要影响[36]。因此，区域发展必须正视城市土地扩展的影响。探究城市土地扩展的时空规律及其生态环境影响与响应，以便进行适度的优化布局与综合调控，是统筹区域发展和城市空间扩展的有效途径。鉴于区域土地利用格局研究是揭示区域生态状况及其空间变异特征的有效手段，本书以城市化进程迅速但生态环境敏感脆弱的呼和浩特市为案例，以其城市空间扩展与用地结构的时空演变及其所致生态风险的评估与预警防控为研究对象，采用定性分析与定量评估、静态分析与动态比较、理论述评与实证研究相结合的方法，揭示城市空间扩展与生态风险间的驱动机制与响应机理，探寻基于生态安全的城市空间扩展调控方案与风险分区防控策略，研究内容如下。

（一）呼和浩特城市空间扩展特征及其驱动机制

基于1977～2017年6期遥感影像数据、土地利用调查资料、GIS技术与相关模型，分别从城市建成区空间扩展及其用地结构变化两个视角，开展呼和浩特及其四辖区城市用地扩展的时空特征、影响因素及其驱动机制的综合研究。

（二）呼和浩特城市空间扩展的生态环境效应分析及其生态风险识别

基于城市生态学与环境经济学理论，分别从资源、环境、景观格局、服务价值与生态压力等层面，分析呼和浩特城市空间扩展的生态环境效应；通过对城市空间扩展所致生态风险类型的全面剖析与识别，构建生态风险因果链，明确城市空间扩展对生态风险的驱动机制与作用机理。

（三）呼和浩特城市空间扩展的生态风险评估与预警研究

基于致灾因子、暴露易损性、影响程度和响应措施分析，构建城市生态风险评估指标体系，开展呼和浩特城市空间扩展所致生态风险的时空评估；通过城市生态风险的预警研究，分析生态风险对城市空间扩展的响应机制及其演变特征。

（四）呼和浩特城市空间扩展与生态风险演变耦合研究

基于城市扩展强度指数及其所致生态风险综合指数的演变分析，运用定量方法，从时空角度研究呼和浩特城市空间扩展与区域生态风险演变的关联程度、耦合类型及其发展过程，揭示其间的耦合特征与互动效应，为城市建设与生态安全协调发展提供依据。

（五）呼和浩特城市空间扩展模拟与调控研究

基于城市空间扩展的外部约束与内生机制，借助调控模型，开展呼和浩特城市空间扩展多情景模拟及其所致生态风险的预测研究，划定城市开发边界；以土地利用的经济、生态、社会效益最大化为原则，构建目标函数与约束条件，优化城市用地结构。

（六）基于生态安全格局的呼和浩特城市生态风险防控研究

基于城市生态源地的确定，借助最小累积阻力（minimum cumulative resistance，MCR）模型与相关分析方法，划分呼和浩特城市生态安全区，构建区域生态安全格局及城市空间管制与防控分区，制定生态风险防控策略，为合理规避城市生态风险提供理论依据。

二、研究思路

在 21 世纪，可持续发展面临的挑战之一就是生态安全，其中区域生态安全在整个生态安全体系中尤为重要。在人类活动导致的生态环境问题中，城市空间扩展及其用地结构变化会导致生态风险的发生与发展，进而对区域生态安全产生影响。如何在快速城市化的进程中，选择合理的城市空间扩展策略，使其既不影响城市社会经济发展与环境质量[55]，又能实现土地利用效益最大化和生态风险最小化，显得尤为迫切，因而成为当今学术界极为关注的前沿任务和重要问题。基于此，本书将城市化进程迅速且生态敏感脆弱的呼和浩特市作为典型案例，以"城市空间扩展及其模拟调控研究"及"生态风险识别、评估、预测、预警及其防控研究"为主线，基于城市扩展与生态风险的互动效应与作用机理研究，构建基于生态安全的城市空间扩展调控与优化方案。本书的技术路线如图 1-1 所示。

三、研究方法

本书将按照"风险形成—风险分析—风险评估—风险表征—风险预警—风险管理"的研究思路，在借鉴国内外相关研究成果与前沿观点的基础上，从系统和区域的角度出发，采用理论述评与实证研究、静态分析与动态比较、定性分析与定量评估相结合的方法，以城市地理学、景观生态学、环境经济学、风险管理学、土地规划学及可持续发展理论为支撑，以内蒙古自治区遥感与地理信息系统重点实验室为平台，借助遥感影像数据、数理统计方法、统计分析软件、计量经济模型、RS 技术及 GIS 空间分析功能，以经济发展迅速而生态环境敏感脆弱的呼和浩特为研究对象，以其城市空间扩展与生态风险演变及二者间的耦合关系与调控策略为研究主线，从时间和空间两个方面开展城市空间扩展过程与土地利用格局演变特征、生态风险形成机制与变化机理及二者的耦合、模拟、预警与调控研究，主要研究方法如下。

（一）RS 与 GIS 技术

借助 1977～2017 年 6 期遥感影像数据及图像可视化环境（environment for

visualizing images，ENVI）、ArcGIS 软件，基于景观分类、目视解译及空间叠加分析，获取研究区 40 年间的城市空间扩展及其土地利用变化数据，进行呼和浩特城市空间扩展及其用地结构演变的时空研究。

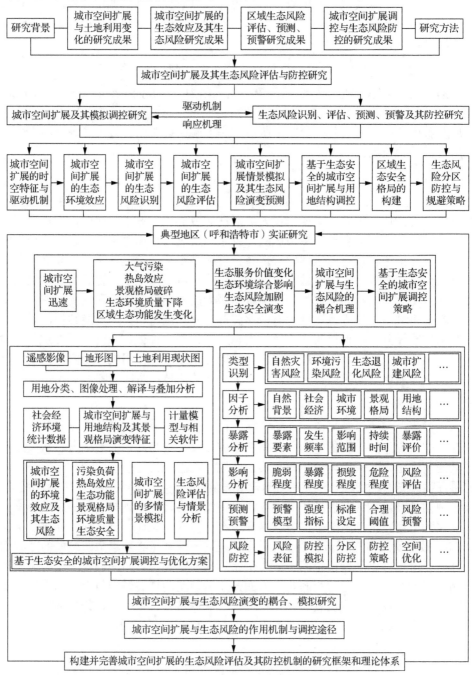

图 1-1　技术路线图

（二）统计分析方法与计量模型

采用城市用地扩展评估指标、土地利用转移矩阵、相关计量模型与空间分析软件，对呼和浩特城市建成区空间扩展与其用地变化的数量、结构、空间分异、形态特征及其在速度、强度、模式与类型上的阶段性差异与演变过程进行定量研究；借助相关分析、主成分分析、灰色关联分析方法，分别对不同时段内呼和浩特城市空间扩展的驱动机制进行综合研究；基于城市土地利用及环境污染统计数据、地表温度反演模型、景观格局分析软件、生态环境质量评估模型、生态系统服务价值评估方法、生态足迹理论与方法，从资源效应、环境污染、热岛效应、景观格局、生境质量、服务价值、生态压力变化等层面，辨析呼和浩特城市空间扩展的生态环境效应；基于因子-暴露-影响-响应分析，识别城市空间扩展中的风险源、风险受体、风险类型与风险效应，构建生态风险因果链；采用投影寻踪法、层次分析（analytic hierarchy process，AHP）法、综合指数法及空间变异分析法，进行呼和浩特城市空间扩展所致生态风险发生概率的时空评估及其风险等级演变特征的定量化、空间化和可视化研究；基于 MATLAB 7.10.0 应用软件，构造 RBF 神经网络预测模型，采取迭代一步滚动预测方式对生态风险警情演变趋势进行预警研究；运用灰色关联模型、重心转移指数、空间自相关分析及圈层梯度划分方法，从时间和空间两个维度定量揭示呼和浩特城市空间扩展与生态风险演变的关联程度与耦合特征；借助 CA-Markov 模型，开展城市空间扩展及其所致生态风险的多情景模拟；运用 UEER 模型、耦合阻力与驱动力因素提取城市增长边界，制定基于生态安全的城市空间扩展方案；采用灰色多目标线性规划法构建目标函数与约束方程，借助运筹学软件 WinQSB 中的 Goal Programming 模块，进行土地利用结构的优化调控；运用 MCR 模型，通过确立城市生态源区、生态廊道和生态战略点，构建区域生态安全格局及生态风险空间管制与防控分区。

四、数据来源与处理

（一）数据来源

1. 遥感影像数据

本书以中国科学院遥感卫星地面接收站提供的 1977 年 10 月多光谱扫描仪（multispectral scanner，MSS），1986 年 8 月、1990 年 9 月与 2010 年 8 月专题制图仪（thematic mapper，TM），2001 年 7 月增强型专题制图器（enhanced thematic mapper，ETM）及 2017 年 8 月陆地热像仪热红外传感器（operational land imager-thermal infrared sensor，OLI-TIRS）影像（彩图 1）数据为基本信息源，进行呼和浩特城市用地类型识别及其建成区边界提取，各影像数据信息如表 1-1 所示。

表 1-1　呼和浩特遥感影像数据信息

数据类型	成像时间	分辨率/m	轨道号	波段数/个
Landsat 2　MSS	1977 年 10 月	57	136/031	4（4-7）
Landsat 5　TM	1986 年 8 月	30	126/032	7（1-7）
Landsat 5　TM	1990 年 9 月	30	126/032	7（1-7）
Landsat 7　ETM+	2001 年 7 月	15	126/032	8（1-8）
Landsat 5　TM	2010 年 8 月	30	126/032	7（1-7）
Landsat 8　OLI-TIRS	2017 年 8 月	30	126/032	11（1-11）

2. 数字高程数据

本书采用数字高程模型（digital elevation model，DEM）来描述研究区海拔与坡度变化。DEM 是地形表面的数字化表达，由中国科学院地理空间数据云提供，其分辨率为 30m×30m，数据类型为栅格数据，投影为 UTM/WGS84[56]。研究区范围内 DEM 数据共计 4 景，其条带号及行编号分别为：111/40、112/40、111/41、112/41[57]。在 ArcGIS 软件空间分析功能的支持下，经拼接、裁剪后生成研究区海拔、坡度等因素的栅格数据。

3. 社会经济与城市建设统计数据

呼和浩特市及其四辖区的社会经济、城市建设、环境保护、土地利用与城市规划等数据与信息，来源于《呼和浩特经济统计年鉴（1990—2018）》《呼和浩特市国民经济和社会发展统计公报（2001—2018）》《中国城市统计年鉴（1985—2018）》《内蒙古统计年鉴（1985—2018）》《呼和浩特市环境质量公报（2010—2018）》《内蒙古自治区环境质量状况公报（2000—2018）》《呼和浩特市土地利用总体规划（2006—2020 年）》《呼和浩特市城市总体规划（2011—2020）》，以及政府工作报告。

4. 其他数据

净初级生产力（net primary productivity，NPP）数据来源于 18°N 以北中国陆地生态系统逐月净初级生产力 1km 栅格数据集[58]，城市地表温度与相对湿度数据由中国气象网站获取[59]，其他空间数据主要运用 ENVI、ArcGIS、Fragstats、GeoDa 等软件进行处理后获取[57]。

5. 相关图件

本书以呼和浩特行政区划图、百度地图为辅助信息源，为研究区范围确定及其景观类型辨别提供依据。

（二）数据处理

应用 Erdas Imaging 平台和 ENVI 软件进行遥感影像的校正、裁剪、配准、镶嵌、增强、合成处理，使其具有相同的比例尺和数学基础。其中，MSS 影像合成方案为 4（B）、5（G）、7（R）波段组合，TM 影像合成方案为 2（B）、3（G）、

4（R）波段组合，OLI-TIRS 影像合成方案为 3（B）、4（G）、5（R）波段组合，三者均为标准假彩色合成。

基于国家现行《土地利用分类体系》（GB/T 21010—2017）、研究区用地现状及影像数据空间分辨率，划分出耕地、林地、草地、水域、建设用地和未利用地6 类景观（表 1-2）。根据各类景观的影像特征，建立解译标志（表 1-3），借助 ArcGIS 10.0 软件，参照呼和浩特行政区划图、百度地图及土地利用调查资料，采用人机交互目视解译方法，进行城市用地类型识别及建成区边界提取，获取研究区 1977 年、1986 年、1990 年、2001 年、2010 年及 2017 年景观类型与建成区分布及其空间扩展矢量数据。经实地抽样调查，Kappa 系数及影像解译精度分别达 0.80 和 90% 以上，满足分类精度要求与研究需要。

利用 SPSS、Excel 等软件中的统计与分析模块，进行基础数据的分类、统计、叠加、计算与处理，建立指标数据库。

表 1-2 呼和浩特市区用地分类表

一级分类	二级分类
耕地	水浇地、旱地
林地	林地、灌木林地、果树、其他林地
草地	高覆盖草地、中覆盖草地、低覆盖草地
水域	湖泊、河流、水库、滩涂、水渠、池塘
建设用地	城市建成区、乡镇用地、农村居民点、其他建设用地
未利用地	沙地、盐碱地、荒地、裸地

表 1-3 呼和浩特市区景观类型及其解译标志

景观类型	假彩色合成影像	解译标志
耕地		冬季呈灰青色，生长期为红色或暗红色，形状较规则，为面状、片状或带状，有明显边界，纹理较均匀
林地		红色或鲜红色，形状不规则，呈粒状斑块或不规则多边形，灌木林地影像纹理较粗糙，林地纹理相对较均匀
草地		高覆盖度草地呈淡红色或灰棕色，中覆盖度草地呈淡红色或灰褐色，低覆盖度草地呈浅灰褐色或淡青色；形状不规则，无明显边界，纹理较细，结构均一

景观类型	假彩色合成影像	解译标志
水域		呈黑色或淡蓝色，湖泊为片状或带状，河流呈弯曲带状，水库有明显且规则边界；滩涂主要分布于河流两岸，呈灰色或淡红色
建设用地		城市建设用地呈青灰色或白色，为片状或团状，形状较规则；农村住宅用地呈灰褐色或灰白色，形状不规则，周围有树木、果园或耕地分布
未利用地（沙地、盐碱地、荒地、裸地）		沙地具格状纹理；盐碱地色泽发亮，周围有湖泊或湖泊痕迹；裸地呈浅灰色或白色，形状不规则

第四节　研究区概况

一、研究区范围与地理位置

呼和浩特位于内蒙古中部，北依阴山，南濒黄河，东临蛮汗山，西接包头市，110°46′~112°10′ E，40°51′~41°8′ N，距首都北京 470km[60]。其北部与乌兰察布市四子王旗交界，东部与卓资县、凉城县接壤，南隔长城与山西省朔州市相望，西部与包头市固阳县、土默特右旗毗邻，是内蒙古自治区首府及中国向蒙古国、俄罗斯开放的沿边城市及连接西北、华北地区的桥头堡。呼和浩特东西最大横距 125km，南北最大纵距 200km，土地总面积 17 224km²[60]。2017 年末，呼和浩特市区面积 2 065km²，城市建成区面积 274km²。本书以呼和浩特市区为研究对象，开展其城市空间扩展的生态风险评估与防控研究。

二、自然地理环境特征

（一）地形地貌

呼和浩特北部与东部为中山、低山及山间谷地，中部是洪积扇倾斜平原、冲积洪积平原与冲积湖积平原，南部系黄土丘陵与沙丘地貌[60,61]，地势由北东向南西倾斜。其中，北部大青山位于阴山山脉纬向构造带中段，以构造剥蚀地形为主，最高海拔 2 280m[62]；中南部土默川平原系由大青山以南地堑形成的湖盆淤积而成，呈围椅状向西南敞开，平均海拔 1 050m[63]。呼和浩特市区属呼包断陷盆地的一部分，地势东北高、西南低，呈自然缓坡状，平均海拔 1 040m，坡度为 3%～5%[63]。

（二）气象气候

呼和浩特属中温带大陆性季风气候，春季多风干旱，夏季短暂温热，秋季气温剧降，冬季漫长严寒[51]。年均气温北低南高，北部大青山区 2.2～2.5℃，南部丘陵 6.5～6.7℃[60]；1 月均温-12.7～16.1℃，7 月均温 17～22.9℃；北部山区无霜期为 75d，低山丘陵区为 110d，南部平原区为 113～134d[62]；日照时数为 2 946h，≥10℃积温为 1 760～3 000℃[60]。降水量少且集中于夏秋季节，年均降水量335.2～534.6mm；全年主导风向为西北风，年平均风速 1.8m/s，大风日数 26.9d，多集中于春季。

（三）水文特征

呼和浩特地表河流较少，河网稀疏，河流总长 1 075.8km，河网密度为0.177km/km²[60]。辖区内河流除少数为内流河外，均属黄河支流大黑河水系及浑河水系，包括大黑河、小黑河、什拉乌素河、哈拉沁沟、乌素图沟、枪盘河（水磨沟）等，东部有湖泊哈素海[60,61]。各河流水量主要来自汛期降水，多为季节性河流；入境各河流域面积小，年径流量少，年际变化显著[60]。

（四）土壤与植被

呼和浩特地区共有 12 个土类，即山地草甸土、灰色森林土、灰褐土、栗褐土、栗钙土、石质土、新积土、粗骨土、潮土、盐土、沼泽土和风沙土。自然植被类型有山地森林、山地草甸、山地灌丛、山地典型草原、丘陵草原、平原低洼草甸及盐生植被、沼泽植被和沙生植被等，水平地带性分布特征明显[60]。

（五）自然资源

1. 土地资源

呼和浩特地处土默特平原中东部，大青山横亘于北部，蛮汉山绵延于东部，丘陵起伏于南部，环山之间为平坦沃野，土地利用类型多样，适宜以农业为主，林、牧、副、渔多种经营[60]。其中，耕地面积占 35.35%，园地占 0.21%，林地占14.12%，草地占 42.38%，水域占 0.62%，城乡居民点、工矿、交通用地占 4.95%，未利用地占 2.37%[60]。

2. 水资源

呼和浩特水资源包括地表水、地下水和过境水，全市水资源总量为 14.34 亿 m³，人均水资源拥有量 271.8m³，为自治区人均水平的 12.6%。其中，地表水资源量为

6.84 亿 m³；地下水资源量为 7.50 亿 m³，分为浅层水含水层和深层水含水层，年可开采利用量为 5.62 亿 m³[60]。市区全境水质较好，适于人畜饮用和农田灌溉。

3. 生物资源

呼和浩特植物种类繁多。其中，野生种子植物和习见栽培植物共计 770 余种，隶属 89 科 370 属；栽培植物有小麦、莜麦、玉米、高粱、谷子、黍子、糜子、马铃薯、甜菜、葵花、小茴香、瓜类，以及 40 类 184 个品种的蔬菜，如白菜类、茄果类、甘蓝类、根茎类、绿叶类、芥菜类、葱蒜类、食用菌类、多年生菜类等；经济植物包括乔木树种、灌木树种、野生果树、药用植物、观赏植物、油料植物、纤维植物、饲用植物等[60]。

呼和浩特动物区系兼有蒙新和华北两区的成分，野生动物有 400 余种。其中，兽类有鹿、狍子、黄羊、青羊、盘羊、獾子、刺猬、狼、狐狸、雪豹、松鼠等，共 13 科 29 种；鸟类有蒙古百灵、白天鹅、啄木鸟、大杜鹃、雉、雕鹰等，共 37 科 138 种；鱼类有几十种；昆虫有上百种。列入国家重点保护动物名录的有青羊、雪豹、金雕、雀鹰、松雀鹰、燕鹰、灰背鹰、猫鹰、小鹤、长耳鹤、短耳鹤、雕鹤、红角鹤等 10 余种[60]。

4. 矿产资源

呼和浩特境内矿产资源丰富，现已探明储量的矿产资源有 30 余种，矿产地 170 余处，矿点及矿化点 128 处。其中，非金属矿产具有优势，特别是石墨与大理石，具有储量大、品位高、埋藏浅的特点，开采价值较高；其他非金属矿产有石灰石、花岗岩、石棉、云母、沸石、珍珠岩、膨润土、水晶、紫陶土、磷矿等。普通金属矿产主要有铁、铜、铅、锌；贵金属、稀有金属及放射性矿产主要有金、绿柱石及伟晶岩型铀、钍；能源矿产有煤和泥炭[60]。

三、社会经济发展概况

"呼和浩特"系蒙古语，意为"青色的城"，是内蒙古的政治、经济、科技、教育、文化、金融、对外开放中心及中国历史文化名城、国家森林城市、国家创新型试点城市、全国经济实力百强城市[62]，享有"中国乳都"之盛誉。现辖 4 区、4 县、1 旗和 4 个开发区，即新城区、赛罕区、回民区、玉泉区、托克托县、清水河县、和林格尔县、武川县、土默特左旗、金桥开发区、金川开发区、金山开发区、如意开发区。2017 年末，全市总人口 311.48 万，其中市区常住人口为 242.85 万；实现 GDP 2 743.72 亿元，人均 GDP 为 88 086 元；工业增加值为 739 亿元；全年地方财政收入 202 亿元，完成固定资产投资 1 491 亿元。近年来，凭借优越的区位条件与雄厚的产业基础，呼和浩特形成了乳业、电力、电子信息、生物制药、冶金化工、机械装备制造六大支柱产业，以及纺织服装、烟草、建材等优势产业，拥有 1 个国家级经济技术开发区和 11 个自治区级与市级工业园区[52]，成为推进内蒙古经济快速发展的"火车头"。

四、城市用地发展概况

（一）明清时期的呼和浩特

呼和浩特始建于明清时期，距今已有 440 多年的发展历史[64]，是由归化（旧城）与绥远（新城）两城区逐步扩展合并而成的[65]。明隆庆六年（1572 年），蒙古土默特首领阿拉坦汗到丰州一带驻牧，随后统一蒙古各地和漠南地区；明万历九年（1581 年），阿拉坦汗和妻子三娘子在此筑城并命名为"库库和屯"，意为"青色的城"，明王朝赐名为"归化城"[64]，亦称作"三娘子城"。最初的归化城位于今呼和浩特市玉泉区境内[65]，占地面积较小，城围仅 2.4 里（1 里=500m），城垣高不过 3 丈（1 丈=3.3333m），只有南北 2 个城门[64,65]。后经重修和扩建后，城区面积扩大了 3 倍，分为内城和外城。其中，内城为官署衙门驻地，外城为蒙汉官吏的住宅区，而平民的住宅、作坊、市肆等大多散布于外城城区周围，尤以南门外一带最为集中[65]。

清乾隆二年（1737 年）至乾隆四年（1739 年），清政府出于防范蒙古卫拉特准噶尔部叛乱及安置戍边士兵的需要，在距归化城东北 2.5km 处另建驻防新城，命名为"绥远城"[65]。绥远城位于今呼和浩特市新城区境内，城为方形，城围 4 500m，城垣高约 10m，顶宽 8m，基宽 13m，面积 1.3km²[60]。城墙设有 4 门，均建有城楼，之外还筑有瓮城、护城河、吊桥等御敌设施。绥远城仿照北京城的形制建造，道路呈方格网状布局，以钟鼓楼为中心，有 4 条干道直达 4 门，并有小街 24 道、小巷 46 道，纵横交错，井然有序[64,65]。

绥远、归化两城东西相望，奠定了呼和浩特城市用地发展的基础[65]。

（二）中华民国时期的呼和浩特

中华民国二年（1913 年），北洋政府设置绥远特别行政区，同年将归化、绥远二城合并为归绥县。1921 年，随着平绥铁路开通，火车站形成了独立的居住区，呼和浩特城市形态由绥远城、归化城双组团演化为由绥远城、归化城、火车站居住区形成的"品"字形三组团[64,66]。交通和工业的发展，促使大量农民和手工业者向城市集中，导致城市空间扩大，但其规模有限，建成区面积仅 9km²，内部结构还未明显分化，中心城区在三个组团内各自发展[67]。中华民国十七年（1928 年），改绥远特别行政区为绥远省，将归绥县城区设立为归绥市，并定为省会[64]。

（三）中华人民共和国成立初期的呼和浩特

1949 年，绥远和平解放并被划归内蒙古自治区，自治区首府从乌兰浩特市迁到张家口市[68]。1950 年，成立归绥市人民政府；1954 年，归绥市更名为呼和浩特市，并被定为内蒙古自治区首府。随着医院、体育场、博物馆、商场等公共设施的修建及内蒙古大学、内蒙古医学院、自治区政府等企事业单位的相继成立，呼和浩特城市内部用地逐渐填充；面粉、纺织、食品、钢铁、热电、化工等厂矿企业建立，在城市东、南、西、西北形成了四个工业区[67]，致使城市空间不断扩张，归化、绥远两城逐渐融为一体，城市建成区面积达到了 46km^2[64,65]。1958 年，在城东修建了白塔国际机场，两城间的交会干线与运营里程得以延伸，城市内部相互独立的三大组团逐渐集中连片，用地方式亦出现明显分化，形成了不同的功能分区：商务区以新华广场为中心，其外围为居住区；工业区分布于东、西、南部；大学区在市区东南[64]。至此，呼和浩特城市框架基本定型[65]。

（四）改革开放后的呼和浩特

1979 年，随着内蒙古自治区原行政区域的恢复，呼和浩特城市建设快速发展，城市的规模、功能、结构、形态均突破了原有规划[64,67]。继城区东南兴建了一些中等专业学校后[62]，20 世纪 80 年代末期，城区东南部新建了炼油厂、化肥厂，并形成了独立组团；白塔国际机场北部也建成了大型储运基地[65]。20 世纪 90 年代初期，城区东西两翼新建了如意开发区与金川开发区，使城市形成了一个城区（包括如意开发区、金川开发区）、两个组团的"集中组团式"城市结构形态[66]。1995 年，城市建设用地面积达 85km^2[66]。

（五）21 世纪以来的呼和浩特

21 世纪以来，西部大开发和城市化战略的实施，为呼和浩特城市发展带来了新的机遇。2000 年，如意开发区与金川开发区整合晋升为国家级开发区，市区与金川开发区间的用地沿公路交通的轴向填充，带动了城市建设用地扩展；城市南部金桥开发区与石油化工板块的开发建设，带动了城市向南扩展。同时，回民区裕隆工业园区、鸿盛高科技工业园和新城区金海工业开发区等城市内部开发区的规划建设，也是城市用地扩展的重要途径；"旧城改造""用地置换"工程的实施，使城市用地结构日益优化，特别是工业用地从"遍地开花"的散乱布局逐渐走向开发区组团式布局，用地集约效果显著[64]。随着呼和浩特市政府、赛罕区政府和新城区政府向外迁移，不仅使城区建设以老城为中心呈圈层式向外扩张，也拉开了城市化的序幕，拓展了城市发展空间[52]，城市建成区面积由 2000 年的 83km^{2}扩展为 2017 年的 274km^2。

第二章　呼和浩特城市空间扩展特征及其驱动机制

第一节　城市空间扩展研究

一、城市空间扩展内涵与特征

城市空间是一个跨学科的研究对象[69]，因研究角度不同，各学科对城市空间的概念亦有不同理解。城市规划学科关注的城市空间是由城市形体环境组成的外部空间，地理学认为城市空间是城市聚落的物质空间形态，黄亚平[70]则认为城市空间是承托与容纳城市活动的载体和容器。综上所述，城市空间是一个宏观、综合的概念，它不仅指城市所占有的地域空间，还包括城市的经济、文化与生态空间[69]，以及建设、通勤和管理空间等类型[71]。

城市空间扩展是城市化的基本特征之一[72]，也是城市生长的需求和体现[73]，它是指城市在内外力作用下向农村地域的空间推进，既包括城市平面区域的扩大及垂直方向上向空中和地下的伸展[74]，也包括城市内部结构的优化调整[75]。前者可称为外延式的空间扩展，后者可称为内涵式的空间扩展[76]。可见，城市空间扩展是在时空尺度上相应而变的动态过程。从时间上看，城市自然、经济、人文等要素的发展具有时间上的阶段性、顺序性和不可逆性；从空间上看，表现为城市在某一发展阶段上空间格局的变化[77]。此外，城市空间扩展还反映了人地关系、区际关系相互作用的过程，涉及城市建设用地与农用地、生态用地的竞争，以及区域之间的竞争与合作[78]。因此，城市空间扩展是城市土地利用、地貌形态等自然因素与经济、社会、政治和文化等人文因素在地域上的向外推进与扩散，以及城市空间组织的发育生长过程，不仅包括城市占用地域空间规模的增加、扩大及城市空间聚集功能的增强，还包括城市有机体系的空间发育[69]。

地理学、社会学、经济学、城市规划等学科分别从不同角度和层面研究了城市空间扩展规律的产生和运行[69]。其中，地理学对城市空间扩展的研究集中于城市体系和城市用地结构方面；社会学注重文化变迁对城市空间观的影响，社会行为对其空间结构的影响及社会问题与城市空间发展的相互关系；经济学重点分析城市聚集效应与城市发展的经济学关系；城市规划学则侧重于城市空间地域的规划[69]。

二、城市空间扩展理论

城市空间理论研究可追溯到欧文（1817）的新协和村模式、马塔（1882）的带型城市、霍华德（1898）的田园城市、嘎涅（1902）的工业城市[79]、沙里宁（1917）的有机疏散理论、柯布西耶（1930）的光明城，以及 20 世纪 80 年代后期以新城市主义、精明增长、紧凑城市等为代表的可持续发展思想的演变[76]，其内涵是依据属性与分布的差异，从不同角度将城市空间划分为不同层次的单元，按照系统准则将其有机组合，进而谋求整体结构与功能的最优[79,80]。

按照城市研究对象的不同，可将城市空间扩展理论划分为城市内部地域结构理论和城市区域发展理论[69]。其中，城市内部地域结构理论以单一城市内部或城市个体为研究对象，具有代表性的理论有伯吉斯的同心圆学说、霍伊特的扇形学说、哈里斯和乌尔曼的多核心学说等传统城市内部地域结构理论，以及迪肯森的三地带模式，塔弗、加纳和蒂托斯的城市地域理想结构模式，洛斯乌姆的区域城市模式，穆勒的大都市结构模式等现代城市内部地域结构理论[64]；城市区域发展理论以区域内部城市群体为研究对象，主要有克里斯泰勒的中心地理论、佩鲁的增长极理论、弗里德曼的核心-边缘理论、陆大道的点-轴理论、戈特曼的大都市带理论等[69]。

三、城市空间扩展模式

城市空间扩展模式是根据扩展方式的差异而划分的城市空间扩展类型[81]。在不同发展阶段，城市空间扩展表现出不同模式，主要包括单核同心扩展模式、轴向带状扩展模式、多极核生长扩展模式及大城市圈扩展模式[69]。其中，单核同心扩展模式是指以点状的城市中心全方位向外扩展的模式，与伯吉斯的同心圆模式相似；轴向带状扩展模式是指城市空间沿一个或几个方向优先发展导致城市形态发生改变，表现出带状伸展的模式，与点-轴理论类似；多极核生长扩展模式一般发生于城市向心体系形成的初期阶段，通过在城市外围选择新的生长点，推动城市空间扩展，与哈里斯和乌尔曼提出的多核心模式相似；大城市圈扩展模式出现于第二次世界大战后，伴随大城市迅速膨胀和城市空间扩张，外围出现副中心和卫星城市，形成了更大范围的城市向心环形的地域结构，类似于大都市带理论[69]。

邓智团等[81]认为可以采用不同方法划分城市空间模式：按照城市空间扩展过程中主导因子不同，可分为环境制约型、交通导向型、规划约束型；按照几何形态法，可分为散点式、带状、星形与同心圆式扩展；按照非均衡法，可分为轴线扩展、跳跃式成组团扩展、低密度连续蔓延模式。王诒健[82]将现代城市空间扩展模式归纳为两类，即城市的向心增长及聚集型空间扩展（如蔓延式、连片与分片扩展），以及城市的离心增长及扩散型空间扩展（如轴向和飞地式扩展）。此外，Wilson 等[83]将城市空间扩展模式分为填充式、扩展式、蔓延式、孤岛式和分支式，诸多学者还提出紧凑圈层式、轴向伸展式、集约内涵式、多核跳跃式和团状、网结状、散珠状、辐射式、边缘式、飞地式、分散组团、复合型等城市空间扩展模式，以及由单中心-多中心、从区域中心城市-都市圈-城市群、双核廊道结构空间增长与区域链式空间结构等模式[76,84]；亦有学者提出"外溢-回波"式和"组团-跃迁"式两种模式，前者以"摊大饼"和"手指状"为典型代表，后者亦称为"跨越式"增长模式[72]。其中，由内而外的同心圆式扩展——摊大饼模式、沿主要交通线放射状扩展——星状模式、跳跃式或组团式扩展——蛙跳模式，被中国学者公认为城市空间扩展的 3 种典型模式[85]。

四、城市空间扩展机制

城市空间扩展机制是指城市空间扩展的演化动因及内部机理[72]。不同学者基于不同的理论基础，采用不同方法对城市空间扩展的动力机制进行了研究。其中，国外学者从新古典经济学、新经济地理学和新马克思主义地理学等角度剖析了西方城市空间扩展问题[75]，如 Brueckner[86]认为人口增长、收入上升和交通基础设施投资是造成城市郊区空间增长的主要因素；Fujita 等[87]认为各种产业和经济活动是导致城市形成和扩大的基本因素；Harvey[88]、Castells 等[89]认为资本投资推动了城市空间的快速扩张；Form[90]认为市场驱动力和权力行为为力是影响城市空间扩展的动力因素；Druckman[91]、Mcneil 等[92]认为城市空间扩展的驱动力包括政治与经济结构、人口变化、技术变革、经济增长及贫富状况和环境等因素。国内的相关研究目前还停留在引用西方理论和方法来研究中国城市空间扩展问题阶段[76]；杨荣南等[71]认为，在城市空间扩展机制中，经济发展是决定因素，自然地理环境是基础条件，交通建设具有指向性作用，政策与规划控制是控制阀，居民的生活需求对城市扩展具有特殊影响；何流等[73]认为经济、政策和规划因素是南京城市空间扩展的驱动力；洪世键等[76]认为地方政府在城市空间扩展过程中发挥着决定作用。

综上所述，国内外学者认为城市空间扩展的影响因素源于自然和社会两个方面。其中，自然驱动因素包括气候、水文、地形、地貌、土壤等因子，决定了城市用地扩展的空间格局；社会驱动因素包括人口增长、经济发展、结构变迁、技术进步、交通拓展、投资加大、政策与规划调控，以及观念和价值变更等[85, 93]，是影响城市用地变化的真正驱动力。一般而言，自然驱动因素相对稳定并具累积性效应，是城市空间扩展的内生驱动因素；而社会驱动因素相对活跃，是目前和未来短时空尺度内城市空间扩展的主要外生驱动力量，且各种驱动因素彼此交互、相辅相成，其类型与强度还随时空尺度的变化而变化[94]。

五、城市空间扩展效应

随着城市用地的快速扩张，城市扩展带来的生态问题也日益凸显。经济合作与发展组织评价城市扩展造成的影响，包括占用绿色空间、耗费基础设施和能源、增加社会隔离度、使土地功能多样化、提升出行成本并造成交通拥堵及增加污染物排放等[95]；Johnson[96]提出城市扩展的环境影响主要表现在空地丧失、空气污染、景观美学吸引力降低、农田减少、物种多样性减少及景观破碎化等方面。国内学者的研究也表明城市空间扩展会造成生态环境恶化、交通拥堵、城市低效无序蔓延且不断挤占、吞噬周边农田和生态用地及区域发展不平衡等城市可持续发展问题[77]。可见，关于城市空间扩展的生态环境效应研究已引起了广泛关注，其研究内容主要集中于以下几个方面[97]：

（1）城市空间扩展的生态环境问题及其对策研究。这部分研究包括城市空间扩展对区域大气、土壤、水文、生物、地貌、地质与自然灾害等单因素生态环境要素的影响与其资源、能源效应的分析与评估，以及对城市居民生产、生活带来的负面影响。

（2）城市空间扩展的生态环境影响评估及其驱动因素辨析。基于 RS 与 GIS 技术，选取生物丰度、植被覆盖度、水网密度、环境质量与土地退化指数，结合土地利用现状与社会经济发展指标，采用综合评估方法就城市空间扩展对区域生态环境变化的影响强度进行定量评估，并从自然、社会、经济、政策等角度探讨城市空间扩展所致生态环境质量变化的主导要素；也有学者基于生态系统服务价值、生态足迹理论与方法、景观生态效应等角度，对城市空间扩展的生态环境效应进行了评估研究。

（3）城市空间扩展的生态安全格局分析与构建[97]。部分学者从景观生态学角度，引入 PSR、驱动力-压力-状态-冲击-响应（drive force-pressure-state-impact-response，DPSIR）、MCR 等评估模型，采用灰色关联度法、物元可拓综合法、模糊综合评判法、主成分投影法、空间分析方法、环境影响与生态风险评估技术等多种手段，对城市空间扩展的生态风险与生态安全进行评估研究，在分析景观格局与生态过程耦合机理的基础上，探讨区域生态安全格局的构建途径与优化方法。

（4）城市空间扩展的生态影响模拟、预测与调控研究[97]。运用 CA、ANN、MAS、SD（system dynamics，系统动力学）、CLUE-S（conversion of land use and its effects at small regional extent，小尺度土地利用变化及其空间效应）及政策仿真等模型，对城市空间扩展及其生态环境影响进行不同情景的动态模拟与预测，探究基于生态安全的城市空间扩展与用地结构优化调控机理与模式。

六、城市空间扩展调控

随着城市蔓延现象的加剧，西方学者先后提出"田园城市""阳光城""新城市主义""精明增长""紧凑城市""绿色发展"等理念,其旨在抑制城市盲目扩张,实现城市资源环境的可持续发展,这为中国城市空间扩展调控提供了理论借鉴。其中,"新城市主义"出台于 1996 年第四届新城市主义大会,它提倡创造和重建丰富多样、适于步行、紧凑且能混合使用的社区,形成完善的都市、城镇、乡村及邻里单元[36];"精明增长"的概念于 1997 年提出,它通过城市增长边界设置[36]、城镇用地功能置换、生态环境保护及旧城改造等手段,促进城市紧凑、集中与高效发展[98];"紧凑城市"是相对于城市蔓延与超高密度发展提出的,其宗旨是要建设紧凑、功能混合和网络形街道,形成完善的公共交通设施、高质量的环境控制和城市管理体系[36]。

国内学者从城市规划角度提出城市空间扩展对策与模式[36],如段进[41]提出集中型间隙式山水化城市;朱喜钢[42]提出城市空间应按照经济、生态与文化原则进行组合并形成有机秩序;李翅[43]等提出控制型界内高密度开发、引导型界外混合开发和限制型绿带低强度开发 3 种模式;韩守庆[44]提出空间结构类型调控和空间结构形态调控两种模式;黄馨等[45]提出"分散化集中"模式来优化城市空间布局;韦亚平[99]则指出中国未来城市空间发展模式应考虑农村人口向市镇的梯度迁移,合理重构大都市地区人口和经济社会活动空间,优先发展大中城市周边的小城镇,以工业化推动城镇化,并有相关政策与之配套。

七、城市空间扩展实证研究

目前,国内学者已对全国、省域及区域层面的城市空间扩展进行了广泛研究,内容主要集中于四个方面:一是利用 RS 和 GIS 技术、长时间序列法、分维思想、空间自相关指数等进行城市用地扩展的时空过程与格局研究,包括不同时期城市空间扩展的强度、速度、方向、形态、模式、结构、空间分异特征、建筑密度空间信息、人口与产业结构布局、景观格局变化等内容[85];二是基于定性分析和相关分析、主成分分析、回归分析、灰色关联分析等定量方法,揭示城市空间扩展的影响因子及其驱动机制[85,94];三是基于生态调查、环境监测及生态环境影响评估等方法,开展城市空间扩展的生态环境影响及其响应研究;四是运用 CA、ANN、SLEUTH(城市扩张模型, slope, landuse, exclusion, urban extent transportation-hillshade)、分形理论、多因子评估、马尔可夫、多智能体模型等模拟城市增长、扩散及其土地利用变化过程,进行城市空间扩展预测与调控研究[85]。总体上,中国城市空间扩展的研究内容逐渐向机理分析和调控措施拓展,时间跨度逐步向中长期延伸,研究区域虽从东部地区大城市向中西部城市过渡[6],但仍集中于两类地区:一是北京、天津、上海、广州、武汉、南京、重庆、郑州、厦门、西安、深圳等"热点地区";二是"生态脆弱区"[94],如兰州、嘉峪关、乌鲁木齐、昌吉、吐鲁番、阿勒泰、阿克苏、石河子等西北及新疆绿洲城市。鉴于现有研究中尚存在着城市空间扩展动力机制的定量研究不足,城市空间扩展调控手段缺乏符合中国国情的对策与措施,对中西部地区的城市研究较为缺乏,而中西部地区城市正处于快速扩张阶段[36]，且城市扩张态势及其驱动机理具有明显的阶段性、区域性与等级性特征，开展呼和浩特城市空间扩展特征与驱动机制及其调控研究，对其城市与区域可持续发展更具现实意义。

第二节　呼和浩特城市空间扩展特征

一、城市空间扩展测度指标

城市的形成与发展是一个时空过程，不同阶段具有不同特征。城市扩展的时空变化是指研究时段内城市用地规模在时间和空间上的动态变化，通常采用定量指标来衡量城市扩展的速度、强度、模式、形态特征的阶段性差异与空间分异特征及其与人口发展的协调性程度。

（一）城市扩展时序变化评估指标

1. 城市用地年均扩展速率（V）

$$V = \Delta A / \Delta t \tag{2-1}$$

式中，V 为城市用地年均扩展速率；ΔA 为某时段城市建成区扩展面积；Δt 为时间跨度[100]。

该指标反映了城市建成区扩展的快慢程度。

2. 城市扩展强度指数（Φ）

$$\Phi = \frac{\Delta A}{S \times \Delta t} \times 100\% \tag{2-2}$$

式中，Φ 为城市扩展强度指数；S 为研究区总面积；ΔA 为某时段城市建成区扩展面积；Δt 为时间跨度。

城市扩展强度指数可描述城市建成区扩展的状态、强弱与趋势。

（二）城市扩展空间变化评估指标

1. 紧凑度指数（C）

$$C = 2\sqrt{\pi A} / P \tag{2-3}$$

式中，C 为紧凑度指数；A 为城市建成区面积；P 为城市建成区周长。

紧凑度指数反映了城市内部空间形态集中化程度，数值为 0～1，其值越大，表明紧凑性越好，反之则紧凑性越差。

2. 分形维数（D）

$$D = 2\ln(P / 4) / \ln A \tag{2-4}$$

式中，D 为分形维数；A 为城市建成区面积；P 为城市建成区周长。

分形维数反映了城市空间扩展的复杂非线性和分维特征。分形维数越高，城市边界越复杂；分形维数降低，则建设用地整齐规则、紧凑节约[101,102]。

3. 重心转移指数

$$X_t = \frac{\sum_{i=1}^{n}(C_{ti} \times X_i)}{\sum_{i=1}^{n} C_{ti}}, \quad Y_t = \frac{\sum_{i=1}^{n}(C_{ti} \times Y_i)}{\sum_{i=1}^{n} C_{ti}} \tag{2-5}$$

$$L_{t+1} = \sqrt{(X_{t+1} - X_t)^2 + (Y_{t+1} - Y_t)^2} \tag{2-6}$$

$$a_{t+1} = \arctan\left(\frac{Y_{t+1} - Y_t}{X_{t+1} - X_t}\right), X_{t+1} \geqslant X_t; \quad a_{t+1} = \pi - \arctan\left(\frac{Y_{t+1} - Y_t}{X_{t+1} - X_t}\right), X_{t+1} < X_t \tag{2-7}$$

式中，X_t、Y_t 为 t 时刻城市建成区重心坐标；X_i、Y_i 为第 i 块城市建设用地几何中心坐标；C_{ti} 为第 i 个片区面积；L_{t+1} 为从 t 到 $t+1$ 时期地理单元重心转移距离；a_{t+1} 为从 t 到 $t+1$ 时期地理单元空间重心转移方向与正东方向夹角。

重心转移指数反映了城市空间扩展的时空演变过程与规律。

4. Boyce-Clark 形状指数（SBC）

$$\text{SBC} = \sum_{i=1}^{n}\left[\left|\left(\frac{r_i}{\sum_{i=1}^{n} r_i}\right) \times 100 - \frac{100}{n}\right|\right] \tag{2-8}$$

式中，SBC 为 Boyce-Clark 形状指数；r_i 为从某个图形的优势点到图形周界的半径长度；n 为具有相等角度差的辐射半径的数量，城市空间形状的优势点可为中央商务区（central business district，CBD）中心或形状的质心[12]。本书中城市形状优势点是形状质心，$n=32$，相邻半径的夹角为 11.25°[84]。10 个规则图形的 Boyce-Clark 形状指数[12]如表 2-1 所示。

表 2-1　10 个规则图形的 Boyce-Clark 形状指数[103]（$n=32$）

类型	形状指数	类型	形状指数	类型	形状指数	类型	形状指数	类型	形状指数
圆形	0.000	菱形	9.656	竖矩形	25.286	星形	34.852	扁矩形	59.880
正八方形	2.060	正方形	9.658	横矩形	33.041	H 形	49.706	X 形	66.366

5. 扩展方位指数（OP_i）

$$\text{OP}_i = \frac{d_i S_{t2} - d_i S_{t1}}{S_{t2} - S_{t1}} \times 100\% \tag{2-9}$$

式中，OP_i 为扩展方位指数；$d_i S_{t2}$、$d_i S_{t1}$ 分别为 d_i 方位上 t_2、t_1 时刻的面积；S_{t1}、S_{t2} 分别为 t_1、t_2 时刻区域总面积。

扩展方位指数反映了城市在某一时段某一方位上扩展的概率[104]。

（三）城市扩展效益变化评估指标

城市扩展效益变化可由城市土地利用效益指标评估：

$$U = GDP / A \qquad (2\text{-}10)$$

式中，U 为城市土地利用效益；GDP 为城市生产总值；A 为城市建成区面积。城市土地利用效益是衡量城市用地规模是否合理的重要指标[105]。

（四）城市扩展与人口发展间的协调性评估指标

1. 城市用地扩展系数（K）

$$K = GR/PR \qquad (2\text{-}11)$$

式中，K 为城市用地扩展系数；GR 为城市建成区面积年均增长率；PR 为城市非农人口年均增长率[8]。

研究显示：$K>1.12$ 时，城市用地规模扩展过快；$K<1.12$ 时，城市用地规模扩展不足；$K=1.12$ 时，城市用地规模扩展合理[12]。

2. 人均城市建成区面积（S）

$$S = A_i / P_i \qquad (2\text{-}12)$$

式中，S 为人均城市建成区面积；A_i 和 P_i 分别为 i 时刻城市建成区面积和非农人口数[8]。

3. 城市异速生长系数（b）

$$A = aB^b \qquad (2\text{-}13)$$

式中，A 为城市建成区面积；B 为城市非农人口数；a、b 均为常系数。其中，b 为城市异速生长系数。据美国学者 Y.Lee 设定的判断标准：$b=0.9$ 时，表明城市人口与城区面积同速增长；$b<0.9$ 时，为负异速增长；$b>0.9$ 时，为正异速增长[8]。

二、城市空间扩展时序特征

借助 ArcGIS 10.0 软件，提取并绘制 1977～2017 年呼和浩特建成区分布及其空间扩展图（彩图 2）；运用式（2-1）、式（2-2），计算出呼和浩特及其四辖区建成区面积与周长、城市空间扩展时序变化特征值（表 2-2、表 2-3）。

表 2-2 1977～2017 年呼和浩特及其四辖区建成区面积与周长

年份	呼和浩特		回民区		玉泉区		新城区		赛罕区	
	面积/km²	周长/km	面积/km²	周长/km	面积/km²	周长/km	面积/km²	周长/km	面积/km²	周长/km
1977	34.59	55.74	13.41	36.87	5.37	16.30	12.00	19.11	3.81	15.45
1986	59.16	55.75	24.32	25.37	8.83	23.92	15.07	23.33	10.94	28.06
1990	76.71	56.44	25.36	25.97	9.40	21.62	30.12	26.43	11.83	28.09
2001	121.12	101.14	33.32	39.00	17.85	30.59	43.73	41.16	26.22	45.81

续表

年份	呼和浩特		回民区		玉泉区		新城区		赛罕区	
	面积/km²	周长/km	面积/km²	周长/km	面积/km²	周长/km	面积/km²	周长/km	面积/km²	周长/km
2010	180.05	160.22	38.75	41.63	36.61	75.70	55.42	45.48	49.27	56.24
2017	274.10	202.87	50.90	42.25	51.97	87.93	79.67	85.84	91.56	74.22

表 2-3　1977~2017 年呼和浩特及其四辖区城市空间扩展时序变化特征值

时段/年	呼和浩特			回民区			玉泉区			新城区			赛罕区		
	扩展面积/km²	城市用地年均扩展速率/km²	城市扩展强度指数	扩展面积/km²	城市用地年均扩展速率/km²	城市扩展强度指数	扩展面积/km²	城市用地年均扩展速率/km²	城市扩展强度指数	扩展面积/km²	城市用地年均扩展速率/km²	城市扩展强度指数	扩展面积/km²	城市用地年均扩展速率/km²	城市扩展强度指数
1977~1986	24.57	2.73	0.13	10.91	1.21	0.09	3.46	0.38	0.07	3.07	0.34	0.03	7.13	0.79	0.21
1986~1990	17.55	4.39	0.21	1.04	0.26	0.01	0.57	0.14	0.02	15.05	3.76	0.25	0.89	0.22	0.02
1990~2001	44.41	4.04	0.19	7.96	0.72	0.03	8.45	0.77	0.08	13.61	1.24	0.04	14.39	1.31	0.11
2001~2010	58.93	6.55	0.31	5.43	0.60	0.02	18.76	2.08	0.12	11.69	1.30	0.03	23.05	2.56	0.10
2010~2017	94.05	13.44	0.64	12.15	1.74	0.06	15.36	2.19	0.06	24.25	3.46	0.06	42.29	6.04	0.12
1977~2017	239.51	5.99	0.29	37.49	0.94	0.07	46.6	1.17	0.22	67.67	1.69	0.14	87.75	2.19	0.58

　　1977~2017 年，呼和浩特建成区面积从 34.59km² 增加到 274.10km²，建成区周长由 55.74km 增至 202.87km（彩图 2、表 2-2），分别增加了 6.92 倍和 2.64 倍；城市用地年均扩展速率达 5.99km²，城市扩展强度指数为 0.29（表 2-3），表明其建设用地扩展迅速，但具明显的时空分异（图 2-1）。

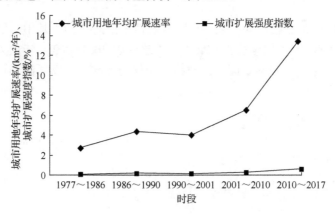

图 2-1　1977~2017 年呼和浩特城市空间扩展时序变化特征值

（一）城市扩展具有阶段性特征

图 2-1 显示，1977～2017 年呼和浩特城市用地扩展速率与扩展强度指数均有增长，但具阶段性特征。其中，1977～2001 年为低速扩展期，其城市用地年均扩展速率与扩展强度指数均低于研究时段的平均水平；2001～2010 年为快速扩展期，城市用地年均扩展速率与扩展强度指数略高于平均水平；2010～2017 年为高速扩展期，城市用地扩展速率与扩展强度指数远高于平均水平（表 2-3）。可见，呼和浩特城市用地具有加速扩张的阶段性特征。2000 年以后，西部大开发战略的实施为呼和浩特城市化的快速推进带来了契机。呼和浩特是内蒙古的政治、经济与文化中心，随着城市基础设施建设快速发展，城市框架逐渐拉大，城市空间不断扩展。作为自治区首府及国家历史文化名城，因对外来人口具有较大吸引力，呼和浩特房地产业发展迅速，不仅推动了城市建成区高速扩张，也促使城市实现了跨越式发展。

（二）城市扩展具有空间差异

1977～2017 年，呼和浩特各辖区城市用地年均扩展速率与扩展强度指数均以赛罕区最大，回民区最小，新城区与玉泉区介于其间（表 2-3），表明城市用地年均扩展速率与扩展强度指数存在空间差异。作为成立最晚的市辖区，赛罕区因归并了城市郊区及其周边地区，使其城市用地扩展潜力较大，也最为迅速，1977～2017 年城市用地面积增加了 87.75km²，平均每年增加 2.19km²，扩展强度指数达 0.58；同期回民区城市用地扩展面积 37.49km²，平均每年扩展 0.94km²，扩展强度指数为 0.07。2017 年，赛罕区建成区面积达 91.56km²，位居四辖区之首（表 2-2）。

不同时段内，各辖区的扩展强度和扩展速率亦有差异。其中，回民区和赛罕区以 1977～1986 年扩展强度指数最大，玉泉区以 2001～2010 年最大，新城区以 2010～2017 年最大。可见，因区位与自然条件的差异，各辖区的建设速度与开发时序亦不相同。

三、城市空间扩展空间特征

（一）城市形态演变特征

1. 城市形态由紧凑、稳定型向松散、复杂化发展

据式（2-3）～式（2-8），计算出呼和浩特及其四辖区城市用地扩展空间变化特征值（表 2-4、图 2-2）。

表 2-4　1977～2017 年呼和浩特及其四辖区城市用地扩展空间变化特征值

辖区	年份	紧凑度	分形维数	重心坐标		重心转移距离/m	重心转移角度/(°)	形状指数
				纬度/N	经度/E			
呼和浩特	1977	0.37	1.49	40°48′59″	111°39′16″	—	—	21.06
	1986	0.49	1.29	40°48′53″	111°39′17″	159.00	276.64	20.48
	1990	0.55	1.22	40°49′22″	111°39′35″	996.39	57.22	22.84
	2001	0.39	1.35	40°49′27″	111°40′05″	700.69	8.58	22.01
	2010	0.30	1.42	40°48′57″	111°40′14″	949.57	288.01	21.20
	2017	0.29	1.40	40°48′58″	111°41′18″	1 482.30	13.34	22.50
回民区	1977	0.35	1.71	40°48′55″	111°37′52″	—	—	37.69
	1986	0.69	1.17	40°48′49″	111°37′22″	715.29	330.58	18.05
	1990	0.69	1.16	40°48′51″	111°37′21″	71.62	89.06	18.70
	2001	0.53	1.30	40°49′09″	111°37′07″	629.59	55.19	28.41
	2010	0.53	1.28	40°49′16″	111°36′54″	352.64	30.97	32.60
	2017	0.60	1.20	40°49′18″	111°36′24″	722.50	10.27	40.40
玉泉区	1977	0.50	1.67	40°47′44″	111°39′10″	—	—	22.08
	1986	0.44	1.64	40°47′22″	111°39′22″	717.12	298.02	26.59
	1990	0.50	1.51	40°47′29″	111°39′01″	513.46	22.17	27.51
	2001	0.49	1.41	40°46′56″	111°38′43″	1 084.67	301.66	41.79
	2010	0.28	1.63	40°46′07″	111°37′53″	1 895.85	318.77	66.52
	2017	0.29	1.56	40°45′55″	111°37′46″	428.14	287.18	66.53
新城区	1977	0.64	1.26	40°49′52″	111°40′26″	—	—	15.77
	1986	0.59	1.30	40°49′57″	111°40′46″	502.61	14.28	20.29
	1990	0.74	1.11	40°50′38″	111°40′47″	1 284.90	88.49	35.59
	2001	0.57	1.23	40°51′03″	111°41′11″	967.40	45.84	46.99
	2010	0.58	1.21	40°51′18″	111°41′28″	603.14	41.78	53.44
	2017	0.37	1.40	40°51′32″	111°43′02″	2 240.11	8.75	59.78
赛罕区	1977	0.45	2.02	40°48′09″	111°40′42″	—	—	38.16
	1986	0.42	1.63	40°48′45″	111°41′40″	1 751.07	31.85	44.14
	1990	0.43	1.58	40°48′49″	111°41′49″	248.98	339.39	47.62
	2001	0.40	1.49	40°48′53″	111°42′54″	1 529.74	359.66	58.62
	2010	0.44	1.36	40°48′10″	111°43′15″	1 405.63	67.16	72.26
	2017	0.46	1.29	40°48′15″	111°44′33″	1 843.21	2.73	81.13

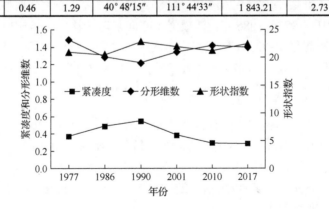

图 2-2　1977～2017 年呼和浩特城市用地扩展空间变化特征值

图 2-2、表 2-4 显示：呼和浩特建成区紧凑度与分形维数曲线变化趋势相反。其中，紧凑度数值先增大后减小，拐点为 1990 年，体现出：1990 年前，城市用地扩展属于填充型，因内部空隙逐渐被填充，城市内部空间结构集中，外部形态趋于紧凑；1990 年后，城市用地扩展为蔓延性增长，形成了分散而碎小的新的城市用地，导致城市内部空间镶嵌结构趋于复杂，稳定性变差，外部形态趋于非紧凑。分形维数则先下降后升高，拐点为 1990 年，说明：1990 年前，城市形态简单，边界规整；1990 年后，城市形态趋于复杂，轮廓曲折，但 2010～2017 年，分形维数略有下降，表明近年来城市形态复杂化的趋向有所缓解。可见：1977～1990 年，呼和浩特城市用地扩展以内部填充为主，建设用地发展稳定、有序，紧凑集约；1990～2010 年，随金川、如意、金桥、金山经济技术开发区的相继建成，呼和浩特城市用地迅速向外扩张，建成区扩展处于无序状态。紧凑度数值的不断下降与分形维数的逐渐攀升，在一定程度上反映出呼和浩特城市用地扩展由集约型向粗放型转变。2010 年以来，紧凑度与分形维数趋于稳定（图 2-2），表明城市空间形态偏离紧凑的趋势得以遏制。

2. 各辖区城市形态变化不尽相同

由表 2-4 可知，呼和浩特各辖区紧凑度与分形维数变化趋势不尽相同。玉泉区、新城区紧凑度均有减少趋势，而分形维数变化平稳，仅在近年来略有增加；回民区、赛罕区紧凑度在波动中逐渐增加，但分形维数不断减少，表明四辖区中回民区、赛罕区城市空间形态紧凑且趋于稳定，玉泉区、新城区均有城市用地偏离紧凑、形态复杂化趋向。

（二）城市重心转移特征

1. 城市重心向东转移

由彩图 3 可知，1977～2017 年，呼和浩特建成区重心发生偏移，城市用地向外扩展。其中，1977～1986 年，建成区重心向东南转移；1986～2001 年，建成区重心持续向东北移动；2001 年以来，建成区重心又向东南偏移。可见，呼和浩特城市重心先后向东南、东北、东南方向转移，推动了城市重心向东移动。

2. 各辖区城市重心分别向四周转移

各辖区城市重心转移方向有很大差异（表 2-4）。1977～2017 年，回民区重心向西北转移 2 156.71m；玉泉区重心向西南转移 3 899.77m；新城区重心向东北转移 4 787.15m；赛罕区重心向东南转移 5 417.32m。可见，四辖区城市用地扩展方向分异显著，这不仅与其所处区位相契合（彩图 3），也体现出城市用地由中心向四周蔓延的扩展特征。

（三）城市形状演变特征

1. 城市形状接近于竖矩形

呼和浩特建成区形状指数曲线变化平稳，但略有上升趋势（图 2-2、表 2-4）。1977～2017 年，其形状指数为 20.48～22.50，变化较小，表明城市空间形状较为稳定，据表 2-1 中的划分标准，均接近于竖矩形，这与呼和浩特所处区域的地貌特征有关，其北部的大青山与南部的大黑河限制了城市用地的扩张，使之发展成为沿东西两翼扩展的矩形用地。

2. 各辖区城市形状多样并趋于复杂

呼和浩特各辖区形状指数变化有较大差异（表 2-4）。回民区形状指数先降后升，1977 年城区形状为星形，1986～2001 年接近于竖矩形，2010 年转变为横矩形，2017 年又接近于星形。玉泉区、新城区与赛罕区形状指数有逐渐攀升趋势。其中，玉泉区形状由竖矩形、星形转变为 X 形；新城区形状由正方形、竖矩形、横矩形、H 形转变为扁矩形；赛罕区形状由星形、H 形、扁矩形转变为 X 形。可见，各辖区形状指数变化较大，且均有增大趋向，表明伴随城市用地的向外扩张，城区空间形态不稳定，城市形状多样并趋于复杂化。

（四）城市扩展方位特征

本研究以呼和浩特建成区内锡林南路、锡林北路与新华大街的交会路口（40°48′59″N、111°39′16″E）为中心，运用等扇分析法，将研究区划分为 8 个方位象限进行城市空间扩展方位分异分析。据式（2-9），计算出呼和浩特城市空间扩展方位特征值（图 2-3、表 2-5）。

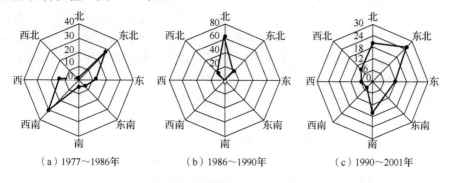

图 2-3　1977～2017 年呼和浩特建成区不同时段空间扩展方位演变图

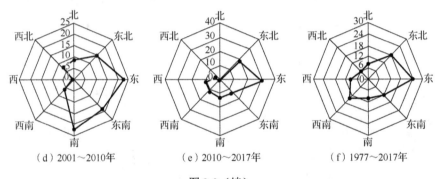

（d）2001～2010年　　　（e）2010～2017年　　　（f）1977～2017年

图 2-3（续）

表 2-5　1977～2017 年呼和浩特建成区空间八方位扩展面积　　　（单位：km²）

时段/年份	方向							
	正东	正南	正西	正北	东北	西北	西南	东南
1977～1986	3.09	1.41	3.53	0.21	6.76	0.34	7.58	1.65
1986～1990	0.01	0.24	0.54	10.66	3.05	2.48	0.32	0.26
1990～2001	5.10	7.04	3.14	8.85	11.21	4.56	1.73	2.79
2001～2010	13.10	12.98	0.67	5.06	8.27	4.32	3.70	10.83
2010～2017	31.65	11.39	9.48	1.52	20.27	4.34	10.03	11.26
1977～2017	59.82	23.85	22.47	17.37	41.02	13.40	31.50	30.09

　　图 2-3、表 2-5 表明，研究期内呼和浩特城市用地向各方位扩展，但扩展方向与扩展幅度明显不同。1977～1986 年，城市用地向西南和东北方向扩展迅速，扩展面积分别达 7.58km² 和 6.76km²；其次为正西与正东，分别扩展了 3.53km² 和 3.09km²；东南和正南较少；西北和正北最少，扩展面积仅有 0.34km² 和 0.21km²。1986～1990 年，正北方向城市用地扩展最多，达 10.66km²；其次为东北与西北；其他方向扩展极少。1990～2001 年，城市用地主要向东北扩展，正北和正南次之，正东、西北、正西、东南扩展较少，西南最少；2001～2010 年，正东、正南、东南方向扩展较多，均在 10km² 以上，东北、正北、西北、西南较少，正西最少，不足 1km²；2010～2017 年，正东和东北方向城市用地扩展较多，正南、东南、西南、正西方向亦有扩展，西北和正北扩展较少。综上所述，1977～2017 年，呼和浩特城市用地向正东方向扩展最多，其次为东北，西南和东南方向扩展亦较多，正南、正西方向扩展较少，正北与西北扩展最少。其中，1977～1986 年，呼和浩特城市用地主要向西南、东北及东西两侧扩展；1986～1990 年，城市用地向正北与东北、西北延伸；1990 年以来，东北、正东、正南、东南方向城市用地处于快速扩展态势，而正西、西北和正北方向城市用地扩展缓慢。可见，呼和浩特城市用地扩展具有明显的方位分异特征。

　　呼和浩特城市空间扩展格局的形成与自然条件及交通建设、经济发展、规划控制有密切关系。呼和浩特北部为以大青山为主脉的中低山及丘陵区，山麓地带有东西向的活动断裂带；西北部的乌素图水库是城市主要水源地，且乌素图、刀刀板一带有隐伏断裂带。大青山山脉的阻隔和保护水源地的需要，加之京包公路从城北穿过，限制了正北和西北方向呼和浩特城市用地的扩展。而东北、正东、东南、西南成为呼和浩特城市用地扩展的主要方向，不仅因为平原地形为城市扩展提供了有利的地貌条件，交通布局与开发区建设亦是拉动城区拓展的主要原因：呼托、呼准公路的建设带动了城市向西南方向扩展，金桥与石化开发区的发展带动了城市向东南方向扩展，东部城市用地的扩展与机场高速公路的开通及如意开发区的建设相关。此外，城市规划对城市用地发展也有引导作用。《呼和浩特市总体规划（1996—2010）》中拟定的"城市主要向南拓展、适度向东西两翼延伸、严禁向北发展"及《呼和浩特市总体规划（2011—2020）》中确定的"北控、东优、南拓、西联，集中成片，规模发展"的城市空间发展策略，成为城市用地布局与调控的"指挥棒"。

四、城市空间扩展模式特征

呼和浩特城市用地扩展方式在各时段内呈现出明显的空间差异（彩图 3），即由轴向生长的带状扩展转变为单核生长的放射状扩展及组团式与镶嵌式相结合的扩展模式。20 世纪 70～80 年代，新华大街向东、西延续的新华东街与新华西街成为呼和浩特城市用地发展的主轴线，建设用地在空间扩展上表现为沿交通主干道的轴向形式。1990～2010 年，二环路内外的城乡交错带是呼和浩特城市用地扩展的主要区域，形成了以中心城区为核心、向四周逐渐蔓延的放射状扩展模式。二环路内，随城中村改造工程的推进，城市用地呈组团式扩展；二环路外，建设用地在依托于对外交通干线轴向扩展并在其两侧不断填充的同时，开发区建设成为城市扩展的重要方式。2010 年后，以初具规模的开发区组团为依托，通过镶嵌式扩展实现了周边用地的填充，表现为主城区与远离主城区的开发区间农业用地、未利用土地向城市用地的转化[94]，最终形成中心区-新区-外围组团的用地结构。

五、城市空间扩展结构特征

基于遥感影像的目视解译与叠加分析，得出 1977～2017 年呼和浩特景观类型分布（彩图 4）、景观类型面积、建设用地与其他景观类型间的面积转换（表 2-6、表 2-7）。

表 2-6　1977～2017 年呼和浩特景观类型面积　　　　　　　（单位：km^2）

年份	呼和浩特						回民区						赛罕区		
	耕地	林地	草地	建设用地	水域	未利用地	耕地	林地	草地	建设用地	水域	未利用地	耕地	林地	草地
1977	865.89	429.14	465.72	75.39	43.41	204.14	40.13	64.12	67.07	17.86	4.25	2.32	540.44	76.90	221.08
1986	809.46	410.77	494.79	110.70	48.35	209.62	34.70	64.12	66.08	23.56	4.37	2.91	514.69	85.58	210.38
1990	827.28	383.42	505.18	115.46	46.89	205.46	34.73	54.51	75.79	23.68	4.28	2.92	528.92	47.49	241.18
2001	762.53	408.13	484.11	238.99	38.98	150.95	12.10	42.18	90.15	46.46	4.27	0.60	514.83	53.82	230.01
2010	679.79	415.79	464.27	382.17	40.76	100.91	10.22	42.07	86.71	52.22	4.27	0.26	480.28	58.13	208.10
2017	639.15	406.89	452.78	457.95	39.76	87.09	8.74	40.26	116.00	54.51	4.31	0.46	441.21	50.54	198.68

续表

年份	赛罕区			玉泉区						新城区					
	建设用地	水域	未利用地	耕地	林地	草地	建设用地	水域	未利用地	耕地	林地	草地	建设用地	水域	未利用地
1977	27.34	28.69	143.45	155.04	1.74	13.72	10.64	7.87	30.17	129.58	286.09	163.56	19.50	2.57	28.07
1986	39.45	31.97	155.83	141.67	2.43	26.83	14.78	9.42	24.07	117.74	258.34	191.17	32.86	32.86	26.70
1990	44.76	30.84	145.37	147.88	3.30	14.36	16.24	10.02	27.55	115.52	258.46	191.97	32.71	1.52	29.63
2001	96.63	26.64	115.98	131.48	8.48	15.09	47.86	6.53	9.76	65.26	303.39	148.51	91.64	1.52	19.07
2010	167.64	26.99	96.76	112.28	7.98	15.06	74.68	7.58	1.61	79.34	303.09	147.06	96.04	1.61	2.24
2017	212.43	22.31	82.81	101.41	6.28	16.41	95.25	11.42	1.10	87.79	309.81	121.96	95.76	1.72	2.72

表 2-7　1977～2017 年呼和浩特建设用地与其他景观类型间的面积转换　　（单位：km²）

时段年份	呼和浩特											
	建设用地→其他景观	其中					其他景观→建设用地	其中				
		建设用地→耕地	建设用地→林地	建设用地→草地	建设用地→水域	建设用地→未利用地		耕地→建设用地	林地→建设用地	草地→建设用地	水域→建设用地	未利用地→建设用地
1977～1986	0.87	0.72	0	0	0.15	0	36.21	34.18	0	0.14	0	1.88
1986～1990	3.05	1.98	0.32	0.08	0.68	0	9.56	3.97	0	2.60	0.70	2.29
1990～2001	7.22	5.62	0.28	0.45	0	0.86	172.75	140.41	1.00	6.43	2.29	22.63
2001～2010	16.59	15.33	0.58	0.62	0.07	0	124.67	79.61	1.44	18.59	0.90	24.14
2010～2017	8.91	7.35	0	1.44	0.12	0	75.75	60.03	6.71	5.19	0.99	2.83
1977～2017	0.41	0.12	0	0.28	0	0.01	382.12	301.50	0.63	30.88	3.45	45.66

时段年份	回民区											
	建设用地→其他景观	其中					其他景观→建设用地	其中				
		建设用地→耕地	建设用地→林地	建设用地→草地	建设用地→水域	建设用地→未利用地		耕地→建设用地	林地→建设用地	草地→建设用地	水域→建设用地	未利用地→建设用地
1977～1986	0	0	0	0	0	0	5.70	5.70	0	0	0	0
1986～1990	0	0	0	0	0	0	0.10	0	0	0	0.10	0
1990～2001	0.13	0.13	0	0	0	0	22.95	22.30	0	0.57	0	0.08
2001～2010	0.06	0.06	0	0	0	0	5.83	4.06	0.11	1.58	0	0.08
2010～2017	0.57	0.57	0	0	0	0	4.58	3.58	0.21	0.79	0	0
1977～2017	0	0	0	0	0	0	37.57	34.21	0	2.38	0.04	0.94

续表

| | 玉泉区 | | | | | | | | | | |
| | 建设用地→其他景观 | 其中 | | | | | 其他景观→建设用地 | 其中 | | | | |
时段年份		建设用地→耕地	建设用地→林地	建设用地→草地	建设用地→水域	建设用地→未利用地		耕地→建设用地	林地→建设用地	草地→建设用地	水域→建设用地	未利用地→建设用地
1977～1986	0.09	0	0	0	0.09	0	4.22	4.22	0	0	0	0
1986～1990	0.9	0.22	0	0	0.68	0	2.36	0.79	0	0.49	0.54	0.54
1990～2001	1.33	1.26	0.07	0	0	0	32.97	18.00	0	2.21	1.91	10.85
2001～2010	0.25	0.18	0	0	0.07	0	27.07	13.77	0.49	6.63	0.01	6.17
2010～2017	1.95	0.39	0	1.44	0.12	0	16.61	13.35	1.77	0.50	0.99	0
1977～2017	0.28	0	0	0.28	0	0	80.09	56.77	0.51	4.67	1.44	16.70

| | 新城区 | | | | | | | | | | |
| | 建设用地→其他景观 | 其中 | | | | | 其他景观→建设用地 | 其中 | | | | |
时段年份		建设用地→耕地	建设用地→林地	建设用地→草地	建设用地→水域	建设用地→未利用地		耕地→建设用地	林地→建设用地	草地→建设用地	水域→建设用地	未利用地→建设用地
1977～1986	0.02	0.02	0	0	0	0	13.38	11.78	0	0.14	0	1.46
1986～1990	1.16	1.16	0	0	0	0	0.99	0.07	0	0	0	0.92
1990～2001	1.07	0.55	0	0.01	0	0.51	60.05	50.07	0	0.86	0	9.12
2001～2010	15.83	14.65	0.57	0.61	0	0	20.24	9.09	0.15	1.53	0	9.47
2010～2017	0.41	0.41	0	0	0	0	12.37	9.66	0.77	1.30	0	0.64
1977～2017	0.04	0.03	0	0	0	0.01	78.03	57.5	0.05	1.99	1.04	17.45

| | 赛罕区 | | | | | | | | | | |
| | 建设用地→其他景观 | 其中 | | | | | 其他景观→建设用地 | 其中 | | | | |
时段/年份		建设用地→耕地	建设用地→林地	建设用地→草地	建设用地→水域	建设用地→未利用地		耕地→建设用地	林地→建设用地	草地→建设用地	水域→建设用地	未利用地→建设用地
1977～1986	0.76	0.70	0	0	0.06	0	12.88	12.46	0	0	0	0.42
1986～1990	0.92	0.53	0.31	0.08	0	0	6.20	3.11	0.07	2.12	0.06	0.84
1990～2001	4.81	3.79	0.22	0.44	0	0.36	56.74	50.00	1.00	2.78	0.38	2.58
2001～2010	0.43	0.42	0.01	0	0	0	71.46	52.64	0.70	8.84	0.89	8.39
2010～2017	5.97	5.97	0	0	0	0	42.19	33.43	3.96	2.61	0	2.19
1977～2017	0.09	0.09	0	0	0	0	186.41	153.01	0.07	21.84	0.92	10.57

表 2-6 显示，研究期内呼和浩特市区各类景观面积变化较大。其中，耕地不断减少，由 865.89km² 减少到 639.15km²，减少了 226.74km²，年均减少 5.67km²；建设用地持续增加，由 75.39km² 增加到 457.95km²，增加了 5.07 倍，年均增加 9.56km²；草地、林地、水域面积虽波动不大，但略有减少。表 2-7 表明，1977～2017 年先后有 382.12km² 的各类用地转化为建设用地。其中，耕地转化量最多，为 301.50km²，占转化总量的 78.90%；其次为未利用地与草地，转化量分别占 11.95% 和 8.08%。各时段中，以 1990～2001 年的转化量最大，其次分别为 2001～2010 年、2010～2017 年。可见，1990 年以后，呼和浩特建设用地侵占耕地态势严重。

呼和浩特各辖区用地结构亦有较大变化，总趋势仍是耕地、草地与未利用地持续减少，建设用地不断增加。其中，赛罕区耕地与草地、新城区未利用地减少得最多；赛罕区建设用地增长最快。各类用地中，耕地转化为建设用地的比例最大，未利用地、草地次之。1977～2017 年，赛罕区各类用地转化为建设用地者最多，达 186.41km²，其中耕地占比为 82.08%；回民区各类用地转化为建设用地者最少，仅有 37.57km²，但其中耕地比例高达 91.06%（表 2-7）。

六、城市空间扩展效益特征

据式（2-10）～式（2-12），计算出 1977～2017 年呼和浩特及其四辖区城市土地利用效益、城市用地扩展系数及人均城市建成区面积等（表 2-8）。

表 2-8 1977～2017 年呼和浩特及其四辖区城市用地扩展效益及其与人口发展间的协调关系

辖区	时段年份	城市用地扩展系数	年份	城市土地利用效益/（亿元/km²）	人均城市建成区面积/m²	人均建设用地面积/m²
呼和浩特	1977～1986	1.88	1977	0.13	78.78	125.34
	1986～1990	2.48	1986	0.23	100.90	137.82
	1990～2001	2.05	1990	0.31	117.56	128.95
	2001～2010	3.28	2001	1.12	148.16	220.51
	2010～2017	2.50	2010	6.21	194.84	317.00
	1977～2017	2.29	2017	10.01	249.88	339.95
回民区	1977～1986	3.02	1977	0.10	104.47	138.16
	1986～1990	0.64	1986	0.16	154.93	149.05
	1990～2001	3.38	1990	0.27	151.36	140.33
	2001～2010	7.05	2001	0.81	183.32	208.68
	2010～2017	1.67	2010	5.99	194.49	220.01
	1977～2017	2.23	2017	8.84	216.96	229.51
玉泉区	1977～1986	10.33	1977	0.14	56.17	109.54
	1986～1990	1.29	1986	0.26	87.91	144.83
	1990～2001	2.20	1990	0.43	89.14	151.54
	2001～2010	15.95	2001	1.09	125.87	253.23
	2010～2017	2.42	2010	5.02	246.37	376.01
	1977～2017	3.95	2017	6.54	301.98	470.47

续表

辖区	时段年份	城市用地扩展系数	年份	城市土地利用效益/（亿元/km²）	人均城市建成区面积/m²	人均建设用地面积/m²
新城区	1977~1986	0.48	1977	0.16	68.24	108.71
	1986~1990	4.93	1986	0.38	53.59	114.57
	1990~2001	1.94	1990	0.34	92.14	98.09
	2001~2010	1.59	2001	1.08	162.94	288.72
	2010~2017	1.63	2010	7.01	177.79	265.86
	1977~2017	2.41	2017	10.57	204.12	236.12
赛罕区	1977~1986	5.68	1977	0.14	97.07	128.52
	1986~1990	0.78	1986	0.15	229.38	145.04
	1990~2001	0.53	1990	0.23	224.36	156.49
	2001~2010	3.59	2001	1.58	116.25	272.39
	2010~2017	1.61	2010	6.38	182.43	410.48
	1977~2017	1.39	2017	7.65	229.22	423.52

由表 2-8 可知，1977~2017 年，呼和浩特城市土地利用效益持续增加，由 0.13 亿元/km² 增至 10.01 亿元/km²，增加了 76 倍，表明 GDP 与建成区面积同步增长。四辖区中，用地效益亦不断提升且以新城区最高，回民区次之，赛罕区与玉泉区较低。

七、城市空间扩展与人口发展间的协调性分析

（一）城市用地扩展过快，并有加速趋势

1977~2017 年，呼和浩特城市用地扩展系数为 2.29（表 2-8），远大于 1.12 的临界值，表明城市用地扩展过快。1977~1986 年，城市用地扩展系数最小，为 1.88，这与该时段国家将经济建设重点放在农村经济体制改革上而使城市发展相对缓慢有关[8]；此后城市用地扩展系数在波动中增加，2001~2010 年，达最大值 3.28，反映出 1986 年后随国家将发展重心转移到城市[8]，呼和浩特城市建成区扩展逐渐加快，但存在非理性圈地现象[2]。研究期内各辖区城市用地扩展系数为 1.39~3.95，说明城市用地面积均增长过快。

（二）城市用地扩展速度超过非农人口增长速度

据式（2-13），计算出 1977~2017 年呼和浩特及其四辖区城市异速生长系数（b），呼和浩特城市建成区面积与非农人口的异速增长关系如图 2-4、图 2-5 所示。

由图 2-4 可知，呼和浩特城市异速生长系数（b）为 2.272 2，属正异速增长类型。图 2-5 显示，呼和浩特四辖区均为正异速增长，其中：玉泉区 b 值最大，为 3.528 7；赛罕区最小，仅 1.056 7。可见，呼和浩特及其辖区城市用地增长速度均快于非农人口增长速度，城市扩展处于相对不合理状态[8]。

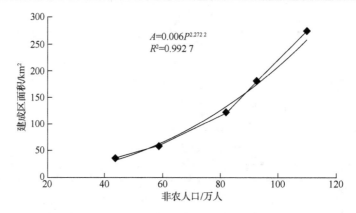

图 2-4　呼和浩特城市建成区面积与非农人口的异速增长关系

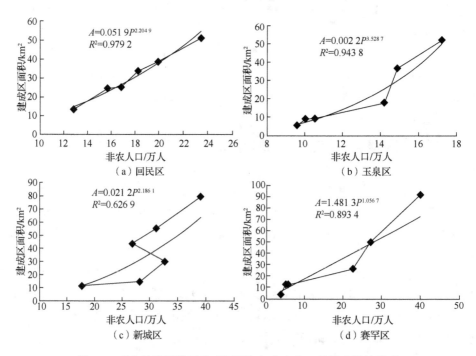

图 2-5　呼和浩特四辖区建成区面积与非农人口的异速增长关系

（三）人均城市建成区面积偏高

1977~2017 年，呼和浩特人均城市建成区面积持续攀升，由 78.78m²/人增至 249.88m²/人（表 2-8），增加了 2.17 倍。1977~1990 年，研究区人均建设用地低于国家标准（150m²/人）；此后，人均建设用地迅速增加，2017 年已达 339.95m²/人（表 2-8），严重超标。作为自治区的首府城市及经济中心，呼和浩特吸引了一定数量的外来人口在城市常驻，其并未体现在非农人口的统计数据中，导致计算得出的人均城市建成区面积偏大，但也在一定程度上反映出呼和浩特城市用地扩展与人口增长有失协调。

呼和浩特四辖区人均城市建成区面积亦不断增加。2017 年，玉泉区人均城市建成区面积达 301.98m²/人，赛罕区、回民区、新城区分别为 229.22m²/人、216.96m²/人、204.12m²/人。可见，四辖区人均建设用地均严重超标。

第三节　呼和浩特城市空间扩展驱动机制

城市空间扩展是由其内在适应性因素和外部驱动因素共同作用的结果。前者包括地质、地貌、水文、气候、植被等因素，其决定了城市的初始性状；后者包括人口、经济、技术、交通、社会、政策、城市规划等因素，它可加速或延缓城市发展进程，决定城市未来发展趋势[106]。两者彼此交互，相辅相成，且随时空尺度的变化而变化。很多学者采用定性与定量方法对城市空间扩展机制进行了研究，如林目轩等[107]认为经济发展、人口增长及政策变更是城市扩张的驱动因子；徐枫等[108]认为城市扩展的机制分为制度及政策等有意识的人为控制和人口增长、经济发展等无意识的自然增长；朱振国等[109]认为城市扩展的动力来源于城市化进程加速、城市人口增长、人均住房面积增加及旧城改造和现代城市标准建设；刘盛和[110]认为城市土地扩张的动力机制包括自然机制、市场机制、社会价值机制、政治权力机制等；张庭伟[111]将影响城市扩张的社会力量分为政府力、市场力、社区力；石崧[112]将城市空间扩展驱动力概括为基础推动力、内在驱动力和外在推动力；杨荣南[71]等从经济发展、自然地理环境、交通建设、政策与规划调控、居民生活需求等诸多因素的影响方面分析了城市空间扩展的动力机制。此外，Pierce[113]认为城市扩展的驱动力包括城市人口增长、经济发展、城市所在区域、城市周围农田的肥沃程度等；Robert 等[114]分析了城市用地和农业用地中地租的高低两种地价体系对城市扩展的影响；Schneider 等[115]认为成都城市扩展受西部大开发政策和住房、土地、经济市场化作用影响；Sudhira[116]认为人口增长是城市空间扩展的主要驱动力[36,117]。

单个城市空间扩展机制的实证研究多以特大城市和经济发达城市为主，如方修琦等[118]将北京城市空间扩展的动力机制概括为受政策、经济、技术和社会因素驱动；沈体雁等[119]则指出交通是北京城市空间扩展的主要内在适应性因素；李仙德等[120]将上海城市空间扩展的驱动因素归纳为制度、技术、经济和居民活动；刘曙华等[121]认为上海城市扩展受到农业发展、工业区扩展、迁移与住宅兴建及交通运输等因素的共同影响；邓楠[122]指出影响广州城市空间扩展的动力因素包括经济、社会、政策、城市规划与技术进步；何流等[73]认为促使南京城市空间扩展的内外动力有经济总量增长、产业结构调整、城市功能演变、宏观经济发展、政策变动、外部资金投入、城市规划制定与实施等；廖和平等[123]指出重庆城市空间扩展的驱动力包括产业结构转换、科技进步推动、地区或国家间的经济作用、制度和政策调控等；吴洪安等[124]认为西安城市扩展的驱动因素有经济发展、投资额增加、人口增长及交通建设；程效东[125]认为马鞍山城市用地扩展是由经济发展、人口增长、交通建设、政策引导及人民生活等因素的共同作用所致；曾磊等[126]认为保定城市土地利用变化中制度和政策变化、经济发展和人口增长的驱动作用最大；姚士谋等[127]提出香港城市发展的驱动因素包括世界资本与技术高度集聚、市场经济规律推动、政府政策诱导资本扩散、现代都市生活引导城市区域趋于分散；陈本清等[128]认为厦门城市扩展的驱动因素为经济发展、外商投资和多山临海的地理环境；李欣钰[129]认为城市更新改造投资是兰州城市扩展的核心驱动因子；梅志雄等[130]的研究表明房地产开发促进了东莞和南宁城市用地规模的扩大；肖琳等[131]指出公路建设是天津城市扩展的主导驱动因子，且交通区位优越的地区最易发生城市扩展。

有关城市空间扩展驱动因素的定量研究也逐渐增多，如范作江等[132]采用 RS与 GIS 技术，将北京 4 个时期的城市面积与同期社会经济统计数据作灰色关联分析，得出住宅基本建设投资对城市扩展影响最大的结论；谈明洪等[133]对中国1984~2000 年城市用地扩展与人口、经济增长和城市环境改善的内在作用机制进行单因子回归分析，认为城市扩展与城市人口和 GDP 呈高度正相关关系；朴研等[134]采用多元统计分析方法对 1978~2002 年北京城市扩展的经济驱动力进行分析，认为经济发展程度、农村与城市居民生活水平差距、第二三产业规模、固定资产投资额是影响城市扩展的重要因素；黎云等[135]通过构建回归模型得出中国各类城市建成区面积的弹性系数，认为城市经济发展水平是其用地规模的主要影响因素；何丹[136]通过分析人均城市用地增长率等指标，表明中国大城市扩展的主要驱动力是人口增长与环境改善；章波等[137]利用相关分析和因子分析方法，得出人口增长、非农化、经济总量增加是长江三角洲地区城市扩展的驱动因素；王丽萍等[138]利用主成分分析法得出江苏省城市扩展的主要驱动因素是社会经济发展和人口增长；史培军等[139]借助最大似然法和概率松弛法分析深圳城市扩展的影响因素，结果表明开放政策、城市人口迅速增长、外资大量涌入和以房地产为主的第三产业的快速发展是城市扩展的驱动力；刘纪远等[140]通过回归模型发现社会经济发展、自然条件差异与政策因素是中国城市扩展的主要驱动力；陈利根等[141]建立了人口、经济等因素与建设用地规模的多因素回归模型，表明马鞍山城市人口增加是城市扩展的主要驱动因素；鲍丽萍等[142]采用灰色关联方法测度了各驱动因素的作用程度，认为社会发展是城市扩展的主要驱动力，非农人口增长是城市扩展的主导因素，交通设施建设是城市扩展的直接原因，经济总量增加和房地产开发投资并不是推动城市扩展的主导动因，而国家政策的不连续性、多变性和衔接性较差是导致城市扩展周期波动的根源；郝素秋等[143]通过建立城市扩展驱动多元线性回归模型，提出经济发展与城市人口增加是南京城市扩展的主要驱动力；王俊松等[144]基于 Muth-Mills 模型的研究，认为经济增长、人口城市化、交通建设是中国城市空间扩张的主要原因；Tian 等[145]通过城市土地百分率和城市扩展强度指数的研究，认为经济快速增长和城市发展政策是 20 世纪 90 年代中国城市扩展的主要驱动力；Cheng 等[146]利用探索性空间数据分析消除空间变量自相关的影响，建立了武汉城市扩展与邻域变量、邻近度变量和分类变量的 Logistic 模型，表明道路设施与开发区兴建是城市扩展的主导因素；Luo 等[147]以南京市为例，运用地理空间分析方法研究了人口与土地利用的关系，认为人口增加是城市扩展的主要因素。另外，Berry[148]用 95 个国家的 43 个变量进行主成分分析，证实了经济增长对城市化的推进作用；Brueckner[149]利用新古典单中心城市模型对城市扩展进行了描述和解释，表明城市扩展与居民收入及农业土地租金有关；Sudhira[116]用 GIS和 RS 技术研究了印度两个城市蔓延的驱动力，认为人口增加是城市扩展的主要驱动力。

　　综上所述，城市扩展是多种因素综合作用的结果[117]，其驱动机制的研究大多采用基于经验的定性分析及相关分析、因子分析、回归分析、多元统计分析、地理空间分析等定量研究。其中，定性分析有利于评判驱动因子与变化结果间的联系，但难以阐释各因子的作用份额；定量方法虽能反映各因子与城市扩展间的关系，却过分强调数理关系[150]，且城市用地扩展过程与其驱动因子间的关系具有很强的非线性，很难用常规的线性模型来描述[151]。可见，多种研究方法的综合应用是城市空间扩展驱动力研究的主要趋势[94]。另外，不同城市在不同时期的城市形态与驱动机制有所差异，因而有必要对城市扩展驱动因素进行个案研究及其阶段性的比较分析，以便突出地域主导因素，为城市空间扩展机制提供依据。

一、城市空间扩展驱动因素分析

（一）自然环境因素

　　地质、地貌、水文、气候等自然环境因素是城市空间扩展的物质基础与首要限制因素，它决定了城市形态、空间格局及其发展方向与扩展模式[152]。呼和浩特地处阴山山脉地震带中部、鄂尔多斯地台北缘及大青山隆起带与呼包断陷带的交接部位，地震烈度为Ⅷ度，局部地震烈度为Ⅸ度[153]，对城市发展构成了威胁。北部为以大青山为主脉的中低山及丘陵区，山麓地带有东西向的活动断裂带；西北部的乌素图水库是城市主要水源地，且乌素图、刀刀板一带有隐伏断裂带存在。大青山山脉的阻隔和保护水源地的需要，加之京包公路从城北穿过，限制了正北和西北方向城市用地的扩展，一定时期内使呼和浩特城市建设用地沿东西方向发展，形成了轴向生长的带状扩展模式。城市南部和中部是冲积、洪积平原，地势平坦、地质条件稳定，利于城市建设及其空间扩展[153]。可见，区域自然环境状况是城市空间扩展及其用地格局演化的基础条件[94,152]。

（二）社会经济因素

1. 人口增加

人口的快速增长和集聚是城市空间扩展和用地结构变迁的重要推动力[94]，对城市规模具有决定性作用[153]。1978 年，呼和浩特年末总人口为 154 万人，其中城镇人口 51.3 万人；2017 年末总人口为 311.48 万人，其中城镇人口达 215.17 万人，分别增长了 1.02 倍和 3.19 倍，城镇人口比重由 33.31%上升到 69.08%，城镇化率提高了 35.77%；同时期内，建成区面积从 34.59km^2 增至 274.10km^2，增长了 6.92 倍。可见，城市建设用地随人口增长而不断扩张（图 2-6），人口数量的增加会加大对城市住房、交通和公共设施的需求[152]，从而成为城市空间扩展的直接动因[154]。

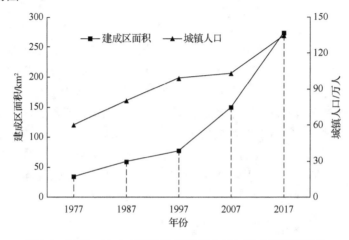

图 2-6　1977~2017 年呼和浩特城镇人口与建成区面积变化

2. 经济发展

城市空间扩展速度与其经济发展速度的周期是相吻合的[155]。城市经济的扩张—过热—收缩—再扩张的变化过程引起了城市用地扩张的加速—减速—稳定—再加速的一系列变化[152]。随着工业经济的迅速发展，城市经济总量持续增长，不仅因带动就业岗位的增加及企业规模的扩大吸引大量人口涌入城市，而且直接导致居民点及工矿用地、交通及公共设施用地的增加及城市基本建设投资的加大，促进作为非农产业和非农人口主要空间载体的城市的形成及其建设用地的快速扩张[94]。城市空间的扩大及其用地结构的调整又会带动经济发展，两者互促互进，形成一个良性循环[152]。可见，经济增长通过对土地、非农产业劳动力的需求增长，促进了城市规模的扩大[117]。另外，随着城市经济的不断增长，居民生活水平随之提高，消费方式亦逐步改变，不仅对粮食、蔬菜、肉类等生物资源的需求量与消费量增大，而且对交通、教育、娱乐等基础设施及良好生态空间的需求也相应增加，致使自然资源、化石能源及建设用地的开发强度加大，成为城市用地扩张的驱动因素[94]。可见，城市经济发展是其空间扩展的原生动力[152]。统计数据表明，1978年，呼和浩特 GDP 总量为 5.41 亿元，人均 GDP 仅有 347 元，城镇居民人均可支配收入为 409 元，城镇居民人均生活消费支出为 434 元；2017 年，城市 GDP 总量达 3 100 亿元，人均 GDP 为 10.3 万元，城镇居民人均可支配收入为 43 518 元，城镇居民人均生活消费支出为 29 458 元，其年均增长率分别达到 17.20%、15.30%、12.38%和 11.12%，成为拉动城市空间扩张的主导力量，使城市建成区面积不断扩大（图 2-7）。

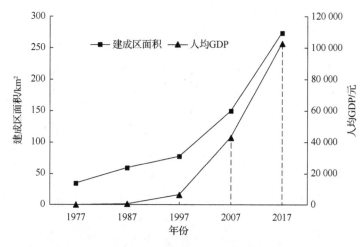

图 2-7　1977～2017 年呼和浩特市区人均 GDP 与建成区面积变化

资料来源：《呼和浩特市经济统计年鉴》。

3. 产业结构变迁

技术进步可通过提高全社会劳动生产率来实现区域经济社会的变迁，进而推动城市空间扩展及其用地结构变化。产业结构变迁是技术进步的直接表现，因城市用地结构调整是产业结构调整实现的最终落脚点，产业集聚和产业结构演变是城市空间扩展及其用地结构变化的源动力[94,154]。伴随工业门类的增多和生产规模的扩大，各种生产要素在集聚效益和规模效益的驱动下，推动产业集聚空间逐渐形成并日益扩大，会导致城市建设用地规模扩大与空间扩展[94]。城市产业结构调整主要体现在产业的"退二进三"，即位于城市核心区的工业用地向城市边缘迁移，居住和商业服务等第三产业用地继承并占用该部分土地，形成新的产业集聚，从而实现城市用地结构的调整。当产业结构发生质变时，城市空间格局也会按照新要求重新组合[12]。1978～2017 年，呼和浩特三次产业结构由 21.3：46.8：31.9 演变为 3.9：27.6：68.5，第一二产业比重不断下降，第三产业比重持续上升，表明城市职能逐渐由生产型向管理型和服务型转化，以第二产业为主的产业结构逐步演变，受"地价杠杆"的影响，市区工业用地逐渐被服务业用地取代[94]。伴随城区工业用地的外迁，与之配套的住宅区与基础设施建设不断加强，导致城市空间向外扩张。

4. 交通发展

作为联系区域社会经济活动的纽带，道路交通决定着空间相互作用的深度与广度，始终是城市用地格局形成和演化的重要影响因素[94]。城市内部及其与外界的往来联系主要依靠交通实现，交通线路的开辟往往成为城市空间扩展的伸展轴，对建设用地扩张具有指向性作用[94]。因此，城市用地的扩展过程，就是沿交通干线向外的扩散过程，交通干线的走向决定了城市用地格局特征及其扩展模式[94]。20 世纪 70～80 年代，分别向东、西延续的新华东街与新华西街成为呼和浩特城市用地发展的主轴线，建设用地在空间扩展上表现为沿交通主干道的轴向形式。1990 年以来，呼托、呼准公路建设带动了城市向西南方向扩张，机场高速公路的开通亦使城市用地向东部扩展。2019 年底至 2020 年 6 月启动实施的三环快速路及地铁 1 号线、地铁 2 号线工程，也将促使城市框架不断拉大。可见，交通的快速发展是城市空间扩展的重要助推器[94]，交通方式的变化和交通设施的建设牵动着城市空间扩展[152]。

5. 投资增加

城市建设资金投入增加是经济发展的重要动力，城市用地扩张的规模与速度和投资力度密切相关[154]。固定资产投资是社会固定资产再生产的主要手段，它既是经济发展的前提，也是实现土地用途置换、用地效益提升的基础[154]，特别是房地产投资对城市用地扩张具有重要影响。因能够解决城市居住用地及其配套设施建设问题，它直接拉动了城市用地的快速扩张。近年来，随着"引黄入呼""天然气入呼""两河一库"、电网改造、道路、给排水、集中供热等基础设施的投资与建设，呼和浩特城市功能不断完善，城市承载能力逐步提升，为城市空间拓展奠定了基础。2017 年，呼和浩特固定资产投资达 1 490.8 亿元，比 1990 年增长了 305.88倍，其中，房地产投资增长明显，增加了 538.98 倍，为城市经济增长及其用地扩展注入了动力。

6. 政策与规划调控

行政区划调整政策对城市空间扩展的影响极为突出[117]。行政范围的扩大不仅为城市建成区扩展提供了广阔空间，也通过加大区域间的交通联系促进了城市用地向外扩张。1949 年以来，呼和浩特行政区划发生了多次变更。1950 年，呼和浩特（当时称归绥市）划分为 6 个区；1951 年，划分为一区、二区、三区和回民区 4个区；1953 年，将原有 4 个区更名为玉泉区、回民区、新城区、郊区；1971 年，土默特左旗和托克托县划归呼和浩特管辖[64]；1995 年，和林格尔县、清水河县划归呼和浩特管辖；1996 年，武川县划归呼和浩特管辖；2000 年，郊区更名为赛罕区。截至 2017 年底，呼和浩特辖 4 区、4 县、1 旗，即玉泉区、新城区、回民区、

赛罕区、托克托县、清水河县、和林格尔县、武川县和土默特左旗，土地总面积为
17 186km²，市区面积为 2 065.1km²，城市建成区面积为 274.1km²，常住人口为 311.5
万人。研究显示，1978～2017 年，呼和浩特城市建成区面积扩大了 6.92 倍。可见，
行政区划调整是加快城市空间扩展、实现区域间整合和一体化发展的有效途径[117]。

经济发展政策的实施对城市空间扩展及其用地结构变化的影响更为直接，特别
是工业区与开发区建设，决定和引导了呼和浩特城市空间的扩展方向，是城市用地
格局变迁的重要力量[90]。1979 年，城区东南新建的炼油厂、化肥厂等工业区，带动
了呼和浩特城市用地向东南扩张；1992 年，城市东西两翼新建的如意开发区与金川
开发区，拉动了市区沿公路交通东西方向的轴向填充；2000 年，金桥开发区和石油
化工板块的建设又带动了城市用地向南扩展与集聚[153]。目前，呼和浩特已有 11
个开发区，规划总面积为 6 520hm²，成为城市扩展的重要空间载体（图 2-8）[153]。
此外，结合旧城改造工程，回民区裕隆工业园区、鸿盛高科技工业园和新城区金
海工业开发区等城市内部开发区的规划建设，也是城市用地内涵式扩展的重要途
径[153]。可见，工业区与开发区建设通过将城市工业用地由散乱布局向开发区组团
式布局转变，促使城市功能结构得以调整，成为呼和浩特城市扩张的重要驱动因素。

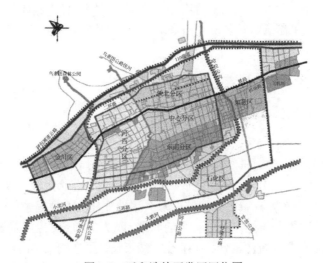

图 2-8　呼和浩特开发区区位图

资料来源：潮洛濛，翟继武，韩倩倩. 西部快速城市化地区近 20 年土地利用
及驱动因素分析——以呼和浩特为例[J]. 经济地理，2010，30（2）：239-243.

城市规划对城市用地发展亦具引导和调控作用。呼和浩特于 1951 年首次开展城
市规划工作，在对道路进行方格网式规划的基础上，提出城市分区发展方案，即：
将第五区（新城区）和第六区（火车站）合并为第一区，旧城划分为二区、三区、
回民区，麻花板为文教区，工业区分布在城区四周，商业及公共建筑集中于市中心[64]。
1956 年，呼和浩特全面开展了城市总体规划编制工作，并于 1959 年、1964 年进行
过两次修订，确立了城市性质、规模、建成区边界及其发展方向，改变了城市新、

旧城区和火车站三片分离的状况，总体上对城市布局和工业发展起到控制作用，形成了统一格局[64]。1976 年，《呼和浩特市城市总体规划（1976—2000）》编制完成，1979 年经国务院批准执行。随着城市建设用地的快速扩张，呼和浩特在规模、功能、结构、形态上均有所突破，各项用地的规划布局在原有规划的基础上进行了调整[64]。1996 年，《呼和浩特市城市总体规划（1996—2010）》经国务院批复，进一步明确了呼和浩特城市性质与用地布局，拟定了"城市主要向南拓展、适度向东西两翼延伸、严禁向北发展"的发展战略。2008 年，《呼和浩特市城市总体规划纲要（2010—2020）》完成，重点解决因城市规模快速扩张而导致的规划管理依据不足等问题，促使呼和浩特城市规划有了质的飞跃，建成区面积与人口数量明显增加。2010 年，《呼和浩特市总体规划（2010—2020）》中确定的"北控、东优、南拓、西联，集中成片，规模发展"的城市空间发展策略，成为城市用地布局与调控的"指挥棒"。2017 年，呼和浩特全面启动了和林格尔新区建设，"一核两翼六组团"（即由和林格尔经济技术开发区、沙尔沁工业园区、临空经济区和新机场组成的"中部产业核心区"，由北部金桥开发区和东部白塔片区形成的城市新区及南部托县工业园区与清水河县工业园区形成的托清工业集中区共同组成的"两翼"，由盛乐组团、白塔组团、金桥组团、沙尔沁组团、托清组团、空港组团组成的"六组团"）的和林格尔新区发展格局，将会带动城市用地的有序扩展和周边地区的经济发展。

二、城市空间扩展驱动机制实证研究

（一）评估指标体系构建

城市空间扩展的驱动力是指导致土地利用方式和目的发生变化的主要自然环境和社会经济因素，驱动力机制则指各驱动因素按照一定方式结合所形成的有机系统[156]。在短时间和较小的空间尺度下，自然驱动力具有稳定性，影响作用微弱，而社会经济驱动力是影响城市空间扩展及其用地变化的主要因素[94]。因此，本书基于全面性、典型性与可操作性相结合的原则，从人口增长、经济发展、技术进步、投资拉动、交通建设、资源消费、工业化、城市化、生态约束层面选取相关统计指标，构建呼和浩特城市空间扩展驱动因素的定量评估指标体系（表 2-9）。

表 2-9　呼和浩特城市空间扩展驱动因素的定量评估指标体系

驱动因素	具体指标/单位
人口增长	城镇人口/万人
	非农人口/万人
	人口密度/（人/km²）
	人口自然增长率/‰
	第二产业从业人员/万人
	第三产业从业人员/万人

续表

驱动因素	具体指标/单位
经济发展	GDP/亿元
	人均 GDP/元
	第三产业产值/亿元
	社会销售品零售总额/万元
	财政收入/万元
	财政支出/万元
	农村居民人均纯收入/元
	城镇居民人均可支配收入/元
	城镇居民消费价格指数/以上年价格为100
	恩格尔系数/%
技术进步	第二产业产值占 GDP 比重/%
	第三产业产值占 GDP 比重/%
	全员劳动生产率/（元/人）
	土地产出率/（万元/km²）
	土地容积率
投资拉动	全社会固定资产投资额/万元
	房地产固定资产投资额/万元
	外商实际投资额/万元
	基础建设投资额/万元
	交通运输业固定资产投资额/万元
交通建设	铺装道路面积/万 m²
	人均城市道路面积/m²
	公路里程/km
	公共交通线路网长度/km
	公共交通客运总量/万人次
	城市居民每万人拥有公交车辆/辆
	旅客运输量/万人
	铁路旅客运输量/万人
	公路旅客运输量/万人
	货物运输量/万 t
	铁路货运量/万 t
	公路货运量/万 t
资源消费	发电量/万 kWh
	全社会用电量/万 kWh
	原煤产量/t
	单位 GDP 电耗/（kWh/万元）
	煤炭消费量/万 t

续表

驱动因素	具体指标/单位
工业化	工业产值/万元
	工业产值占 GDP 比重/%
	工业劳动生产率/（元/人）
	工业土地产出率/（万元/km²）
	工业用电量/万 kWh
	工业用电比重/%
城市化	城市化率/%
	人均住房面积/m²
	人均建设用地面积/（km²）
	每万人拥有大学生数/人
	每万人拥有医院病床数/张
	第二产业从业人员比重/%
	第三产业从业人员比重/%
生态约束	园林绿地面积/hm²
	建成区绿化覆盖率/%
	人均公共绿地面积/m²
	人均生活用水量/L
	污水排放量/万 m³
	工业废水排放量/万 t
	工业废气排放量/亿标 m³
	工业二氧化硫排放量/万 t
	工业固体废弃物排放量/万 t

资料来源：《呼和浩特经济统计年鉴》《内蒙古统计年鉴》《中国城市统计年鉴》《呼和浩特市国民经济和社会发展统计公报》。

（二）驱动力因素综合影响定量研究

1. 研究方法

基于城市空间扩展影响因素的定性分析，本书将借助相关分析、主成分分析、灰色关联分析等定量统计方法，分别对不同时段内呼和浩特城市空间扩展的驱动机制进行综合研究。

1）相关分析法

相关分析法是通过相关系数来衡量两个变量间线性相关程度的量化方法，常用的相关系数为 Pearson 相关系数（Pearson correlation coefficient，P）[94]，其值为 $-1 \sim 1$。其中，$P>0$ 时为正相关，$P<0$ 时为负相关[94]。本书运用 SPSS 软件的 Correlate 命令对城市建成区面积变化与社会经济驱动因素进行相关分析，其计算公式为

$$P = \frac{\sum_{i=1}^{n}(x_j - \overline{x})(y_j - \overline{y})}{\sqrt{\sum_{i=1}^{n}(x_j - \overline{x})(y_j - \overline{y})}} \qquad (2\text{-}14)$$

式中，P 为相关系数；n 为样本容量；x_j、y_j 分别为两个变量对应的样本值；$\overline{x}$、$\overline{y}$ 分别为两个变量对应的样本均值[94]。

2）主成分分析法

主成分分析法是通过对原始变量相关矩阵内部结构关系的研究，找出影响某一自然或经济过程的几个综合指标的方法。该方法具有用较少的新变量代替原来较多变量的优点，一方面避免了数据上的信息重叠，另一方面起到了降维作用，容易抓住复杂问题的主要矛盾。本书采用主成分分析法进行呼和浩特城市空间扩展过程中驱动因素作用强度的定量评估，并运用 SPSS 分析软件进行数据处理。

3）灰色关联分析法

灰色关联分析法是通过关联系数来分析两个系统或两个因素间关联程度的方法，关联系数越大，表明两者间的关联度越大，反之则越小。其计算公式为

$$\xi(j)(t) = \frac{\underset{i}{\text{Min}}\,\underset{j}{\text{Min}}\left|Z_i^X(t) - Z_t^Y(t)\right| + \rho\,\underset{i}{\text{Max}}\,\underset{j}{\text{Max}}\left|Z_i^X(t) - Z_j^Y(t)\right|}{\left|Z_i^X(t) - Z_j^Y(t)\right| + \rho\,\underset{i}{\text{Max}}\,\underset{j}{\text{Max}}\left|Z_i^X(t) - Z_j^Y(t)\right|} \qquad (2\text{-}15)$$

式中，$\xi(j)(t)$ 为 t 时刻比较序列与参考序列的关联系数；$Z_i^X(t)$、$Z_j^Y(t)$ 分别为 t 时刻两比较序列评估指标的标准化数值；ρ 为分辨系数，通常取 0.50。

2. 呼和浩特城市建成区面积变化的驱动因素分析

1）1990～2017 年城市建成区面积变化的驱动因素分析

（1）相关分析。借助 SPSS 17.0 统计软件，运用式（2-14）对 1990～2017 年呼和浩特城市建成区面积与人口增长、经济发展、技术进步、投资拉动、交通建设、资源消费、工业化、城市化、生态约束驱动因素的指标进行相关分析，以 Pearson 相关系数大于 0.60 为标准剔除冗余因子，并通过 0.01 与 0.05 水平上的显著性检验，得到影响城市建成区面积变化的主要指标（表 2-10）。

表 2-10　1990～2017 年呼和浩特城市建成区面积变化驱动因素相关分析

驱动因素	指标	Pearson 相关系数	双尾显著性检验
人口增长	城镇人口	0.914	0.000
	非农人口	0.963	0.000
	人口自然增长率	−0.613	0.001
	第二产业从业人员	0.868	0.000
	第三产业从业人员	0.960	0.000

续表

驱动因素	指标	Pearson 相关系数	双尾显著性检验
经济发展	GDP	0.967	0.000
	人均 GDP	0.968	0.000
	第三产业产值	0.968	0.000
	社会销售品零售总额	0.972	0.000
	财政收入	0.884	0.000
	财政支出	0.963	0.000
	农村居民人均纯收入	0.973	0.000
	城镇居民人均可支配收入	0.968	0.000
	恩格尔系数	−0.881	0.000
技术进步	第二产业产值占 GDP 比重	−0.845	0.000
	第三产业产值占 GDP 比重	0.930	0.000
	全员劳动生产率	0.951	0.000
	土地产出率	0.929	0.000
投资拉动	全社会固定资产投资额	0.968	0.000
	房地产固定资产投资额	0.929	0.000
	外商实际投资额	0.974	0.000
	基础建设投资额	0.879	0.000
	交通运输业固定资产投资额	0.892	0.000
交通建设	铺装道路面积	0.986	0.000
	人均城市道路面积	0.984	0.000
	公路里程	0.912	0.000
	公共交通线路网长度	0.875	0.000
	公共交通客运总量	0.886	0.000
	城市居民每万人拥有公交车辆	0.762	0.000
	铁路旅客运输量	0.983	0.000
	货物运输量	0.961	0.000
	铁路货运量	0.878	0.000
	公路货运量	0.967	0.000
资源消费	发电量	0.932	0.000
	全社会用电量	0.958	0.000
	原煤产量	0.712	0.000
	单位 GDP 电耗	−0.632	0.001
	煤炭消费量	0.922	0.000
工业化	工业产值	0.945	0.000
	工业产值占 GDP 比重	−0.884	0.000
	工业劳动生产率	0.916	0.000
	工业土地产出率	0.908	0.000
	工业用电量	0.854	0.000
	工业用电比重	0.795	0.000

续表

驱动因素	指标	Pearson 相关系数	双尾显著性检验
城市化	城市化率	0.917	0.000
	人均住房面积	0.967	0.000
	人均建设用地面积	0.978	0.000
	每万人拥有大学生数	0.938	0.000
	第三产业从业人员比重	0.933	0.000
生态约束	园林绿地面积	0.960	0.000
	建成区绿化覆盖率	0.747	0.000
	人均公共绿地面积	0.897	0.000
	人均生活用水量	-0.880	0.000
	污水排放量	0.838	0.000
	工业废气排放量	0.944	0.000
	工业固体废弃物排放量	0.938	0.000

由表 2-10 可知,1990~2017 年,影响呼和浩特城市建成区面积变化的主要驱动因素共计 56 个,与原有指标体系(表 2-9)相比,剔除 9 个指标。其中,人口增长驱动因素中剔除了人口密度,经济发展驱动因素中剔除了城镇居民消费价格指数,技术进步驱动因素中剔除了土地容积率,交通建设驱动因素中剔除了旅客运输量与公路旅客运输量,城市化驱动因素中剔除了每万人拥有医院病床数、第二产业从业人员比重,生态约束驱动因素中剔除了工业废水排放量与工业二氧化硫排放量;投资拉动、资源消费与工业化驱动因素中无指标剔除。

1990~2017 年,呼和浩特城市建成区面积变化与其驱动因素各指标的 Pearson 相关系数大多在 0.80 以上(表 2-10),属高度相关,表明人口增长、经济发展、技术进步、投资拉动、交通建设、资源消费、工业化、城市化及生态约束均是城市空间扩展的驱动因素。其中,人口增长驱动因素中,非农人口、第三产业从业人员、城镇人口与城市建成区面积的 Pearson 相关系数均在 0.90 以上,且均为正相关关系,说明人口快速增加直接导致了城市空间的扩展。经济发展驱动因素中,农村居民人均纯收入、社会销售品零售总额、人均 GDP、第三产业产值、城镇居民人均可支配收入、GDP、财政支出与城市建成区面积的 Pearson 相关系数较大,表明人均生活水平与消费水平的提高及经济总量的增长与建成区面积增加有显著的正相关关系。技术进步驱动因素中,全员劳动生产率、第三产业产值占 GDP 比重、土地产出率与城市建成区面积呈正相关关系,第二产业产值占 GDP 比重则与城市建成区面积呈负相关关系,表明技术进步带来的劳动生产率与土地利用效率提高及产业结构升级,促进了城市建成区扩张。投资拉动驱动因素中,外商实际投资额、全社会固定资产投资额、房地产固定资产投资额与城市建成区面积的 Pearson 相关系数均大于 0.90,体现出建设资金增长是城市空间扩展的重要动力。交通建设驱动因素中,铺装道路面积、人均城市道路面积、铁路旅客运输量、公路货运量、货物运输量、公路里程与城市建成区面积的 Pearson 相关系数较大，表明随着呼和浩特城市交通网络的快速发展，城市的基本骨架逐渐拉大，建成区用地沿交通道路不断扩张，交通牵引成为城市空间扩展和用地格局演化的主要外力。资源消费驱动因素中，全社会用电量、发电量、煤炭消费量与城市建成区面积的 Pearson 相关系数较大且呈正相关关系，单位 GDP 电耗与城市建成区面积呈负相关关系，表明随城市建成区面积的扩大，煤炭资源的开发与利用强度逐渐加大，但受经济转型影响，煤炭消费强度不断减小。工业化与城市化驱动因素中，工业产值、工业劳动生产率、工业土地产出率、人均建设用地面积、人均住房面积、每万人拥有大学生数、第三产业从业人员比重、城市化率与城市建成区面积的 Pearson 相关系数亦在 0.90 以上，工业产值占 GDP 比重与城市建成区面积的 Pearson 相关系数较大且呈负相关关系，表明随着工业化与城市化进程的不断推进，呼和浩特城市功能定位与经济增长方式不断调整，随着工矿用地逐步减少，工业产值比重持续下降，第三产业产值占 GDP 比重稳步上升，城市用地逐步增多，城市空间格局与产业结构之间表现出宏观一致性[74]。生态约束驱动因素中，园林绿地面积、工业废气排放量、工业固体废弃物排放量、人均公共绿地面积、污水排放量等指标均与城市建成区面积呈正相关关系，表明随着城市建成区的扩展，"三废"排放量逐渐增加，而城市生态建设亦不断加强。

（2）主成分分析。运用 SPSS 17.0 统计软件的主成分分析模块，经 KMO（Kaiser-Meyer-Olkin）统计量和 Bartlett 球形度检验，适合作主成分分析。在各指标中分别提取出特征值大于 1，累计方差贡献率大于 80%的综合变量因子，作为该变量类型的代表主成分[94]，主成分因子载荷矩阵如表 2-11 所示。

表 2-11　主成分因子载荷矩阵

指标	主成分		
	因子 1	因子 2	因子 3
铁路货运量	0.929	0.283	0.163
房地产固定资产投资额	0.870	0.322	0.343
工业用电量	0.824	0.386	0.401
货物运输量	0.822	0.424	0.336
第三产业产值	0.812	0.413	0.409
全社会固定资产投资额	0.810	0.405	0.419
财政支出	0.807	0.411	0.411
外商实际投资额	0.802	0.345	0.315
全社会用电量	0.800	0.410	0.426
社会销售品零售总额	0.800	0.446	0.398
污水排放量	0.787	0.338	0.338
公路货运量	0.786	0.450	0.372
GDP	0.777	0.430	0.455
园林绿地面积	0.769	0.443	0.431

续表

指标	主成分		
	因子 1	因子 2	因子 3
基础建设投资额	0.768	0.442	0.452
人均建设用地面积	0.767	0.454	0.388
人均 GDP	0.751	0.451	0.479
工业废气排放量	0.749	0.427	0.428
工业用电比重	0.737	0.000	0.481
铺装道路面积	0.734	0.530	0.417
农村居民人均纯收入	0.731	0.513	0.444
工业固体废弃物排放量	0.731	0.387	0.541
工业土地产出率	0.727	0.410	0.436
城镇居民人均可支配收入	0.727	0.485	0.480
铁路旅客运输量	0.719	0.551	0.376
交通运输业固定资产投资额	0.715	0.352	0.455
公共交通线路网长度	0.698	0.244	0.585
财政收入	0.691	0.356	0.544
工业产值	0.685	0.454	0.560
人均城市道路面积	0.676	0.513	0.503
第三产业从业人员比重	0.675	0.617	0.317
全员劳动生产率	0.660	0.482	0.567
建成区绿化覆盖率	0.648	0.150	0.639
土地产出率	0.611	0.514	0.588
单位 GDP 电耗	−0.114	−0.905	−0.174
恩格尔系数	−0.410	−0.831	−0.330
第三产业产值占 GDP 比重	0.502	0.779	0.317
人口自然增长率	−0.116	−0.773	−0.277
城市化率	0.500	0.770	0.329
工业产值占 GDP 比重	−0.548	−0.758	−0.133
城镇人口	0.513	0.748	0.381
第二产业产值占 GDP 比重	−0.577	−0.738	0.000
非农人口	0.628	0.707	0.312
公路里程	0.559	0.657	0.451
第三产业从业人员	0.604	0.633	0.472
每万人拥有大学生数	0.493	0.629	0.578
人均住房面积	0.560	0.628	0.503
工业二氧化硫排放量	0.235	0.000	0.840
原煤产量	0.346	0.341	0.792
城市居民每万人拥有公交车辆	0.299	0.514	0.720
第二产业从业人员	0.526	0.360	0.715
煤炭消费量	0.560	0.469	0.672
工业劳动生产率	0.574	0.481	0.651
发电量	0.592	0.460	0.647
公共交通客运总量	0.592	0.411	0.645
人均生活用水量	−0.450	−0.557	−0.613
人均公共绿地面积	0.553	0.529	0.604

　　从主成分因子载荷矩阵（表2-11）可知，1990～2017年，铁路货运量、房地产固定资产投资额、工业用电量、货物运输量、第三产业产值、全社会固定资产投资额、财政支出、外商实际投资额、全社会用电量、社会销售品零售总额、污水排放量、公路货运量、GDP、园林绿地面积、基础建设投资额、人均建设用地面积、人均GDP、工业废气排放量、工业用电比重、铺装道路面积、农村居民人均纯收入、工业固体废弃物排放量、工业土地产出率、城镇居民人均可支配收入、铁路旅客运输量、交通运输业固定资产投资额、公共交通线路网长度、财政收入、工业产值、人均城市道路面积、第三产业从业人员比重、全员劳动生产率、建成区绿化覆盖率、土地产出率、非农人口、第三产业从业人员在第一主成分因子上有较大的载荷（绝对值在0.60以上，下同），这些指标分别属于交通建设、投资拉动、工业化、经济发展、资源消费、生态约束、技术进步、城市化、人口增长驱动因素，其中，以投资拉动、交通建设、经济发展、工业化驱动因素的指标的数量多且载荷大，表明投资加大、交通拓展、经济增长、工业发展是拉动呼和浩特城市空间快速扩张的主要驱动因素；在第二主成分因子上，第三产业从业人员比重、单位GDP电耗、恩格尔系数、第三产业产值占GDP比重、人口自然增长率、城市化率、工业产值占GDP比重、城镇人口、第二产业产值占GDP比重、非农人口、公路里程、第三产业从业人员、每万人拥有大学生数、人均住房面积的载荷较大，其分属于城市化、资源消费、经济发展、技术进步、人口增长、工业化、交通建设驱动因素，其中，城市化、人口增长驱动因素的指标较多，说明城市人口增长导致城市用地不断扩展；建成区绿化覆盖率、工业二氧化硫排放量、原煤产量、城市居民每万人拥有公交车辆、第二产业从业人员、煤炭消费量、工业劳动生产率、发电量、公共交通客运总量、人均生活用水量、人均公共绿地面积在第三主成分因子上的载荷较大，分属于生态约束、资源消费、交通建设、人口增长、工业化驱动因素，其中，以生态约束、资源消费驱动因素的指标数量为多，体现出生态容量与资源开发对城市用地格局变化具有重要影响。

　　（3）灰色关联分析。据相关分析结果，以影响呼和浩特城市建成区面积变化的56个指标变量为比较序列，以城市建成区面积为参考序列，进行城市建成区面积与驱动因素各指标间的灰色关联分析。运用式（2-15），计算得出1990～2017年呼和浩特城市建成区面积与驱动因素各指标间的灰色关联系数（表2-12）。

表2-12　1990～2017年呼和浩特城市建成区面积与驱动因素各指标间的灰色关联系数

指标	关联系数	指标	关联系数
第二产业从业人员	0.999 6	第三产业从业人员	0.999 5
铁路旅客运输量	0.999 5	城市化率	0.999 3
人均建设用地面积	0.999 5	第三产业产值占GDP比重	0.999 3

指标	关联系数	指标	关联系数
非农人口	0.999 3	货物运输量	0.993 0
城镇人口	0.999 2	工业土地产出率	0.993 0
人均城市道路面积	0.999 2	公路货运量	0.992 9
污水排放量	0.999 2	农村居民人均纯收入	0.990 8
第三产业从业人员比重	0.999 1	工业固体废弃物排放量	0.989 3
公共交通线路网长度	0.999 1	工业废气排放量	0.988 5
建成区绿化覆盖率	0.999 1	煤炭消费量	0.987 9
城市居民每万人拥有公交车辆	0.999 0	城镇居民人均可支配收入	0.987 0
工业用电比重	0.998 9	土地产出率	0.985 5
园林绿地面积	0.998 9	工业劳动生产率	0.979 8
第二产业产值占 GDP 比重	0.998 8	人均 GDP	0.976 4
工业产值占 GDP 比重	0.998 7	财政收入	0.976 1
人均生活用水量	0.998 6	财政支出	0.974 5
恩格尔系数	0.998 5	工业产值	0.973 6
人均住房面积	0.998 4	社会销售品零售总额	0.971 9
公路里程	0.998 3	GDP	0.964 5
公共交通客运总量	0.998 2	全员劳动生产率	0.958 6
人口自然增长率	0.998 1	发电量	0.952 0
人均公共绿地面积	0.998 1	第三产业产值	0.949 8
单位 GDP 电耗	0.998 0	基础建设投资额	0.917 7
每万人拥有大学生数	0.997 0	全社会固定资产投资额	0.900 8
全社会用电量	0.994 6	交通运输业固定资产投资额	0.896 4
工业用电量	0.994 3	原煤产量	0.860 8
铺装道路面积	0.993 8	房地产固定资产投资额	0.800 7
铁路货运量	0.993 3	外商实际投资额	0.791 7

表 2-12 显示，1990～2017 年，呼和浩特城市建成区面积变化与其驱动因素各指标的关联系数几乎均在 0.80 以上，表明其对城市空间扩展均有加速作用。其中，第二产业从业人员、铁路旅客运输量、人均建设用地面积、第三产业从业人员、城市化率、第三产业产值占 GDP 比重、非农人口、城镇人口、人均城市道路面积、污水排放量、第三产业从业人员比重、公共交通线路网长度、建成区绿化覆盖率等指标的关联系数较大，体现出人口增长、交通建设、城市化、技术进步、生态约束驱动因素指标对城市建成区用地变化具有重要影响。

根据主成分综合模型分别计算出 1990～2017 年各类驱动因素代表主成分的综合分值，经标准化处理后作为子序列，以城市建成区面积为母序列，作灰色关联分析[94]，得出各类驱动因素与城市建成区面积间的灰色关联系数（表 2-13）。表 2-13 显示，各类驱动因素与呼和浩特城市建成区面积的灰色关联系数均在 0.60

以上，其中，投资拉动与城市建成区面积的关联程度最大，其次为生态约束、工业化、交通建设、经济发展、城市化、资源消费、技术进步、人口增长。可见，投资力度加大、生态空间建设、工业快速发展、交通不断扩张、经济持续发展、城市人口增加、资源开发与利用、技术进步共同促进了呼和浩特城市用地的扩展，是城市空间扩张的重要驱动因素。

表 2-13　1990～2017 年呼和浩特城市建成区面积变化驱动因素的灰色关联系数

驱动因素	关联系数
投资拉动	0.727 1
生态约束	0.723 8
工业化	0.717 2
交通建设	0.711 4
经济发展	0.708 8
城市化	0.703 6
资源消费	0.695 0
技术进步	0.693 1
人口增长	0.677 1

2）1990～1999 年城市建成区面积变化的驱动因素分析

（1）相关分析。借助 SPSS 17.0 统计软件，运用式（2-14）对 1990～1999 年呼和浩特城市建成区面积与各指标进行相关分析，以 Pearson 相关系数大于 0.60 为标准剔除冗余因子，并通过 0.01 与 0.05 水平上的显著性检验，得到影响城市建成区面积变化的指标（表 2-14）。

表 2-14　1990～1999 年呼和浩特城市建成区面积变化驱动因素的相关分析

驱动因素	指标	Pearson 相关系数	双尾显著性检验
人口增长	城镇人口	0.903	0.000
	非农人口	0.893	0.001
	人口密度	−0.814	0.004
	第三产业从业人员	0.887	0.001
经济发展	GDP	0.929	0.000
	人均 GDP	0.932	0.000
	第三产业产值	0.911	0.000
	社会销售品零售总额	0.895	0.000
	财政收入	0.725	0.018
	财政支出	0.908	0.000
	农村居民人均纯收入	0.936	0.000
	城镇居民人均可支配收入	0.918	0.000
	恩格尔系数	−0.754	0.012

续表

驱动因素	指标	Pearson 相关系数	双尾显著性检验
城市化	城市化率	0.883	0.001
	人均住房面积	0.930	0.000
	每万人拥有医院病床数	−0.879	0.001
	第二产业从业人员比重	−0.863	0.001
工业化	工业产值	0.912	0.000
	工业劳动生产率	0.816	0.004
	工业用电量	0.902	0.000
	工业用电比重	−0.805	0.005
投资拉动	全社会固定资产投资额	0.885	0.001
	房地产固定资产投资额	0.869	0.001
	基础建设投资额	0.865	0.001
	交通运输业固定资产投资额	0.826	0.003
技术进步	第三产业产值占 GDP 比重	0.642	0.045
	全员劳动生产率	0.904	0.000
	土地产出率	0.919	0.000
	土地容积率	−0.874	0.001
交通建设	铺装道路面积	0.769	0.009
	公路里程	0.944	0.000
	公共交通客运总量	−0.877	0.001
	城市居民每万人拥有公交车辆	0.773	0.009
	旅客运输量	0.826	0.003
	公路旅客运输量	0.841	0.002
	货物运输量	0.765	0.010
	铁路货运量	0.742	0.014
	公路货运量	0.754	0.012
生态约束	园林绿地面积	0.838	0.002
	人均公共绿地面积	0.773	0.009
	工业废水排放量	−0.819	0.004
	工业废气排放量	0.751	0.012
资源消费	发电量	0.906	0.000
	全社会用电量	0.919	0.000
	原煤产量	0.746	0.013
	单位 GDP 电耗	−0.887	0.001
	煤炭消费量	0.819	0.004

　　由表 2-14 可知，1990～1999 年，影响呼和浩特城市建成区面积变化的指标共计 47 个，其间 Pearson 相关系数多在 0.70 以上，相关程度较高；与原有指标体系（表 2-9）相比，共剔除 18 个指标。其中，人口增长驱动因素中保留了城镇人口、

非农人口、人口密度、第三产业从业人员 4 项指标，表明呼和浩特城市建成区用地扩张主要受到城镇人口、非农人口、第三产业从业人员及人口密度的影响；经济发展驱动因素中剔除了城镇居民消费价格指数，说明城市建成区面积变化与居民消费水平的提高并无明显相关关系，但与经济总量的增长及人均生活水平的提高有显著正相关关系；技术进步驱动因素中保留了第三产业产值占 GDP 比重、全员劳动生产率、土地产出率、土地容积率，表明全员劳动生产率与土地产出率的提高及产业结构的优化调整，是拉动城市建成区不断扩张的主导力量；交通建设驱动因素中公路里程、公共交通客运总量、公路旅客运输量、旅客运输量与城市建成区面积的 Pearson 相关系数均在 0.80 以上，说明城市对外交通网络及交通运输业的快速发展，有效牵引了城市用地的向外扩张；城市化与工业化驱动因素中剔除了人均建设用地面积、每万人拥有大学生数、第三产业从业人员比重、工业产值占 GDP 比重、工业土地产出率，而人均住房面积、工业产值、工业用电量与城市建成区面积的 Pearson 相关系数较高，其中，每万人拥有医院病床数、第二产业从业人员比重、工业用电比重与城市建成区面积呈负相关，表明房地产业与工业的迅速发展拉动了城市建成区扩张，但医疗设施发展相对滞后，伴随城市产业结构升级及用地结构调整，第二产业从业人员及工业用电量逐渐减少；生态约束驱动因素中园林绿地面积与城市建成区面积的 Pearson 相关系数最大，表明城市生态空间的不断拓展，推动了城市建设用地的增长；投资驱动因素中剔除了外商实际投资额，体现出该时段城市外向型经济发展不足，没有成为推动城市扩张的有效动力，而房地产、交通运输业、基础建设及固定资产投资额加大，则是城市空间扩展的重要动力；资源消费驱动因素与城市建成区面积的 Pearson 相关系数均较高，表明煤炭资源的生产及消费与城市用地扩展仍具有明显的相关关系。

（2）主成分分析。运用 SPSS 17.0 统计软件的主成分分析模块，经 KMO 统计量和 Bartlett 球形度检验，适合作主成分分析。在各指标中分别提取出特征值大于 1，累计方差贡献率大于 80% 的综合变量因子，作为该变量类型的代表主成分[94]，主成分因子载荷矩阵如表 2-15 所示。其中，人口增长、经济发展、城市化、工业化、投资拉动、技术进步、生态约束、资源消费驱动因素中的指标各提取了 1 个主成分；交通建设驱动因素的指标中提取了 2 个主成分，第一主成分代表了城市交通基础设施及交通运输业的发展，第二主成分代表了公共交通的发展[94]。

表 2-15　主成分因子载荷矩阵

指标	主成分		
	因子 1	因子 2	因子 3
财政收入	0.908	0.000	0.175
铺装道路面积	0.894	0.282	0.221
第二产业从业人员比重	−0.880	−0.356	−0.252

续表

指标	主成分		
	因子 1	因子 2	因子 3
旅客运输量	0.861	0.175	0.465
公路旅客运输量	0.853	0.209	0.463
土地容积率	−0.851	−0.432	−0.227
人均公共绿地面积	0.849	0.000	0.366
非农人口	0.833	0.365	0.411
社会销售品零售总额	0.828	0.375	0.409
财政支出	0.828	0.420	0.370
全员劳动生产率	0.821	0.378	0.418
城镇人口	0.816	0.410	0.404
人均住房面积	0.802	0.479	0.318
第三产业产值	0.798	0.446	0.398
房地产固定资产投资额	0.790	0.196	0.536
农村居民人均纯收入	0.776	0.535	0.330
交通运输业固定资产投资额	0.759	0.471	0.000
工业劳动生产率	0.734	0.219	0.615
第三产业从业人员	0.731	0.529	0.381
GDP	0.725	0.537	0.428
土地产出率	0.712	0.541	0.441
城镇居民人均可支配收入	0.712	0.561	0.414
人均 GDP	0.710	0.553	0.433
城市化率	0.697	0.659	0.132
发电量	0.685	0.636	0.226
全社会用电量	0.676	0.530	0.501
恩格尔系数	−0.673	−0.029	−0.590
工业用电量	0.661	0.565	0.442
全社会固定资产投资额	0.660	0.387	0.637
每万人拥有医院病床数	−0.642	−0.459	−0.481
工业产值	0.634	0.576	0.508
原煤产量	0.168	0.959	0.130
公路货运量	0.190	0.912	0.205
货物运输量	0.192	0.907	0.236
工业废气排放量	0.163	0.816	0.248
城市居民每万人拥有公交车辆	0.240	0.770	0.423
公共交通客运总量	−0.386	−0.756	−0.510
人口密度	−0.421	−0.746	−0.413
公路里程	0.651	0.691	0.222
单位 GDP 电耗	−0.448	−0.666	−0.592
铁路货运量	0.144	0.446	0.847
煤炭消费量	0.222	0.674	0.700
工业废水排放量	−0.615	−0.297	−0.693
基础建设投资额	0.596	0.443	0.654
园林绿地面积	0.533	0.445	0.646
工业用电比重	−0.494	−0.393	−0.644

表 2-15 显示，1990～1999 年，第三产业产值占 GDP 比重、财政收入、铺装
道路面积、第二产业从业人员比重、旅客运输量、公路旅客运输量、土地容积率、
人均公共绿地面积、非农人口、社会销售品零售总额、财政支出、全员劳动生产
率、城镇人口、人均住房面积、第三产业产值、房地产固定资产投资额、农村居
民人均纯收入、交通运输业固定资产投资额、工业劳动生产率、第三产业从业人
员、GDP、土地产出率、城镇居民人均可支配收入、人均 GDP、城市化率、发电
量、全社会用电量、恩格尔系数、工业用电量、全社会固定资产投资额、每万人
拥有医院病床数、公路里程、工业废水排放量在第一主成分因子上有较大的载荷
（绝对值在 0.60 以上，下同），这些指标分别属于经济发展、交通建设、城市化、
技术进步、工业化、人口增长、投资拉动、资源消费、生态约束驱动因素，其中，
以经济发展、交通建设、城市化、技术进步驱动因素的指标的数量多且载荷大，
表明经济增长、交通发展、城市化进程加快、技术进步是拉动呼和浩特城市空间
快速扩张的主要驱动因素；在第二主成分因子上，城市化率、发电量、原煤产量、
公路货运量、货物运输量、工业废气排放量、城市居民每万人拥有公交车辆、公
共交通客运总量、人口密度、公路里程、单位 GDP 电耗、煤炭消费量的载荷较大，
其分别属于交通建设、资源消费、城市化、生态约束、人口增长驱动因素，其中，
交通建设、资源消费驱动因素的指标多且载荷大，说明交通拓展、资源开发成为
城市空间扩展的驱动力量；工业劳动生产率、全社会固定资产投资额、铁路货运
量、煤炭消费量、工业废水排放量、基础建设投资额、园林绿地面积、工业用电
比重在第三主成分因子上的载荷较大，分别属于生态约束、投资拉动、工业化、
交通建设、资源消费驱动因素，其中，以生态约束、投资消费驱动因素指标数量
为多，体现出生态建设与投资加大对城市用地格局变化具有重要影响。

（3）灰色关联分析。据相关分析结果，以影响呼和浩特城市建成区面积变化
的 47 个指标变量为比较序列，以城市建成区面积为参考序列，进行城市建成区面
积与驱动因素各指标间的灰色关联分析。运用式（2-15），计算得出 1990～1999
年呼和浩特城市建成区面积与其驱动因素各指标间的灰色关联系数（表 2-16）。

表 2-16　1990～1999 年呼和浩特城市建成区面积与驱动因素各指标间的灰色关联系数

指标因子	关联系数	指标因子	关联系数
城市化率	0.998 9	土地容积率	0.996 1
城镇人口	0.998 9	工业用电比重	0.995 7
非农人口	0.998 8	恩格尔系数	0.993 1
第三产业产值占 GDP 比重	0.997 7	第二产业从业人员比重	0.992 8
人均住房面积	0.997 7	每万人拥有医院病床数	0.992 4

续表

指标因子	关联系数	指标因子	关联系数
公共交通客运总量	0.990 1	公路旅客运输量	0.962 7
工业废水排放量	0.988 8	财政支出	0.959 9
人均公共绿地面积	0.988 6	货物运输量	0.956 5
工业用电量	0.987 2	公路货运量	0.952 1
人口密度	0.987 0	农村居民人均纯收入	0.950 3
第三产业从业人员	0.986 9	城镇居民人均可支配收入	0.941 0
园林绿地面积	0.986 6	人均 GDP	0.933 9
城市居民每万人拥有公交车辆	0.985 9	社会销售品零售总额	0.933 8
全社会用电量	0.983 6	土地产出率	0.932 7
财政收入	0.982 5	全员劳动生产率	0.930 4
煤炭消费量	0.981 7	GDP	0.926 9
工业劳动生产率	0.980 5	工业产值	0.926 9
单位 GDP 电耗	0.980 5	第三产业产值	0.924 0
工业废气排放量	0.980 4	交通运输业固定资产投资额	0.903 2
铁路货运量	0.979 3	基础建设投资额	0.878 2
公路里程	0.978 0	全社会固定资产投资额	0.868 2
旅客运输量	0.974 0	房地产固定资产投资额	0.792 6
发电量	0.972 2	原煤产量	0.682 8
铺装道路面积	0.969 3		

表 2-16 显示，1990～1999 年，呼和浩特城市建成区面积变化与其驱动因素的关联系数均在 0.68 以上，介于中等关联与高度关联之间，表明其对城市空间扩展都有促进作用。其中，城市化率、城镇人口、非农人口、第三产业产值占 GDP 比重、人均住房面积、土地容积率、工业用电比重、恩格尔系数、第二产业从业人员比重、每万人拥有医院病床数、公共交通客运总量等指标的关联系数较大，体现出城市建成区扩展主要受城市化、人口增长、技术进步、工业化、经济发展、交通建设驱动因素的影响。

根据主成分综合模型分别计算 1990～1999 年各类驱动因素代表主成分的综合分值，经标准化处理后作为子序列，以城市建成区面积为母序列，作灰色关联分析[94]，得出各驱动因素与城市建成区面积间的灰色关联系数（表 2-17）。表 2-17 显示，各驱动因素与呼和浩特城市建成区面积的灰色关联系数均在 0.60 以上，其中，铺装道路面积、交通运输业固定资产投资额等代表交通基础设施建设的指标因子与呼和浩特城市建成区面积的关联程度最大，其次为技术进步、城市化、经济发展、人口增长、交通运输业（如旅客运量、公路里程、货物运输量等因子）、投资拉动、生态约束、工业化、资源消费驱动因素。可见，交通设施建设、技术进步、城市化进程加快、经济持续增长、交通不断扩张、投资力度加大、生态空间建设、工业快速发展、资源开发与利用的共同作用，带动了城市空间的扩张。

表 2-17　1990～1999 年呼和浩特城市建成区面积变化驱动因素的灰色关联系数

驱动因素	关联系数
交通基础设施	0.732 9
技术进步	0.729 5
城市化	0.719 0
经济发展	0.709 3
人口增长	0.707 7
交通运输业	0.705 5
投资拉动	0.701 6
生态约束	0.701 3
工业化	0.698 5
资源消费	0.697 6

3）2000～2009 年城市建成区面积变化的驱动因素分析

（1）相关分析。借助 SPSS 17.0 统计软件，运用式（2-14）对 2000～2009 年呼和浩特城市建成区面积与各指标进行相关分析，以 Pearson 相关系数大于 0.60 为标准剔除冗余因子，并通过 0.01 与 0.05 水平上的显著性检验，得到影响城市建成区面积变化的主要指标（表 2-18）。

表 2-18　2000～2009 年呼和浩特城市建成区面积变化驱动因素相关分析

驱动因素	指标	Pearson 相关系数	双尾显著性检验
人口增长	城镇人口	0.802	0.005
	非农人口	0.809	0.005
	人口密度	0.797	0.006
	第二产业从业人员	0.854	0.002
	第三产业从业人员	0.871	0.001
经济发展	GDP	0.837	0.002
	人均 GDP	0.849	0.002
	第三产业产值	0.834	0.003
	社会销售品零售总额	0.830	0.003
	财政收入	0.718	0.019
	财政支出	0.834	0.003

续表

驱动因素	指标	Pearson 相关系数	双尾显著性检验
经济发展	农村居民人均纯收入	0.843	0.002
	城镇居民人均可支配收入	0.842	0.002
	恩格尔系数	−0.787	0.007
城市化	人均住房面积	0.976	0.000
	人均建设用地面积	0.882	0.001
	每万人拥有大学生数	0.945	0.000
	第二产业从业人员比重	0.815	0.004
工业化	工业产值	0.832	0.003
	工业劳动生产率	0.844	0.002
	工业土地产出率	0.842	0.002
	工业用电量	0.826	0.003
	工业用电比重	0.818	0.004
投资拉动	全社会固定资产投资额	0.867	0.001
	房地产固定资产投资额	0.762	0.010
	基础建设投资额	0.879	0.001
	外商实际投资额	0.679	0.031
	交通运输业固定资产投资额	0.889	0.001
技术进步	第三产业产值占 GDP 比重	0.960	0.000
	全员劳动生产率	0.847	0.002
	土地产出率	0.809	0.005
	土地容积率	0.638	0.047
交通建设	铺装道路面积	0.874	0.001
	人均城市道路面积	0.922	0.000
	公共交通线路网长度	0.887	0.001
	公共交通客运总量	0.802	0.005
	城市居民每万人拥有公交车辆	0.782	0.008
	铁路旅客运输量	0.892	0.001
	货物运输量	0.874	0.001
	公路货运量	0.867	0.001
生态约束	园林绿地面积	0.774	0.009
	人均公共绿地面积	0.756	0.011
	人均生活用水量	−0.815	0.004
	工业废气排放量	0.779	0.008
	工业二氧化硫排放量	0.799	0.006
	工业固体废弃物排放量	0.812	0.004
资源消费	发电量	0.859	0.001
	全社会用电量	0.843	0.002
	原煤产量	0.794	0.006
	单位 GDP 电耗	−0.750	0.013
	煤炭消费量	0.877	0.001

由表 2-18 可知，2000~2009 年，影响呼和浩特城市建成区面积变化的主要指标共计 51 个，其间 Pearson 相关系数均在 0.60 以上，介于中度相关与高度相关之间；与原有指标体系（表 2-9）相比，共剔除 14 个指标。其中，人口增长驱动因素中剔除了人口自然增长率，表明人口自然增长率对城市用地扩展影响相对较弱；经济发展驱动因素中剔除了城镇居民消费价格指数，说明城市建成区面积变化与居民消费水平并无明显相关关系；技术进步驱动因素中剔除了第二产业产值占GDP 比重，而第三产业产值占 GDP 比重、全员劳动生产率、土地产出率与城市建成区面积的相关系数较大，表明基于技术进步的产业结构调整及全员劳动生产率和土地产出率的提高，均对城市建设用地扩张产生了重要影响；交通建设驱动因素中剔除了公路里程、旅客运输量、公路旅客运输量、铁路货运量 4 项指标，而人均城市道路面积与城市建成区面积的 Pearson 相关系数显著高于其他指标，且公共交通线路网长度、铺装道路面积与城市建成区面积亦表现出高度的相关关系，表明对外交通运输业的发展相对缓慢，减弱了对城市空间扩展的助推作用，而城市交通基础设施建设发展较快，对城市扩张有显著的推动作用；城市化与工业化驱动因素中剔除了城市化率、每万人拥有医院病床数、第三产业从业人员比重、工业产值占 GDP 比重，说明城市人口与第三产业从业人员及工业产值的增加、医疗条件的改善并未成为推动城市建设用地扩张的驱动因素；生态约束驱动因素中剔除了建成区绿化覆盖率、工业废水排放量，因废水回收技术显著提高，基于废水回收利用基础上的工业废水排放量对城市生态空间的约束力已大为减弱[94]；投资拉动与资源消费驱动因素无指标剔除，表明投资额的加大仍是城市空间扩展的重要动力，资源型经济发展对城市建设用地扩展的影响依然深刻。

（2）主成分分析。运用 SPSS 17.0 统计软件的主成分分析模块，经 KMO 统计量及 Bartlett 球形度检验，适合作主成分分析。在各指标中分别提取出特征值大于 1，累计方差贡献率大于 80% 的综合变量因子，作为该变量类型的代表主成分[94]，主成分因子载荷矩阵如表 2-19 所示。

表 2-19　主成分因子载荷矩阵

指标	主成分		
	因子 1	因子 2	因子 3
财政收入	0.924	0.270	0.248
外商实际投资额	0.910	0.205	0.000
人口密度	0.900	0.388	0.151
城镇人口	0.895	0.373	0.210
非农人口	0.890	0.402	0.161
房地产固定资产投资额	0.857	0.281	0.398
恩格尔系数	−0.846	−0.403	−0.318
社会销售品零售总额	0.841	0.429	0.329

指标	主成分		
	因子1	因子2	因子3
财政支出	0.828	0.458	0.312
第三产业产值	0.818	0.425	0.382
城市居民每万人拥有公交车辆	0.816	0.399	0.397
土地产出率	0.815	0.423	0.386
GDP	0.812	0.430	0.392
工业产值	0.810	0.414	0.413
公共交通客运总量	0.806	0.437	0.320
全员劳动生产率	0.806	0.445	0.388
城镇居民人均可支配收入	0.805	0.428	0.407
人均GDP	0.797	0.450	0.400
工业土地产出率	0.797	0.452	0.398
人均公共绿地面积	0.793	0.266	0.543
工业劳动生产率	0.792	0.447	0.414
农村居民人均纯收入	0.787	0.442	0.424
工业固体废弃物排放量	0.775	0.390	0.465
园林绿地面积	0.758	0.202	0.598
公共交通线路网长度	0.750	0.482	0.445
全社会固定资产投资额	0.739	0.490	0.453
铺装道路面积	0.733	0.541	0.374
全社会用电量	0.715	0.528	0.416
人均生活用水量	−0.713	−0.331	−0.492
工业用电量	0.701	0.551	0.375
基础建设投资额	0.679	0.549	0.459
铁路旅客运输量	0.669	0.458	0.553
第二产业从业人员比重	0.276	0.888	0.297
单位GDP电耗	−0.345	−0.841	0.000
工业用电比重	0.318	0.832	0.000
第二产业从业人员	0.390	0.829	0.355
人均建设用地面积	0.360	0.828	0.402
工业二氧化硫排放量	0.000	0.801	0.577
公路货运量	0.354	0.736	0.537
货物运输量	0.434	0.718	0.495
人均城市道路面积	0.582	0.703	0.388
第三产业产值占GDP比重	0.581	0.698	0.251
人均住房面积	0.589	0.692	0.203
每万人拥有大学生数	0.621	0.680	0.354
第三产业从业人员	0.591	0.662	0.443
工业废气排放量	0.543	0.661	0.247
土地容积率	0.402	0.285	0.831
原煤产量	0.545	0.365	0.717
交通运输业固定资产投资额	0.577	0.489	0.617
煤炭消费量	0.595	0.501	0.610
发电量	0.525	0.568	0.605

从主成分因子载荷矩阵（表 2-19）可知，2000～2009 年，财政收入、外商实际投资额、人口密度、城镇人口、非农人口、房地产固定资产投资额、恩格尔系数、社会销售品零售总额、财政支出、第三产业产值、城市居民每万人拥有公交车辆、土地产出率、GDP、工业产值、公共交通客运总量、全员劳动生产率、城镇居民人均可支配收入、人均 GDP、工业土地产出率、人均公共绿地面积、工业劳动生产率、农村居民人均纯收入、工业固体废弃物排放量、园林绿地面积、公共交通线路网长度、全社会固定资产投资额、铺装道路面积、全社会用电量、人均生活用水量、工业用电量、基础建设投资额、铁路旅客运输量、每万人拥有大学生数在第一主成分因子上有较大的载荷（绝对值在 0.60 以上，下同），这些指标分别属于经济发展、人口增长、投资拉动、交通建设、工业化、生态约束、技术进步、城市化、资源消费驱动因素，其中，以经济发展、投资拉动、交通建设、人口增长驱动因素的指标数量多且载荷大，表明经济发展、投资拉动、交通建设、人口增长是呼和浩特城市空间扩展的主要驱动因素；在第二主成分因子上，第二产业从业人员比重、单位 GDP 电耗、工业用电比重、第二产业从业人员、人均建设用地面积、工业二氧化硫排放量、公路货运量、货物运输量、人均城市道路面积、第三产业产值占 GDP 比重、人均住房面积、每万人拥有大学生数、第三产业从业人员、工业废气排放量的载荷较大，其分别属于城市化、交通建设、人口增长、资源消费、工业化、生态约束、技术进步驱动因素，其中，资源消费、工业化、城市化驱动因素的指标载荷较大，说明资源开发、工业化与城市化成为城市空间扩展的驱动力量；土地容积率、原煤产量、交通运输业固定资产投资额、煤炭消费量、发电量在第三主成分因子上的载荷较大，分别属于投资拉动、技术进步、资源消费驱动因素，其中，以技术进步驱动因素的指标载荷最大，资源消费驱动因素的指标数量最多，体现出技术进步与资源开发对城市空间格局变化具有重要影响。

（3）灰色关联分析。据相关分析结果，以影响呼和浩特城市建成区面积变化的 51 个主要指标变量为比较序列，以城市建成区面积为参考序列，进行城市建成区面积与驱动因素各指标间的灰色关联分析[94]。运用式（2-15），计算得出 2000～2009 年呼和浩特城市建成区面积与其驱动因素各指标间的灰色关联系数（表 2-20）。

表 2-20　2000～2009 年呼和浩特城市建成区面积与驱动因素各指标间的灰色关联系数

指标	关联系数	指标	关联系数
第二产业从业人员比重	0.999 2	公共交通线路网长度	0.997 0
人均建设用地面积	0.998 1	农村居民人均纯收入	0.996 3
第三产业从业人员	0.997 3	工业用电比重	0.995 5
铁路旅客运输量	0.997 3	人均公共绿地面积	0.995 4
园林绿地面积	0.997 2	第三产业产值占 GDP 比重	0.995 3

续表

指标	关联系数	指标	关联系数
城市居民每万人拥有公交车辆	0.995 3	人均 GDP	0.981 8
第二产业从业人员	0.995 0	财政支出	0.978 7
非农人口	0.995 0	GDP	0.978 7
铺装道路面积	0.995 0	公共交通客运总量	0.976 8
城镇人口	0.994 9	全员劳动生产率	0.976 5
人均城市道路面积	0.994 8	工业土地产出率	0.974 7
人口密度	0.994 8	第三产业产值	0.974 6
土地容积率	0.994 5	工业二氧化硫排放量	0.974 1
恩格尔系数	0.993 9	财政收入	0.966 8
全社会用电量	0.993 5	基础建设投资额	0.965 9
每万人拥有大学生数	0.993 1	工业劳动生产率	0.965 0
单位 GDP 电耗	0.993 1	全社会固定资产投资额	0.964 6
货物运输量	0.993 0	外商实际投资额	0.961 0
城镇居民人均可支配收入	0.992 8	工业废气排放量	0.960 9
土地产出率	0.992 5	房地产固定资产投资额	0.958 6
公路货运量	0.992 3	煤炭消费量	0.951 3
人均生活用水量	0.991 6	工业固体废弃物排放量	0.945 4
工业用电量	0.990 7	交通运输业固定资产投资额	0.936 6
社会销售品零售总额	0.990 1	发电量	0.875 2
人均住房面积	0.987 7	原煤产量	0.699 2
工业产值	0.981 8		

表 2-20 显示，2000～2009 年，呼和浩特城市建成区面积与各指标的关联系数均在 0.70 以上，介于中等关联与高度关联之间，表明其对城市空间扩展均有驱动作用。其中，第二产业从业人员比重、人均建设用地面积、第三产业从业人员、铁路旅客运输量、园林绿地面积、公共交通线路网长度、农村居民人均纯收入、工业用电比重、人均公共绿地面积、第三产业产值占 GDP 比重、城市居民每万人拥有公交车辆、第二产业从业人员、非农人口等指标的关联系数较大，体现出城市用地扩展主要受到城市化、人口增长、交通建设、经济发展、工业化、技术进步、生态约束的共同影响与驱动。

根据主成分综合模型分别计算 2000～2009 年各类驱动因素代表主成分的综合分值，经标准化处理后作为子序列，以城市建成区面积为母序列，作灰色关联分析[94]，得出各类驱动因素与城市建成区面积间的灰色关联系数（表 2-21）。表 2-21 显示，各类驱动因素与呼和浩特城市建成区面积的灰色关联系数相近。可见，经济持续增长、生态空间建设、技术进步与产业升级、投资力度加大、工业快速发展、资源开发与利用、交通设施建设、人口数量增加、城市化进程加快的共同作用，推动了城市空间的快速扩张。

表 2-21　2000～2009 年呼和浩特城市建成区面积变化驱动因素的灰色关联系数

驱动因素	关联系数
经济发展	0.584 6
生态约束	0.584 3
技术进步	0.583 9
投资拉动	0.583 0
工业化	0.576 8
资源消费	0.576 0
交通建设	0.576 0
人口增长	0.568 9
城市化	0.560 8

4）2010～2017 年城市建成区面积变化的驱动因素分析

（1）相关分析。借助 SPSS 17.0 统计软件，运用式（2-14）对 2010～2017 年呼和浩特城市建成区面积与各指标进行相关分析，以 Pearson 相关系数大于 0.60 为标准剔除冗余因子，并通过 0.01 与 0.05 水平上的显著性检验，得到影响城市建成区面积变化的指标（表 2-22）。

表 2-22　2010～2017 年呼和浩特城市建成区面积变化驱动因素相关分析

驱动因素	指标	Pearson 相关系数	双尾显著性检验
人口增长	非农人口	0.828	0.022
	人口密度	0.872	0.011
	第二产业从业人员	0.927	0.003
	第三产业从业人员	0.956	0.001
经济发展	GDP	0.981	0.000
	人均 GDP	0.981	0.000
	第三产业产值	0.985	0.000
	社会销售品零售总额	0.973	0.000
	财政支出	0.924	0.003
	农村居民人均纯收入	0.958	0.001
	城镇居民人均可支配收入	0.949	0.001
	恩格尔系数	−0.882	0.009
城市化	城市化率	0.980	0.000
	人均住房面积	0.957	0.001
	人均建设用地面积	0.971	0.000
	每万人拥有医院病床数	0.947	0.000
	第三产业从业人员比重	0.946	0.001
工业化	工业产值	0.787	0.036
	工业产值占 GDP 比重	−0.987	0.000
	工业用电量	0.925	0.003

续表

驱动因素	指标	Pearson 相关系数	双尾显著性检验
投资拉动	全社会固定资产投资额	0.944	0.001
	房地产固定资产投资额	0.849	0.016
	基础建设投资额	0.925	0.003
	外商实际投资额	0.850	0.015
技术进步	第二产业产值占 GDP 比重	−0.988	0.000
	第三产业产值占 GDP 比重	0.985	0.000
	全员劳动生产率	0.828	0.021
交通建设	铺装道路面积	0.940	0.002
	人均城市道路面积	0.903	0.005
	公路里程	0.919	0.003
	公共交通线路网长度	0.823	0.023
	铁路旅客运输量	0.932	0.002
	公路旅客运输量	−0.809	0.028
	货物运输量	0.932	0.002
	铁路货运量	0.837	0.019
	公路货运量	0.945	0.001
生态约束	园林绿地面积	0.990	0.000
资源消费	发电量	0.897	0.006
	全社会用电量	0.932	0.002
	原煤产量	−0.867	0.011
	单位 GDP 电耗	−0.864	0.012

　　由表 2-22 可知，2010～2017 年，影响呼和浩特城市建成区面积变化的主要指标共计 41 个，其中有 40 个指标与建成区面积的 Pearson 相关系数均在 0.80 以上，属高度相关；与原有指标体系（表 2-9）相比，共剔除 24 个指标。其中，人口增长驱动因素中保留了非农人口、人口密度、第二产业从业人员、第三产业从业人员 4 个指标，表明非农人口与人口密度及第二三产业从业人员的增加是城市用地扩展的驱动因素；经济发展驱动因素中剔除了财政收入、城镇居民消费价格指数，说明城市建成区面积变化受财政收入的影响较小且与居民消费水平的提高并无明显相关关系；技术进步驱动因素中剔除了土地产出率与土地容积率，而技术进步导致的全员劳动生产率提高及产业结构优化调整与城市建成区面积变化具有显著的相关关系，其推动着城市用地不断扩张；交通建设驱动因素中剔除了公共交通客运总量、城市居民每万人拥有公交车辆、旅客运输量 3 项指标，而公路货运量、铺装道路面积、铁路旅客运输量、货物运输量、公路里程、人均城市道路面积与城市建成区面积间的 Pearson 相关系数均在 0.90 以上，表明交通基础建设与交通运输业发展对城市建设用地扩展具有显著的推动作用，但公共交通发展相对滞后；城市化与工业化驱动因素中保留了城市化率、人均住房面积、人均建设用地面积、每万人拥有医院病床数、第三产业从业人员比重、工业产值、工业产值占 GDP

比重、工业用电量，说明城市人口数量的增加、住房与医疗条件的改善、第三产业从业人员的增加及工业化进程的加快，成为推动城市建设用地扩张的驱动因素；生态约束驱动因素中仅有园林绿地面积与城市建成区面积呈高度正相关，表明随着城市建成区面积扩大，城市园林绿化发展较快，成为推动城市扩展的重要力量；资源消费驱动因素中剔除了煤炭消费量，而原煤产量与城市建成区面积间的 Pearson 相关系数为-0.867，说明煤炭资源型经济虽已开始转型，但对城市空间扩展仍具有重要作用；投资拉动驱动因素保留了全社会固定资产投资额、房地产固定资产投资额、基础建设投资额、外商实际投资额，且其与城市建成区面积呈高度正相关，表明投资仍是拉动城市空间扩展的主导因素。

（2）主成分分析。运用 SPSS 17.0 统计软件的主成分分析模块，经 KMO 统计量及 Bartlett 球形度检验，适合作主成分分析。在各指标中分别提取出特征值大于 1，累计方差贡献率大于 80%的综合变量因子，作为该变量类型的代表主成分[94]，主成分因子载荷矩阵如表 2-23 所示。

表 2-23　主成分因子载荷矩阵

指标	主成分		
	因子 1	因子 2	因子 3
原煤产量	-0.865	-0.474	0.000
恩格尔系数	-0.834	-0.424	-0.245
铁路货运量	0.831	0.224	0.471
人均建设用地面积	0.740	0.429	0.512
货物运输量	0.728	0.356	0.577
第二产业产值占 GDP 比重	-0.715	-0.509	-0.457
工业产值占 GDP 比重	-0.711	-0.051	-0.449
工业用电量	0.705	0.378	0.585
房地产固定资产投资额	0.701	0.132	0.629
铁路旅客运输量	0.695	0.585	0.300
第三产业产值占 GDP 比重	0.693	0.563	0.435
第三产业从业人员比重	0.690	0.485	0.518
公路货运量	0.680	0.392	0.601
全社会固定资产投资额	0.675	0.466	0.556
第三产业从业人员	0.673	0.502	0.532
园林绿地面积	0.662	0.588	0.457
公路里程	0.636	0.654	0.362
全社会用电量	0.623	0.495	0.590
第三产业产值	0.623	0.575	0.525
人均住房面积	0.619	0.589	0.508

续表

指标	主成分		
	因子1	因子2	因子3
基础建设投资额	0.617	0.590	0.484
城市化率	0.602	0.541	0.579
GDP	0.600	0.550	0.575
人均GDP	0.598	0.528	0.595
人口密度	0.583	0.540	0.521
非农人口	0.349	0.886	0.259
人均城市道路面积	0.485	0.798	0.311
全员劳动生产率	0.139	0.772	0.566
每万人拥有医院病床数	0.453	0.772	0.382
单位GDP电耗	-0.402	-0.768	-0.161
公共交通线路网长度	0.291	0.767	0.524
铺装道路面积	0.511	0.752	0.404
财政支出	0.376	0.725	0.570
城镇居民人均可支配收入	0.433	0.688	0.575
农村居民人均纯收入	0.479	0.675	0.557
社会销售品零售总额	0.578	0.631	0.516
公路旅客运输量	-0.590	-0.625	-0.272
工业产值	0.265	0.364	0.874
第二产业从业人员	0.478	0.423	0.745
发电量	0.437	0.571	0.682
外商实际投资额	0.468	0.540	0.630

从主成分因子载荷矩阵（表2-23）可知，2010～2017年，原煤产量、恩格尔系数、铁路货运量、人均建设用地面积、货物运输量、第二产业产值占GDP比重、工业产值占GDP比重、工业用电量、房地产固定资产投资额、铁路旅客运输量、第三产业产值占GDP比重、第三产业从业人员比重、公路货运量、全社会固定资产投资额、第三产业从业人员、园林绿地面积、公路里程、全社会用电量、第三产业产值、人均住房面积、基础建设投资额、城市化率、GDP在第一主成分因子上有较大的载荷（绝对值在0.60以上，下同），这些指标分别属于资源消费、经济发展、交通建设、城市化、技术进步、工业化、投资拉动、人口增长、生态约束驱动因素，其中，以交通建设、城市化、经济发展、投资拉动驱动因素的指标数量多且载荷大，表明交通建设、人口增长、经济发展、投资拉动是呼和浩特城市空间扩张的主要驱动因素；在第二主成分因子上，非农人口、人均城市道路面积、全员劳动生产率、每万人拥有医院病床数、单位GDP电耗、公共交通线路网长度、铺装道路面积、财政支出、城镇居民人均可支配收入、农村居民人均纯收入、公路里程、社会销售品零售总额、公路旅客运输量的载荷较大，分别属于人

口增长、交通建设、技术进步、城市化、资源消费、经济驱动因素,其中,人口增长、技术进步、城市化、资源消费驱动因素的指标载荷较大,说明人口增加、技术进步、城市化发展、资源开发成为城市空间扩展的驱动力量;工业产值、第二产业从业人员、发电量、外商实际投资额、房地产固定资产投资额、公路货运量在第三主成分因子上的载荷较大,分别属于工业化、人口增长、资源消费、投资拉动、交通建设驱动因素,其中,以工业化驱动因素的指标载荷最大,投资驱动因素的指标数量较多,体现出工业化发展与投资拉动对城市用地格局变化具有重要影响。

(3)灰色关联分析。据相关分析结果,以影响呼和浩特城市建成区面积变化的 41 个指标变量为比较序列,以城市建成区面积为参考序列,进行城市建成区面积与驱动因素各指标间的灰色关联分析[94]。运用式(2-15),计算得出 2010～2017 年呼和浩特城市建成区面积与驱动因素各指标间的灰色关联系数(表 2-24)。

表 2-24 2010～2017 年呼和浩特城市建成区面积与驱动因素各指标间的灰色关联系数

指标	关联系数	指标	关联系数
园林绿地面积	0.994 5	第三产业产值占 GDP 比重	0.954 0
人均 GDP	0.992 9	第三产业产值	0.953 5
人均建设用地面积	0.990 2	公路里程	0.951 4
工业用电量	0.989 4	第三产业从业人员比重	0.950 5
城镇居民人均可支配收入	0.988 8	城市化率	0.947 6
农村居民人均纯收入	0.988 2	第二产业从业人员	0.946 5
全社会用电量	0.986 0	人口密度	0.942 7
铁路旅客运输量	0.985 6	全社会固定资产投资额	0.941 5
人均城市道路面积	0.982 8	公路货运量	0.931 1
GDP	0.980 8	单位 GDP 电耗	0.928 7
每万人拥有医院病床数	0.977 0	财政支出	0.927 1
铺装道路面积	0.968 9	货物运输量	0.926 0
发电量	0.966 8	恩格尔系数	0.925 5
公共交通线路网长度	0.965 5	第二产业产值占 GDP 比重	0.915 1
社会销售品零售总额	0.964 2	工业产值占 GDP 比重	0.910 9
人均住房面积	0.964 2	房地产固定资产投资额	0.905 9
全员劳动生产率	0.962 9	铁路货运量	0.901 1
工业产值	0.960 8	公路旅客运输量	0.896 8
第三产业从业人员	0.960 2	原煤产量	0.887 6
非农人口	0.959 0	外商实际投资额	0.542 6
基础建设投资额	0.957 6		

表 2-24 显示,2010～2017 年,呼和浩特城市建成区面积变化与各指标的关联系数在 0.54～0.99,介于中等关联与高度关联之间,表明其对城市空间扩展均有

驱动作用。其中，园林绿地面积、人均 GDP、人均建设用地面积、工业用电量、城镇居民人均可支配收入、农村居民人均纯收入、全社会用电量、铁路旅客运输量、人均城市道路面积、GDP 等指标的关联系数较大，体现出城市建成区扩展主要受到生态、经济、城市化、工业化、交通建设驱动因素的共同影响。

根据主成分综合模型分别计算 2010～2017 年各类驱动因素代表主成分的综合分值，经标准化处理后作为子序列，以城市建成区面积为母序列，作灰色关联分析[94]，得出各类驱动因素与城市建成区面积间的灰色关联系数（表 2-25）。表 2-25 显示，各类驱动因素与呼和浩特城市建成区面积的灰色关联系数相近，为 0.56～0.59。可见，煤电资源消费量增加、交通扩张、技术进步、城市化进程加快、经济增长、人口集聚、投资拉动与工业化的共同作用，推动了城市空间的不断扩张。

表 2-25　2010～2017 年呼和浩特城市建成区面积变化驱动因素的灰色关联系数

驱动因素	关联系数
资源消费	0.590 0
交通建设	0.582 7
技术进步	0.575 6
城市化	0.575 1
经济发展	0.569 3
人口增长	0.568 4
投资拉动	0.566 1
工业化	0.560 6

3. 不同时期城市建成区面积变化驱动因素比较分析

1）相关分析结果比较

1990～2017 年，呼和浩特城市建成区面积与其驱动因子间的相关关系大多为高度相关（表 2-10），表明人口增长、经济发展、技术进步、投资拉动、交通建设、资源开发、工业化与城市化及生态约束均是城市用地扩展的驱动因素。但在各时段内，城市建成区面积扩张的驱动因素及其变化特征不尽相同。对比 1990～1999 年、2000～2009 年、2010～2017 年 3 个时段内驱动因素各指标与城市建成区面积的相关分析结果（表 2-14、表 2-18、表 2-22），可得出如下结论：

（1）人口数量增加对城市建成区面积变化的影响减弱，而人口结构变化的影响加强。在 1990～1999 年、2000～2009 年两个时段中，呼和浩特城镇人口、人口密度均与城市建成区面积变化呈高度相关，但其相关系数分别由 0.903、0.814 减至 0.802、0.797；在 2010～2017 年，城镇人口、人口自然增长率则因与城市建成区面积变化无显著相关而被剔除，可见，人口数量变化对城市建成区扩展的影响减弱。3 个时段内，非农人口及第二产业从业人员、第三产业从业人员与城市建成区面积的相关程度先减弱后增强。其中，非农人口、第三产业从业人员与城市建成区面积的相关系数分别由 0.893、0.887 降至 0.809、0.871 后又增至 0.828、0.956，第二产业从业人员与城市建成区面积的相关系数由 0.854 增加到 0.927，表明人口结构变化对城市建成区扩展的影响作用不断增强。

（2）经济总量增长及生活水平提高对城市建成区扩展的推动作用加强。3 个时段中，GDP、人均 GDP、第三产业产值、社会销售品零售总额、财政支出、农村居民人均纯收入、城镇居民人均可支配收入与城市建成区面积的相关系数先下降后上升，且 2010～2017 年的相关系数均大于 1990～1999 年，表明经济发展对城市建成区面积的扩大有促进作用，经济水平的提升带动了城市空间的拓展。恩格尔系数与城市建成区面积间的相关程度不断提升，1990～2017 年均呈负相关关系，且相关程度逐渐增大，说明伴随着恩格尔系数的下降即家庭富足程度的提高，城市建成区面积不断扩大。可见，呼和浩特经济实力的增强及居民生活水平的提升推动了城市用地的扩张。

（3）基于技术进步的产业结构优化调整对城市建成区扩展的作用增强，全员劳动生产率和土地产出率的提高对城市建成区扩展的作用减弱。1990～1999 年、2000～2009 年、2010～2017 年，第三产业产值占 GDP 比重与城市建成区面积的相关系数分别为 0.642、0.960、0.985，有增大趋势，表明基于技术进步的产业结构优化与调整，推动了呼和浩特城市建成区面积的逐步扩张，即随着第三产业产值占 GDP 比重稳步上升，城市用地逐渐增多，用地结构不断优化，城市用地格局优化与产业结构调整具有明显的动态耦合性[85,94]。1990～2009 年，全员劳动生产率、土地产出率与城市建成区面积的相关系数逐渐减小，2010～2017 年，全员劳动生产率与城市建成区面积的相关系数降至 0.828，土地产出率则与城市建成区面积变化无显著相关，说明全员劳动生产率和土地产出效率的提高对城市建成区扩展的促进作用减弱。

（4）投资拉动是城市建成区扩展的重要动力。1990～1999 年、2000～2009 年、2010～2017 年，呼和浩特全社会固定资产投资额、房地产固定资产投资额与城市建成区面积的相关系数表现为先下降后上升的变化特点，分别为 0.885、0.867、0.944 和 0.869、0.762、0.849，基础建设投资额与城市建成区面积的相关系数则一路攀升，由 0.865、0.879 升至 0.925，外商实际投资额与城市建成区面积的相关关系由不显著相关转变为显著相关及高度相关，表明随着投资力度的不断加大，城市用地在迅速扩张，投资拉动始终是城市建成区扩展的重要力量。

（5）交通基础设施建设是城市建成区扩张的强劲牵引。表 2-14、表 2-18、表 2-22 显示，铺装道路面积、公路货运量、货物运输量与城市建成区面积变化呈正相关，3 个时段内其相关系数均在增大，均由中度相关发展为高度相关，表明交通运输业的发展对呼和浩特城市空间扩展有显著的推动作用。人均城市道路面积、公共交通线路网长度、铁路旅客运输量与城市建成区面积在 1990～1999 年无显著相关关系，但在 2000～2009 年、2010～2017 年相关程度显著且均为高度相关；近年来公路里程、铁路货运量与城市建成区面积达到高度相关，说明城市公共交通和对外交通的发展对城市空间扩展具有极大的牵引作用。

（6）城市化推动了城市建成区的扩张，工业化促进了城市内部空间结构的调整。3 个时段中，城市化率、人均住房面积、人均建设用地面积、第三产业从业人员比重与城市建成区面积的相关程度有增大趋势，表明城市化进程的加快有效地推动了建设用地的发展，且其推动作用逐渐增强。工业产值与城市建成区面积的相关系数有减小趋势，工业产值占 GDP 比重与城市建成区面积的相关关系由不相关发展为高度负相关，说明工业发展对城市建成区扩展的推动作用有所减缓，但一定程度上加剧了其内部用地结构的调整。1990～2017 年，随着呼和浩特工业产值占 GDP 比重由 36.81%下降到 21.24%，工业劳动生产率由 0.90 元/人增加到 45.40 元/人，工业土地产出率由 3.47 万元/hm^2 增加到 69.46 万元/hm^2，工业用地占城市建设用地比重亦逐步下降。因区域经济增长方式从粗放式向集约型转变，工业用地效率稳步提高，在工业用地对建设用地的需求逐渐降低的同时，采取"合并、集中、撤销"等手段，实施"退二进三"[94]战略，使城市外围的金川、如意、金桥等开发区成为城市工业扩散和新区建设的优选地区，工矿用地逐步向城市外围迁移、扩展。可见，工业发展促进了工业用地结构的调整与布局，从而实现了城市内部空间结构的调整及优化。

（7）煤炭资源开发对城市建成区扩展的影响依然显著，但煤炭资源消费对城市发展的作用减弱。由表 2-14、表 2-18、表 2-22 可知，发电量、全社会用电量与城市建成区面积变化均表现出高度正相关关系，表明以依托于煤炭资源的能源开发与利用对城市建设用地扩展具有深刻影响；原煤产量与城市建成区面积的相关系数分别为 0.746、0.794、-0.867，并在 2010～2017 年呈负相关关系，体现出 2010 年后呼和浩特开始进入煤炭资源型经济发展的转型期，因其间相关程度有增大趋势，表明煤炭资源的开发与生产对城市建设用地扩展的影响依然显著；煤炭消费量与城市建成区面积变化由高度相关发展到无显著相关，单位 GDP 电耗与城市建成区面积呈高度负相关且相关程度有减小趋势，表明煤炭资源消费强度及传统的能源消费对城市发展的作用逐渐减弱。

（8）生态空间建设促进了城市建成区扩展。3 个时段中，呼和浩特园林绿地面积与城市建成区面积的相关系数分别为 0.838、0.774、0.990，虽有波动但呈增大趋势，表明园林绿地的发展与城市建设用地面积变化呈高度正相关关系，表现出园林绿地建设随城市建成区的扩展而发展，从而为城市发展提供了更为广阔的生态空间，促进了城市用地的扩展。

2）主成分分析结果比较

影响城市建成区面积变化指标的主成分分析表明，1990～2017 年，第一主成分的贡献率已达 86.19%，是影响呼和浩特城市建成区面积扩张的主因子。主成分因子载荷矩阵（表 2-11）显示：投资拉动、交通建设、经济发展、工业化驱动因素的指标的数量多且载荷大，表明投资拉动、交通建设、经济发展、工业化是拉动呼和浩特城市空间快速扩张的主要驱动因素。

各时段内，呼和浩特城市建成区面积变化的主要驱动因素不尽相同。1990～1999 年，第一主成分的贡献率达 82.22%，经济发展、交通建设、城市化、技术进步驱动因素的指标数量多且载荷大（表 2-15），表明经济发展、交通建设、城市化、技术进步是呼和浩特城市空间扩张的主要驱动因素；2000～2009 年，第一主成分的贡献率达 87.16%，经济发展、投资拉动、交通建设、人口增长驱动因素的指标数量多且载荷大（表 2-19），表明经济发展、投资拉动、交通建设、人口增长是呼和浩特城市空间扩张的主要驱动因素；2010～2017 年，第一主成分的贡献率达 88.85%，交通建设、城市化、经济发展、投资拉动驱动因素的指标数量多且载荷大（表 2-23），表明交通建设、人口增长、经济增长、投资拉动是呼和浩特城市空间扩张的主要驱动因素。可见，各时段内，经济发展、交通建设、投资拉动、人口增长、工业化与城市化对呼和浩特城市建成区扩展均有较为重要影响，其中经济发展、交通建设、投资拉动是城市扩张的主要驱动因素。

3）灰色关联分析结果比较

城市建成区面积变化驱动因素各指标的灰色关联分析结果表明：1990～2017 年，影响呼和浩特城市建成区面积变化的主要指标共计 56 个，其关联系数几乎均在 0.80 以上，属于高度关联（表 2-12）；各类驱动因素与呼和浩特城市建成区面积的灰色关联系数为 0.677～0.727（表 2-13），均为城市用地扩展的主导因素。其中，投资拉动与城市建成区面积的关联程度最大，其次为生态约束、工业化、交通建设、经济发展、城市化、资源消费、技术进步、人口增长。

各时段内，呼和浩特城市建成区面积变化的主要驱动因素不尽相同。1990～1999 年，影响呼和浩特城市建成区面积变化的指标共计 47 个，其关联系数均在 0.68 以上，介于中等关联与高度关联之间（表 2-16）；各类驱动因素与呼和浩特城市建成区面积的综合关联系数为 0.698～0.733（表 2-17），均为城市建设用地扩张的主导因素。其中，交通基础设施驱动因素与城市建成区面积变化的关联程度最大，其次为技术进步、城市化、经济发展、人口增长、交通运输业、投资拉动、生态约束、工业化、资源消费。2000～2009 年，影响呼和浩特城市建成区面积变化的指标共计 51 个，其关联系数均在 0.70 以上，介于中等关联与高度关联之间（表 2-20）；各类驱动因素与呼和浩特城市建成区面积变化的灰色关联度为 0.561～0.585（表 2-21），其中，经济发展驱动因素与城市建成区面积变化的关联程度最大，其次为生态约束、技术进步、投资拉动、工业化、资源消费、交通建设、人口增长、城市化。2010～2017 年，影响呼和浩特城市建成区面积变化的指标共计 40 个，其关联系数均在 0.50 以上，介于中等关联与高度关联之间（表 2-24）；

各类驱动因素与呼和浩特城市建成区面积变化的灰色关联系数为 0.561～0.590（表 2-25），其中，资源消费驱动因素与城市建成区面积变化的关联程度最大，其次为交通建设、技术进步、城市化、经济发展、人口增长、投资拉动、工业化。可见，呼和浩特城市建成区面积变化的主导因素不断变化，各因素对城市空间扩展的驱动作用差距逐渐缩小，但交通建设、技术进步、经济发展、城市化是推动呼和浩特城市建成区扩张的主导因素。

本 章 小 结

　　本章基于遥感影像、城市空间扩展测度指标、相关分析、主成分分析与灰色关联分析方法，对 1977～2017 年呼和浩特及其四辖区城市用地扩展的时序特征、空间分异、扩展模式、结构变化、用地效益及其驱动机制进行了分析，结果表明：

　　（1）呼和浩特建成区面积从 34.59km² 扩展到 274.10km²，增加了 6.92 倍，平均每年扩展 5.99km²，扩展强度指数达 0.29，扩展势头强劲，但时空差异显著。其中，1977～2001 年为低速扩展期，2001～2010 年为快速扩展期，2010～2017 年为高速扩展期；四辖区中，赛罕区城市空间扩展速度与强度最大，回民区最小，新城区与玉泉区介于其间。

　　（2）紧凑度指数先增后减而分形维数先降后升，表明呼和浩特城市空间形态由紧凑、稳定型向松散、复杂化发展；四辖区中回民区与赛罕区空间形态紧凑，玉泉区与新城区空间形态趋于复杂。

　　（3）呼和浩特城市建成区重心依次向东南、东北、东南转移，致使城市重心向东偏移；四辖区重心分别向西北、西南、东北、东南转移，体现出城市用地由中心向四周蔓延的扩展特征。

　　（4）形状指数变化平稳，表明呼和浩特城区形状较为稳定，且均接近于竖矩形；四辖区形状指数不断增加，空间形态不稳定，城区形状多样且趋于复杂。

　　（5）呼和浩特城市用地向四周均有扩展，但方向分异与模式转变显著。东北、正东、正南、东南方向扩展较多，西、西北和正北方向扩展缓慢；扩展模式由带状向放射状、组团式及镶嵌式转变。

　　（6）呼和浩特及其辖区城市用地结构变化较大，总趋势是耕地与未利用地持续减少，建设用地不断增加；1977～2017 年共有 382.12km² 各类用地转化为建设用地，其中耕地比重占 78.90%。四辖区内均以耕地转化为建设用地者为多，其中赛罕区耕地减少得最多，建设用地增长最快。

　　（7）呼和浩特及其辖区城市用地效益持续增加，表明 GDP 与建成区面积同步增长，但城市用地扩展过快，人均建设用地严重超标；四辖区中，用地效益以新城区、回民区较高，赛罕区与玉泉区较低；人均建成区面积以玉泉区最大，新城区最小。

（8）呼和浩特城市空间扩展是区域经济、技术、投资、交通、人口、工业化与城市化、资源、环境、政策等驱动因素共同作用的结果，但不同时期各驱动因素的主导作用有所差异。定量分析结果表明：经济发展、交通建设、投资拉动、工业化与城市化是城市空间扩展的主导因素。

第三章　呼和浩特城市空间扩展的生态环境
效应分析及其生态风险识别

第一节　呼和浩特城市空间扩展的生态环境效应分析

　　城市空间扩展对生态环境的影响及其响应研究备受关注[157]。伴随城市用地的快速扩张，城市生态系统的结构、功能、服务价值及其景观格局、生物群落发生变化，由此引发很多环境问题。研究城市空间扩展的生态环境效应，将有利于统筹区域发展和城市空间扩展、保护并改善区域生态环境[68]。鉴于既有研究大多从某一特定视角探讨城市空间扩张的生态环境效应，缺乏多视角的综合评估[68]，且研究区域多集中于东部发达地区，本章从资源效应、环境污染、城市热岛、景观格局、服务价值、生态环境质量及生态压力变化等角度，全面剖析呼和浩特城市空间扩展的生态环境效应，以期为有效遏制城市用地扩张对生态环境的负面影响提供理论依据[68]。

一、资源效应——生态用地流失

　　生态用地是能够直接或间接发挥生态服务功能且具有一定自我调节、修复、维持和发展能力的土地[158]。据相关研究[18,159]，耕地、林地、草地、水域和未利用地均为生态用地。第二章第二节的研究结果（彩图4、表2-6）表明，1977～2017年呼和浩特耕地、林地、草地、水域和未利用地均在减少，建设用地则迅速增加（图3-1）。

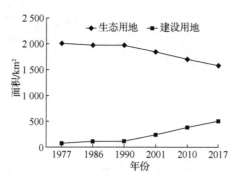

图 3-1　1977～2017 年呼和浩特城市建设用地与生态用地面积

　　图 3-1 显示，1977～2017 年呼和浩特生态用地面积由 2 008.30km² 减至 1 625.67km²，减少了 19.05%，年均减少 9.57km²。其中，耕地数量减少最多，由

865.89km^2 减少到 639.15km^2，减少了 26.19%，年均减少 5.67km^2；建设用地扩张迅速，由 75.39km^2 增至 457.95km^2，增加了 5.07 倍；40 年间共有 382.12km^2 的生态用地转化为建设用地。可见，随着城市空间的大幅扩张，呼和浩特城市生态用地大量流失，建设用地侵占耕地态势严峻[68]。因生态用地的数量与分布对城市生态安全具有重要影响[19,160]，呼和浩特城市生态用地的大幅减少必将会减弱其生态调节功能，危及区域生态安全[68]。

二、环境效应——环境污染加剧

以 1990 年、2000 年、2010 年、2017 年的城市建设用地面积与污染物排放量为依据，对二者间的相关关系进行分析，如图 3-2 所示。由图 3-2 可知，1990～2017 年，伴随建设用地增长与城市人口增加，呼和浩特城市生活垃圾清运量、生活污水排放量、工业废水排放量、工业废气排放量、工业粉尘排放量、工业二氧化硫排放量和工业固废排放量均有不同程度增长[63]，分别增加了 1.30 倍、0.76 倍、0.61 倍、27.30 倍、2.49 倍、0.03 倍和 30.49 倍，污染物排放总量增加 1.33 倍。可见，在城市空间扩展过程中，工业经济快速发展与人口数量不断增加，导致城市排污量也随之剧增，并与建设用地的增长呈正相关，这必然会加剧城市环境污染，引发环境问题[68]。

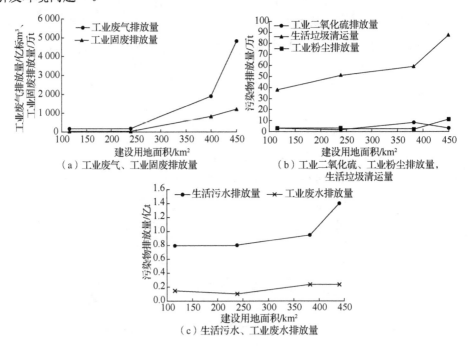

图 3-2　1990～2017 年呼和浩特城市建设用地面积与污染物排放量

资料来源：《呼和浩特经济统计年鉴》《呼和浩特市环境质量公报》《内蒙古自治区环境质量状况公报》。

三、热岛效应——热岛效应增强

（一）地表温度反演

借助遥感影像热红外波段数据，运用单窗算法反演呼和浩特城市地表温度，结合热岛比例指数研究城市热岛效应[68]，其计算公式为[161]

$$T_s = \{a(1-C-D) + [b(1-C-D)+C+D]T_6 - DT_a\}/C \tag{3-1}$$

$$OCRI = \frac{1}{100m}\sum_{i=1}^{n} w_i p_i \tag{3-2}$$

式中，T_s 为地表温度；$a = -67.355\,35$；$b = 0.458\,606$；C、D 为中间变量；T_6 为 TM6 卫星亮度温度；T_a 为大气平均作用温度；OCRI 为热岛比例指数；m 为归一化等级指数；i、n 分别为城区高于郊区的温度等级及其数目；w_i 为权重，取第 i 级级值；p_i 为第 i 级面积百分比[19]。

中间变量的计算公式为[161-163]

$$C = \tau\varepsilon \tag{3-3}$$

$$\tau = 0.974 - 0.080w \tag{3-4}$$

$$w = 0.189p + 0.342 \tag{3-5}$$

$$p = 0.610\,8 \times \exp\left(\frac{17.27 \times (T-273)}{237.3 + T - 273}\right) \times RH \tag{3-6}$$

$$D = (1-\tau)\cdot[1 + \tau\cdot(1-\varepsilon)] \tag{3-7}$$

$$T_6 = \frac{K_1}{\ln(K_2/R_{TM6}+1)} - 273.15 \tag{3-8}$$

$$R_{TM6} = 0.123\,8 + 0.005\,632\,1DN_{TM6} \tag{3-9}$$

$$T_a = 16.011\,0 + 0.926\,21T_0 \tag{3-10}$$

式中，τ 为大气透射率；ε 为地表比辐射率；w 为大气水分含量；p 为绝对水汽压；T 为气温；RH 为相对湿度；K_1、K_2 为常数；R_{TM6} 为热辐射强度值；DN_{TM6} 为 TM6 影像灰度值；T_0 为近地面温度。

研究区地表温度与相对湿度数据由中国气象网站获取，ε 与 NDVI（normalized differential vegetation index，归一化植被指数）有密切关系[162,163]，即

NDVI < 0.05 时，$\varepsilon = 0.973$；NDVI > 0.7 时，$\varepsilon = 0.99$；0.05 ≤ NDVI ≤ 0.7 时，$\varepsilon = 0.004P_V + 0.986$ [162,163]

$$P_V = (NDVI - NDVI_S)/(NDVI_V - NDVI_S) \tag{3-11}$$

式中，P_V 为植被在像元中的比重；$NDVI_V$ 和 $NDVI_S$ 表示植被和裸土的 NDVI 值，分别取 0.70 和 0.05[162,163]。

以呼包高速公路与绕城高速公路所围合的呼和浩特主城区为热岛效应的研究范围[68]，采用自然断裂法，将地表温度分为 7 个等级[161]。据式（3-1）～式（3-11），

计算出地表温度分级面积及其所占比例（表 3-1、彩图 5）；以极高温区和高温区代表城市热岛范围，计算热岛比例指数[68]（表 3-1）。

表 3-1　1987～2017 年呼和浩特主城区地表温度分级面积统计

年份	项目	最低温	低温	偏低温	中温	偏高温	高温	极高温	热岛比例指数
1987	面积/km²	49.44	84.71	116.43	124.53	126.51	80.74	34.91	0.315 1
	比例/%	8.00	13.73	18.86	20.17	20.50	13.08	5.66	
1990	面积/km²	4.06	6.31	151.75	162.72	127.78	122.91	41.74	0.386 1
	比例/%	0.66	1.02	24.59	26.36	20.70	19.91	6.76	
2002	面积/km²	92.01	92.94	82.27	75.88	76.76	94.07	103.34	0.387 0
	比例/%	14.90	15.05	13.32	12.30	12.44	15.24	16.75	
2009	面积/km²	87.00	63.12	66.31	75.79	124.23	143.32	57.5	0.435 9
	比例/%	14.09	10.22	10.74	12.28	20.13	23.22	9.32	
2013	面积/km²	106.90	53.45	40.51	60.44	117.65	158.76	79.56	0.485 4
	比例/%	17.31	8.65	6.56	9.81	19.06	25.72	12.89	
2017	面积/km²	8.75	56.26	80.83	75.58	102.01	140.1	153.74	0.561 6
	比例/%	1.42	9.11	13.09	12.24	16.53	22.70	24.91	

（二）热岛效应增强

表 3-1、彩图 5 显示，1987～2017 年呼和浩特主城区偏高温以上区域面积由 242.16km² 增至 395.85km²，增加了 0.63 倍，所占比例增加 24.90%。其中，极高温区面积由 34.91km² 增至 153.74km²，增加了 3.40 倍；热岛比例指数由 0.315 1 增至 0.561 6，增加了 0.78 倍。可见，研究区热岛效应显著增强[157]。第二章第二节的研究表明，1986 年以来，呼和浩特城市重心先后向东北、东南方向转移，推动了城市用地向东北、东南方向快速扩张（彩图 3），而城市的高温区域也随之扩大（彩图 5），在空间分布上与城市扩张方向具有高度一致性[68,161]。

四、景观效应——景观格局破碎

由表 3-2 可知，1977～2017 年呼和浩特景观格局指数有较大变化[68]。其中，斑块数量、斑块密度、边缘密度与形状指数分别增加 0.96 倍、0.93 倍、0.46 倍和 0.43 倍；斑块平均面积减小 48.98%，表明城市用地破碎度增加，斑块形状愈加复杂。斑块面积变异系数在波动中增大而最大斑块指数逐渐减小，表明城市空间趋于离散，城市用地连通度和景观格局连续性下降。

表 3-2　1977～2017 年呼和浩特景观格局指数

年份	斑块数量/块	斑块密度/(块/km²)	斑块平均面积/km²	斑块面积变异系数/%	最大斑块指数/%	形状指数	边缘密度/(m/km²)	分离度指数	多样性指数	均匀度指数	优势度指数	蔓延度指数	聚集度指数
1977	303	0.15	6.88	549.06	23.58	13.62	10.40	0.90	1.45	0.81	0.34	56.78	98.47
1986	351	0.17	5.94	493.41	16.36	14.49	11.17	0.93	1.50	0.84	0.29	55.19	98.35
1990	385	0.18	5.41	551.34	17.83	14.80	11.44	0.92	1.50	0.83	0.30	55.33	98.31
2001	500	0.24	4.17	591.89	14.45	17.34	13.67	0.93	1.54	0.86	0.25	53.68	97.98
2010	595	0.29	3.50	667.81	14.44	19.19	15.29	0.92	1.56	0.87	0.26	52.89	97.74
2017	594	0.29	3.51	681.29	15.32	19.50	15.15	0.92	1.53	0.92	0.26	53.81	97.76

1977～2017 年，呼和浩特景观多样性指数和均匀度指数逐渐增大，表明景观构成趋于复杂，不同类型的斑块分布趋于均匀；优势度指数有所降低而分离度指数略有增加，说明优势景观的主导地位逐步下降，各类景观分布趋向离散。蔓延度指数与聚集度指数均在降低，体现出多种类型小斑块数量的增多导致景观呈现出密集格局且向异质化发展。可见，伴随城市建设用地的扩张，研究区原有景观格局遭到破坏，一定程度上降低了其抗干扰能力[68]。

五、生态效应——生态系统服务与调节功能退化

（一）生态系统服务价值评估与生态弹性度测算

依据谢高地等[164]的研究成果，结合呼和浩特地区实际，本节对各类生态系统服务价值系数进行修正[68]，即耕地 8 202.61 元/(hm²·a)、林地 39 403.21 元/(hm²·a)、草地 17 879.61 元/(hm²·a)、水域 59 717.82 元/(hm²·a)、未利用地 498.72 元/(hm²·a)，建设用地不估算其服务价值[165]。生态系统服务价值的计算公式为

$$ESV = \sum_{i=1}^{n} (P_i \times S_i) \qquad (3\text{-}12)$$

式中，ESV 为生态系统服务价值；P_i 为第 i 种用地类型的生态系统服务价值系数；S_i 为第 i 用地类型面积；n 为用地类型数量[165]。

借鉴徐德明等[166]的研究成果，将各类景观的生态弹性度分值设定为：耕地 0.5、林地 0.9、草地 0.6、水域 0.8、建设用地 0.2、未利用地 0.3[68]。生态弹性度值的计算公式为[166]

$$ECO = \sum_{i=1}^{n} (A_i \times S_i) \qquad (3\text{-}13)$$

式中，ECO 为生态弹性度；A_i 为第 i 种景观的弹性分值；S_i 为第 i 种景观类型面积；n 为景观类型数量[166]。

据式（3-12）、式（3-13），计算出 1977～2017 年呼和浩特城市生态系统服务价值及生态弹性度（表 3-3）。

表 3-3　1977～2017 年呼和浩特城市生态系统服务价值及生态弹性度

年份	生态系统服务价值/亿元	景观生态系统服务价值/亿元					生态弹性度
		耕地	林地	草地	水域	未利用地	
1977	35.033	7.103	16.909	8.327	2.592	0.102	0.580 5
1986	34.665	6.640	16.186	8.847	2.887	0.105	0.573 5
1990	33.828	6.786	15.108	9.032	2.800	0.102	0.568 3
2001	33.396	6.255	16.082	8.656	2.328	0.075	0.558 3
2010	32.744	5.576	16.383	8.301	2.434	0.050	0.543 3
2017	30.733	5.328	15.774	7.629	1.967	0.035	0.522 8

（二）生态系统服务与调节功能退化

表 3-3 显示：1977～2017 年，呼和浩特城市生态系统服务价值由 35.033 亿元降至 30.733 亿元，减少了 12.27%，年均减少 0.11 亿元。同时，各类景观生态系统服务价值均有不同程度减少[68]。其中，耕地减少量最大，生态系统服务价值占比由 20.28%降至 17.34%，表明其在区域生态系统服务价值供给中的地位逐年降低；其次为林地、草地、水域；未利用地减少量最小。各用地类型中，林地的服务价值最大且其占比由 48.27%增至 51.33%，表明它在区域生态系统服务价值供给中的地位逐年提升并趋于主导地位；其次是草地、耕地、水域；未利用地的服务价值最小[68]。

生态弹性度是生态系统偏离平衡状态后恢复到初始状态的能力[167]，它反映了生态系统的承载能力和生态稳定程度[68]。1977～2017 年，呼和浩特生态弹性度由 0.580 5 降至 0.522 8（表 3-3），减少了 9.94%，表明生态系统对扰动与压力的缓冲和调节能力逐渐降低，稳定性下降[68]。究其原因，主要是受生态用地大幅减少影响，生态系统自我维持与抵御干扰能力减弱，生态服务与调节功能退化[68]。

六、风险效应——生态环境质量下降，生态压力加剧

（一）生态环境质量与生态压力评估

1. 生态环境质量评价

依据环境保护部发布的《生态环境状况评价技术规范》（HJ 192—2015），借助影像解译数据及空间分析软件，利用相关评价指标构建生态环境质量综合评价模型[68]，计算公式为[168,169]

生态环境质量综合指数=0.25×生物丰度指数+0.2×植被覆盖指数+0.2×水网密度指数

+0.2×土地退化指数+0.15×环境质量指数　　　　　　（3-14）

生物丰度指数=（0.35×林地面积+0.21×草地面积+0.28×水域面积+0.11×耕地面积

$\qquad$ +0.04×建设用地面积+0.01×未利用地面积）/区域面积　　　（3-15）

植被覆盖指数=（0.38×林地面积+0.34×草地面积+0.19×耕地面积

$\qquad$ +0.07×建设用地面积+0.02×未利用地面积）/区域面积（3-16）

水网密度指数=（71.768×河流总长度+805.665×水域面积

$\qquad$ +88.366×水资源量）/区域面积　　　　　　　（3-17）

环境质量指数=0.4×（100-1.726×SO₂排放量/区域面积）

$\qquad$ +0.4×（100-0.53×COD排放量/区域年均降水量）

$\qquad$ +0.2×（100-2.425×固体废物排放量/区域面积）　　　（3-18）

土地退化指数（normalized differential salinity index，NDSI）可从 TM 影像中提取[170]，计算公式为[169,170]

$$NDSI = 100 - NDSI_{归一值} \qquad (3-19)$$

$$NDSI_{归一值} = \frac{(NDSI_{原始值}+1)}{2} \times 100 \qquad (3-20)$$

$$NDSI_{原始值} = \frac{Band3 - Band2}{Band3 + Band2} \qquad (3-21)$$

式中，NDSI 为土地退化指数；Band3、Band2 分别为 TM 影像第 3 波段与第 2 波段亮度值[68]。$NDSI_{原始值}$ 的值域为-1.0～1.0，其数值越大，表明土壤裸露程度越高、退化程度越重[170]。

据《生态环境状况评价技术规范》（HJ 192—2015），将生态环境状况分为 5 个等级，即优（75～100）、良（55～75）、一般（35～55）、较差（20～35）、差（0～20），分值越高，表明生态环境状况越好[169]。

据式（3-14）～式（3-21），计算 1977～2017 年呼和浩特生态环境质量指数（表 3-4）。

表 3-4　1977～2017 年呼和浩特生态环境质量指数

年份	生物丰度指数	植被覆盖指数	水网密度指数	土地退化指数	环境质量指数	生态环境质量综合指数
1977	18.28	24.28	57.49	—	—	—
1986	18.13	24.08	57.73	52.31	—	—
1990	17.84	23.90	57.66	49.30	89.38	44.04
2001	17.54	23.69	57.28	48.08	91.07	43.86
2010	17.07	23.19	57.37	48.81	70.98	40.79
2017	15.90	21.94	56.30	49.99	81.54	41.85

资料来源：遥感影像解译数据、《呼和浩特经济统计年鉴》《呼和浩特市环境质量公报》。

注："—"表示数据缺失。

2. 生态压力评估

基于生态足迹理论与方法，对呼和浩特生态压力变化进行定量评估。计算公式为[171]

$$EF = Nef = N\sum_{j=1}^{6}\left[r_j\sum_{i=1}^{n}(c_i / p_i)\right] \tag{3-22}$$

$$EC = Nec = N\sum_{j=1}^{6}a_jr_jy_j \tag{3-23}$$

$$T = EF/EC \tag{3-24}$$

式中，EF 为总生态足迹；N 为人口数；ef 为人均生态足迹；j 为生态生产性土地类型；i 为所消费的商品与投入类型；r_j 为均衡因子；c_i、p_i 分别为第 i 种消费项目的人均消费量及其全球平均生产力[167]；EC 为总生态承载力；ec 为人均生态承载力；a_j 为人均生态生产性土地面积；y_j 为产量因子；T 为生态压力指数。r_j、y_j 取值参考相关研究成果[168]，r_j 值为：耕地和建筑用地 2.82，林地和化石燃料用地 1.14，草地 0.54，水域 0.22；y_j 值为：耕地与建设用地 1.66，林地 0.91，草地 0.19，水域 1.00，化石燃料用地 0[68]。

借助式（3-22）～式（3-24），计算出 1990～2017 年呼和浩特人均生态足迹、人均生态承载力及生态压力指数，如图 3-3 所示。

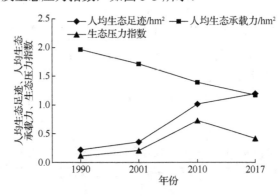

图 3-3　1990～2017 年呼和浩特人均生态足迹、人均生态承载力及生态压力指数

（二）生态环境质量下降

表 3-4 显示，1977～2017 年呼和浩特生物丰度指数和植被覆盖指数均在降低，体现出随着城市用地的扩张，区域生物多样性趋于减少，植被覆盖度逐渐降低[68]。生物丰度的降低会使生态系统结构与功能发生改变，从而降低区域生态环境质量。研究期内，城市水网密度指数、土地退化指数、环境质量指数均在波动中减少，

致使生态环境质量综合指数由 44.04 降至 41.85，生态状况都处于一般等级，但城市空间扩展过程中用地结构变化已导致生态环境质量的下降[68]。2010~2017 年，生态环境质量综合指数有小幅提高，表明近年来随着环境治理力度的加大，城市环境污染状况有所好转，生态环境质量略有提升。

（三）生态压力加剧

由图 3-3 可知，1990~2017 年呼和浩特人均生态足迹由 0.22hm^2 增至 1.20hm^2，增加了 4.45 倍；人均生态承载力由 1.97hm^2 降至 1.17hm^2，降低了 40.61%；生态压力指数由 0.11 升至 0.42，提高了 2.82 倍。可见，随着城市建设用地扩张及人口数量增加，各类资源开发强度加大，人均生物生产性面积不断提高致使生态足迹快速增长；而城市空间扩张导致生态用地大量流失，生态容量逐渐减小，生态压力逐步加大[68]。

第二节　呼和浩特城市空间扩展的生态风险识别

生态风险是生态系统及其组分所承受的风险，指在一定区域内，由环境自然变化或人类活动引起的生态系统组成、结构的改变而导致系统功能损失的可能性[172]。在空间扩展与资源开发过程中，城市原有生态系统的结构、过程、功能发生变化，极易导致生态风险的发生。因此，开展生态风险的识别、分析和综合评估，为风险管理提供决策支持，尤为重要。

一、城市空间扩展的风险源分析及风险类型识别

风险源是对生态环境产生不利影响的一种或者多种化学、物理、生物的风险来源。作为特殊的生态系统，城市在其发展过程中所面临的生态风险与其他生态系统有所不同，不仅有来自气候、地质灾害等方面单一的自然风险，也有可能并发环境污染与生态退化，从而对人类生存环境带来影响[173]。

（一）自然灾害风险

受气候异变或地壳运动的影响，干旱、洪涝、风雹、雪灾、台风、海啸、风暴潮、低温冷冻、地震、泥石流、滑坡等自然灾害的发生，不仅会给区域人类生存、经济活动、资源环境等造成重大影响和损失[174]，还会给城市建设与发展带来一定风险。

（二）环境污染风险

伴随城市空间扩展、产业集聚与人口增长，工业"三废"与生活污染物及汽车尾气排放量增加，温室气体浓度加大，城市环境污染从市中心向郊区蔓延[175]，特别是生产、生活垃圾，水体、土壤、大气污染日趋严重。因城市生态系统中有害物质种类与浓度不断增加[176]，生物地球化学循环发生改变[177]，对城市人居环境与人类健康产生威胁。

（三）生态退化风险

在城市空间扩展过程中，耕地、林地、草地、水域和未利用地不断被建设用地侵占，不仅造成生态用地大量流失、生物多样性减少，降低了其生态调节功能，还使城市原有自然生态系统遭到破坏。因人类经济活动改变了区域物质与能量流，进而影响到区域生态过程[173]，从而出现城市热岛、城市雨岛、城市荒漠等问题[175]，不合理的土地利用也会引发水土流失、土地退化，导致生态退化，危及区域生态安全。

（四）城市扩建风险

在城市大规模扩建过程中，不仅会加大区域人口负荷与水、土、能源资源紧缺，大量的资源开发与工矿建设还会对地面上的建筑物、耕地、河流、土壤及交通带来不利影响，致使城市不透水面积增加、植被覆盖度降低、地下水开采加剧，甚至会造成地面沉降[173]。另外，城市建设与道路开发也对周围森林、草地、农田及水域等用地的服务功能造成破坏，对区域景观格局产生显著影响，导致残留自然区域的破碎化与孤岛化[173]。高楼林立和硬化的水泥路面替代了原有的生态元素，降低了城市自然系统的生态服务价值与生态弹性度[176]，不仅破坏了生态平衡，还切断了自然界的水循环，导致城市雨水积存和渗透能力降低，城市内涝频发。

二、城市空间扩展的风险受体分析

生态风险受体即风险承受者，指生态系统中可能受到来自风险源干扰的不利影响的组成部分[176]。风险受体是反映生态系统结构和功能的各种物理、化学、生物影响的重要指标，已由单一受体发展到多受体，评价范围由局地扩展到景观水平[178]，且不同层次生态系统的风险受体各不相同。作为城市的重要组成部分，人口、经济、建筑、交通、环境、景观等都会受到各种风险影响并与城市功能有直接关联，且直接或间接影响着城市空间的未来发展。因此，本章选择上述功能实体及城市整体要素作为城市空间扩展的风险受体。

三、城市空间扩展的风险效应分析

生态风险效应反映生态系统及其组分对当前风险源强度的响应[176]，即生态风险所致的损失、影响、恢复力及应对能力。城市生态风险效应分析包括因子分析、暴露分析、影响分析和响应分析。其中，因子分析是对致灾因子发生的可能性或个别风险影响因子的判别，不同的风险性质，遭遇不同自然环境、社会经济状态、景观格局、城市环境、用地结构等空间特征，将造成不同的影响结果[173]。暴露分析是基于各风险源在评价区域内的分布、流动与风险受体之间的接触暴露关系，评判风险受体发生潜在风险的大小及其所受影响的可能性，可以通过气象、环境及其他相关报告及数据的整理与分析，获得个别风险的暴露要素、发生频率、影响范围、持续时间及暴露评价等信息。影响分析则是通过整合暴露分析结果与受体脆弱程度、暴露程度、损毁程度、危险程度，量化不同风险在空间上的影响或损害程度[173]。响应分析反映风险受体对风险源的响应，即对风险造成损失的大小进行度量。

四、呼和浩特城市空间扩展的生态风险分析

本章第一节的研究结果表明，呼和浩特城市空间扩展已导致生态用地流失、环境污染加剧、热岛效应增强、景观格局破碎、生态服务功能退化、环境质量下降、生态压力加剧等生态环境效应。可见，伴随城市空间的扩展，建设用地大幅增加，而耕地、林地、草地、水域等用地不断减少，这使生态用地大量减少，导致城市自然系统的生态服务价值降低，而且水泥路面广布致使不透水地面增加，也加剧了热岛效应与城市内涝，加之受气候异变的影响，很容易造成水旱灾害的发生与发展。同时，城市扩建亦使工矿与道路建设力度加大，随着资源开发与人口增长，不仅会对区域景观格局产生重要影响，而且会使水资源短缺加剧，生活与工业排污量激增，导致生态退化与环境污染。因此，呼和浩特城市空间扩展过程中，具有自然灾害、环境污染、生态退化、城市扩建等多种风险源，作为风险受体的人口、经济、建筑、交通、景观等暴露要素，因暴露时间、暴露范围、受干扰程度及其本身脆弱程度的不同，受到风险影响后其损失程度与受灾情况也不相同，而加强灾害救助、污染治理与生态保护以提升其抗灾恢复能力，是应对风险威胁的有效响应措施。综上所述，呼和浩特城市空间扩展的生态风险因果链如图 3-4 所示。

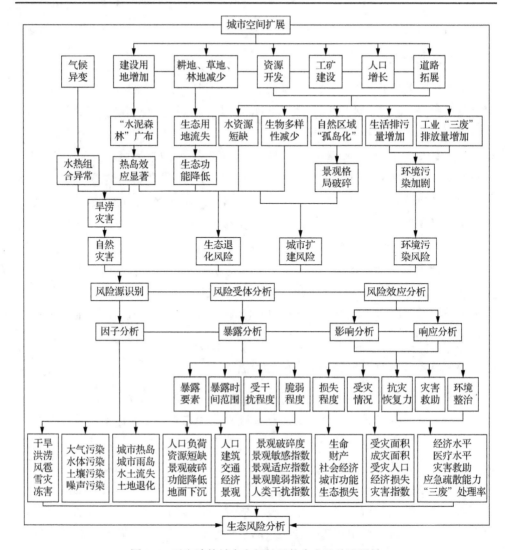

图 3-4　呼和浩特城市空间扩展的生态风险因果链

本 章 小 结

基于 1977~2017 年遥感影像、城市空间扩展信息及相关评价模型，本章从资源、环境、景观、服务价值、生态环境质量与生态压力变化等角度，对呼和浩特城市空间扩展导致的生态效应与生态风险进行了全面剖析与识别，结果表明：

（1）1977~2017 年，呼和浩特生态用地面积由 2 008.30km² 减至 1 625.67km²，减少了 19.05%，其中耕地数量减少最多，表明城市生态用地流失严重且建设用地侵占耕地态势严峻。

（2）1990年以来，呼和浩特城市生活与工业污染物排放总量增加1.33倍，并与建设用地的增长呈正相关关系，表明城市空间扩张导致环境污染加剧。

（3）1987~2017年，呼和浩特主城区偏高温以上区域面积增加0.63倍，其中极高温区面积增加3.40倍，热岛比例指数增加0.78倍，说明城市热岛效应显著增强。

（4）研究期内，因建设用地大幅扩展，呼和浩特斑块密度、景观多样性与分离度指数不断攀升，表明景观格局趋于破碎，景观构成更加复杂并向异质化发展。

（5）1977~2017年，呼和浩特生态系统服务价值减少12.28%，生态弹性度减少9.94%，表明城市生态系统服务与调节功能退化。

（6）1990年以来，研究区生物多样性减少，植被覆盖度降低，污染负荷加重，使其生态环境质量下降，生态压力加大。

（7）1977~2017年，随着城市空间的快速扩张，呼和浩特面临自然灾害、环境污染、生态退化、城市扩建等多种风险，作为风险受体的城市人口、经济、建筑、交通、环境、景观等要素，必然会受到风险影响而致损。因此，开展城市空间扩展过程中的生态风险识别、分析、评估与预警研究，为风险管理提供决策支持，意义重大。

第四章　呼和浩特城市空间扩展的生态风险评估与预警研究

第一节　生态风险评估及预警理论

一、生态风险评估内涵与特征

　　风险的概念最早见于 19 世纪末的西方经济学研究中，现已广泛应用于经济学、社会学、环境科学、自然灾害、建筑工程学等诸多领域[179]。目前，国内外对风险一词并无统一阐述，但较为经典的定义是"面临的伤害或损失的可能性"[180]。一般认为，生态风险是由环境的自然变化或人类活动引起的生态系统组成、结构的改变而导致系统功能损失的可能性[172]，生态风险来自自然、社会经济及生产实践活动等诸多因素，具有不确定性、危害性、客观性、复杂性和动态性等特点[180]。生态风险评估是利用生物学、毒理学、生态学、环境学、地理学等多学科的综合知识，采用概率论等风险分析的技术手段来预测、评价具有不确定性的灾害或事故对生态系统及其组分可能造成的损伤或不利的生态效应的过程，其目的是为风险管理提供理论和技术支持[181]，并据此提出响应的舒缓措施[182,183]。

　　城市生态风险可以认为是城市发展与建设导致城市生态环境要素、生态过程、生态格局和系统生态服务可能发生的不利变化，以及对人居环境可能产生的不良影响[184]。目前有关城市生态风险评估的报道较少，已有的研究将其纳入区域生态风险评估范畴，或作为城市环境风险评价的内容之一[184]。区域生态风险评估即是在区域尺度上描述和评估环境污染、人为活动或自然灾害对生态系统及其组分产生不利作用的可能性和大小的过程[176]。与区域生态风险评估类似，城市生态风险评估除具有多风险源、多风险受体、复杂暴露途径等特点外，还具有大尺度、区域性、综合性，以及经济、社会、自然耦合的复杂性等特征[184]。城市聚集了社会的大部分财富，对其进行生态风险评估，可避免或减少由于城市生态风险导致的损失及其对区域环境的胁迫效应。因此，城市生态风险评估成为区域生态风险评估研究的热点[176]。

二、生态风险评估研究进展

（一）国外生态风险评估发展历程

国外生态风险评估研究始于 20 世纪 70 年代末，最初的评估主要用于单一化学污染物对环境和人类健康影响的毒理研究，研究尺度多限定于单一种群或群落。后来，风险评估内容逐渐从毒理风险、人体健康风险向生态风险转变，尺度亦从种群、群落向生态系统扩展[185]，且多概念模型等定量方法得到广泛应用，如 Hunsaker 等提出的区域生态风险评估的概念模型、生态等级风险评估方法（procedure for ecological tiered assessment of risks，PETAR）、等级动态框架法（hierarchical patch dynamic paradigm，HPDP）、因子权重法（weights of evidence，WOE）及相对风险模型（relative risk model，RRM）等。目前，其研究重点主要集中于人类活动导致的污染区域的生态风险评估模式与方法体系上，研究尺度逐渐扩展到景观、区域、流域、沿海和土地利用等方面[185,186]，研究对象也从陆地生态系统扩展到海洋生态系统。其中，对城市生态风险的报道主要为发生在城市区域的生态风险，并且大多针对化学污染物[187]。从发展趋势上看，国外生态风险评估正向大区域、多层次与计算机辅助分析方向发展，特别是多层次模型与统计学工具的应用将更加广泛[186]。

研究显示，国外生态风险评估研究的发展经历了 4 个阶段[187]：第一阶段（20 世纪 80 年代以前）为萌芽阶段，主要针对突发性环境事件进行风险评估；第二阶段（20 世纪 80 年代）为定量评估起步阶段，主要开展毒理评估和人体健康评估；第三阶段（20 世纪 80~90 年代）是生态风险评估的规范化阶段，多个国家和组织颁布了生态风险评估的相关标准文件，并以基于大量案例的探索研究为主；第四阶段（20 世纪 90 年代至今）为生态风险评估的发展阶段，主要进行景观、区域和流域等大尺度的综合生态风险评估研究[188,189]。可见，生态风险评估的发展逐步呈现出由单一风险源到多风险源，由单一受体到多受体，由种群、群落、生态系统等局地到区域和景观水平的变化[188,189]。

（二）国内生态风险评估研究进展

国内生态风险评估研究始于 20 世纪 90 年代，起初集中于水环境化学生态风险评估，目前则以景观、区域和流域综合生态风险评估研究为主[170,185,186]。其中，景观生态风险研究着重从景观结构和生态风险空间范围上展开，主要应用景观生态学方法构建景观损失指数和综合风险指数，通过对生态风险指数采样结果进行半方差分析和空间差值，来揭示区域生态风险的空间分布特征；区域生态风险评估内容由最初的单因子单风险评估、多因子单风险评估逐步向多因子多风险评估转变，3S 技术的应用使其评估范围得以向更大尺度延伸[185,186]；流域生态风险评估则在分析流域水文变化、地质灾害、环境恶化和人为活动对区域生态系统结构和功能产生不利影响的基础上，开展流域生态风险评估与生态修复研究，内容涉及滑坡、泥石流、地震、景观类型、水土流失等方面[186]。有学者进行了城市生态风险评估研究，如周启星等[190]采用系统生态学方法对浙中地区小城镇的生态风险进行了评估；李辉霞等[191]对太湖流域 8 个大中城市汛期降雨量和地形因子对洪涝灾害生态风险的影响程度进行了分析；杨宇等[192]分析了天津地区土壤、水体中持久性有机污染物的生态风险；郭平等[193]对长春市城市土壤重金属的污染特征进行了研究，并对其潜在的生态风险进行了评估；刘小琴等[194]对城市化进程中的环境风险评估问题进行了探讨；孙心亮等[176]基于城市化综合指数和生态环境综合指数的相关性分析，开展了河西走廊 7 个城市的生态风险评估；马禄义等[195]运用相对风险模型对青岛市域县级行政区的干旱、洪涝、大风和冰雹 4 种气象灾害进行了生态风险评估；孙洪波等[196]分析了南京市区土地利用生态风险的空间分异规律及其影响因素；傅丽华等[197]对长株潭城市群核心区土地利用进行了生态风险评估；安佑志[175]采用多风险源、多风险受体的区域生态风险评估方法，开展了上海城市生态风险评估；田鹏等[198]通过构建生态风险指数，对杭州市土地利用格局变化的生态风险时空特征进行了评估；夏敏等[199]基于 PSR 框架建立指标体系对江西省萍乡市工矿用地变化所致的生态风险进行了评估。

综上所述，虽然国内学者针对区域生态风险评估的指标体系、方法与模型开展了大量研究，但目前在国家及行业层面上，中国尚缺乏生态风险评估工作的总体指导方法与研究框架[188]，仍未形成科学规范的评估指标与相关标准。因此，进一步完善区域生态风险评估方法，构建适合地区特色的生态风险评估指标体系、评估阈值、量化方法与技术手段及风险效应表征等，具有重要意义[179,183]。

三、生态风险评估内容与方法

（一）生态风险评估内容

有学者提出，生态风险评估应包括 4 个部分，即危害评估、暴露评估、受体分析和风险表征[200]；殷浩文[201]则将生态风险评估过程分为源分析、受体评估、暴露评估、危害评估和风险表征 5 个部分。

1. 生态风险源及其驱动力识别

作为对生态环境产生不利影响的风险来源，生态风险源可由人为活动产生，也可来源于自然灾害产生的压力[180]。其中，城市风险源包括自然风险源和人为风险源，前者指来自气候、地质灾害或资源短缺等方面单一的突发性灾害事件，如干旱、洪涝、风暴潮、暴雪、冰雹、低温冷冻、沙尘暴、地震等；后者指工业与农业污染及环境问题，可分为物理胁迫、化学胁迫和生物胁迫等，如城市不透水地表比例的增加会导致城市热岛效应的发生及河流地貌的改变，从而形成物理胁迫；污染物大量排放会造成化学胁迫；城市生物胁迫主要指外来物种入侵与病原菌感染。

驱动力即引发生态风险的经济社会活动的类型与程度，包括人口高度集聚、用地结构改变和不透水地表比例增加、工业生产和污染物排放、交通压力加剧等[184]。

2. 生态风险受体与评估终点确定

生态风险受体是指暴露于压力之下的生态实体，包括生物体的组织、器官、种群、群落、生态系统等不同生命组建层次[182]。

生态风险评估终点是对那些需要保护的生态环境价值的清晰描述，通过生态受体及其属性特征来确定[182]。确定生态风险评估终点即确定不利的生态效应——对有价值的生态系统结构、功能或组分产生的不利改变和危害[182]。

3. 暴露评估

暴露评估是分析各种风险源与风险受体之间存在和潜在的接触与共生关系的过程[182,202]。目前研究最多的是有毒有害物质的暴露评估，即有毒有害物质在生态环境中的时空分布规律及其环境过程[180]，即如何从源到受体的迁移、转化和归趋过程[182]。

4. 生态效应评估（危害评估）

生态效应是指压力引起的生态受体的变化[187]，包括生物水平上的个体病变、死亡，种群水平上的种群密度、生物量、年龄结构变化，群落水平上的物种丰度减少，生态系统水平上的物质流和能量流变化、生态系统稳定性下降等。生态效应有正有负，生态风险评估中需要识别出那些重要且不利的生态效应作为评估对象[180]。

5. 风险表征

风险表征是对暴露于各种压力之下的不利生态效应的综合判断和表达[202]，其表达方式有定性和定量两种形式。定性的风险表征回答有无不可接受的风险，即是否超过风险标准及风险属于什么性质；定量的风险表征不仅回答有无不可接受的风险及风险性质，还要定量说明风险的大小[180]。

（二）生态风险评估方法

1. 评估框架与步骤

目前，生态风险评估框架主要有 3 类模式，即美国模式、澳大利亚模式和欧洲模式[185]。针对不同的研究对象与风险类型，不同模式的生态风险评估过程各有侧重，如美国模式的生态风险评估分为 4 步，即提出问题、暴露和效应分析、风险表征、风险管理和交流[202]；澳大利亚模式的生态风险评估包括问题识别、受体识别、暴露评估、毒理评估和风险表征 5 个部分；欧洲模式将生态风险评估亦分为 4 步，即危害识别、剂量-反应评估、暴露评估、风险表征[203-205]。中国的生态风险评估有危害性鉴别、危害性表征、暴露评估及风险表征 4 步[205]，或研究区的界定与分析、受体分析、风险识别与风险源分析、暴露与危害分析及风险综合评估 5 个部分[187]。总体来说，各类生态风险评估程序在本质上是一致的，均可归纳为危害识别、暴露-效应评估、暴露评估、风险表征[206]。其中，危害识别是确定污染源、可能的受体及评估终点；暴露-效应评估的目的在于确定有毒物质的安全浓度或剂量；暴露评估包括污染物进入环境后的迁移、转化过程分析及受体的暴露途径、暴露方式及暴露量的分析和计算；风险表征是对暴露与各种应激下有害生态效应的综合判断和表达[206]。

2. 评估方法与模型

大多学者认为现有的风险评估方法可以分为 4 类：定量的风险评估方法、定性的风险评估方法、定性与定量相结合的评估方法和基于模型的评估方法[187]。其中，基于模型的评估方法是城市生态风险评估的重要定量手段，如熵值法、暴露-效应分析法、因果分析法、等级动态框架法、生态等级风险评价法、物种敏感度分布（species sensitivity distribution，SSD）法和模糊数学方法、灰色系统理论、马尔可夫预测法、概率风险分析法、机理模型、人工神经网络模型、蒙特卡罗模拟法、微宇宙和中宇宙生态模拟、生态风险概念模型、相对风险模型、生态学模型、空间分析模型、贝叶斯网络模型、概率生态风险评估（probabilistic ecological risk assessment，PERA）模型及空间统计技术、不确定性因素分析技术等[183,203,206]，其共同优点是包含风险源强度、风险受体与评估终点特征等信息，能够对风险产生的概率、强度及时空特征进行系统全面的估计和预测，但均处于借鉴区域生态风险评估的方法体系阶段[184]。在区域生态风险评估中，目前应用最多的是基于因子权重法的相对风险模型，它把空间信息、多风险源和多评价终点整合进风险评估过程，在一定程度上解决了大尺度风险评估的定量和半定量化问题，但其评估标准很难确定，尚需大量数据进行验证，因此区域尺度综合性定量评估方法和模型亟须加强[185]。大尺度生态风险评估中应用较为广泛的综合指数法主要有生物效应评估指数法、证据权重法及相对风险法，有学者把基于系统的生态风险评估模型分为食物网模型、生态系统模型及社会生态学模型,而综合应用多种模型组合,即系统模型法,是今后城市生态风险评估方法的发展方向[184]。

四、生态风险预警研究

"预警"一词源于军事学,是指对某一警素的现状和未来进行测度,预报不正常状态的时空范围和危害程度[207]。区域生态环境预警是对区域资源开发利用的生态后果、区域生态环境质量的变化,以及生态环境与社会经济协调发展状况的评价、预测和警报[208],它既是生态风险研究的主要手段,也是近年来生态安全研究的主要内容和方向之一[209]。

西方预警理论源于 1917 年,以哈佛研究会运用 17 项景气指标对美国经济发展趋势进行研究为标志[209]。1975 年,全球环境监测系统建立,其任务是监测全球环境并对环境组成要素进行定期评估、比较、排序和预警[209]。自此,生态安全预警研究受到关注,许多欧美国家和国际性组织分别从不同角度进行了深入研究。如罗马俱乐部提出了全球发展综合预测模型,布内拉斯加大学研制了 AGENT 系统,Slessor、White、Wang 等学者分别提出了环境承载能力模型、洪水泛滥风险决策预警体系、洪水预警系统等[209],促使生态环境预警理论逐步完善,技术手段和研究方法不断更新,并从单项预警和专题预警发展到综合预警与区域预警,形成了完整的概念体系和系统的操作方法[209]。目前,国外的相关研究主要集中于自然灾害预警、生态风险评估与预警[210]、生态预报[211]等方面,为中国的生态风险预警研究提供了借鉴。

中国的预警理论研究工作始于 20 世纪 80 年代初期,主要侧重于宏观层面的预警研究[209]。90 年代后,生态安全预警研究逐步深入,研究内容以生态安全预警和可持续发展预警为主,研究重点包括生态安全预警的理论、指标、方法,以及对农业、流域、土地生态系统的实证研究与水、土、煤炭等重要资源的预警问题探讨[209,212-215]。其中,预警指标的建立包括 3 种方式:一是基于"自然-社会-经济"人工复合生态系统理论,从自然、社会、经济 3 个方面建立指标体系;二是基于 PSR 理论,从压力、状态、响应三方面建立指标体系;三是基于生态系统预警特征,从警情、警源、警兆三方面构建指标体系[209]。预警方法主要有综合指数法、层次分析法、模糊综合法、神经网络法、可拓分析法、情景分析法、灰色预测模型、系统动力学模型等[211]。其中, RBF 神经网络具有逼近能力强、网络结构简单、学习速度快等优点,已广泛运用于短时交通量预测、地下水位预测、需水量预测、中长期负荷预测等诸多领域[211]。

五、城市生态风险评估及其预警研究

作为区域生态风险评估的重要组成部分,城市生态风险评估研究也包括风险源识别、风险受体与评估终点的确定、暴露评估、生态效应评估及风险表征等内容[180,184]。其中,风险源识别即对城市内部风险源的频度、强度、危害程度等进行筛选和评定[183]。根据城市功能实体等级,城市生态风险受体包括人体和人群、生物个体、种群、群落、生态系统、景观类型及城市整体[184];城市生态风险评估终点是风险受体受到胁迫后产生的生态响应,它通常是城市生态系统结构、过程、功能要素,以及城市整体水平的格局、生态过程和功能变化,且不同等级的评估终点相互作用、互相关联[184]。在目前的城市生态风险评估研究中,生态系统水平上的评估终点及城市整体水平上的评估终点应用较为普遍,前者常见的评估指标包括生物量、产量、物质动态变化等生态系统过程指标,大气、水体、土壤环境质量及生物多样性等生态系统要素指标,环境净化、灾害防护、调节气候、固氮释养等城市生态系统服务功能指标,以及其他具有直接和间接价值的指标;后者与城市社会、经济等要素关联最为密切,较多地体现在自然灾害的发生和景观格局的变化上[184]。城市生态风险评估中的暴露评估是描述包括城市开发、土壤侵蚀、洪水灾害等非化学污染类压力在内的各种风险源与生态受体之间的相互作用[179]。生态效应评估则是在生态风险评估中将识别出的不利生态效应作为评价对象[180]。城市生态风险表征也具有定性评估与定量评估两种形式,但目前定量评估是研究热点。

依据区域生态环境预警的定义,城市生态风险预警即对城市生态系统现状及未来发展状态进行评估、预测和警报,以明确城市空间扩展及其土地资源开发利用的生态后果、城市生态环境的变化趋势、速度及其与社会经济协调发展的状况,为城市生态系统的有效调控和协调、持续发展奠定基础,其研究内容包括明确警义、分析警情、探索警源、预报警度4个部分[209]。

第二节　呼和浩特城市空间扩展的生态风险评估

一、生态风险演变特征

(一)评估指标体系构建

如前所述,随着城市空间的快速扩展,呼和浩特面临着自然灾害、环境污染、生态退化、城市扩建等多种风险,对区域生态安全及其可持续发展构成威胁。为准确评估城市空间扩展所致的生态风险水平,本章在借鉴国内外生态风险理论成果与实证研究的基础上,结合呼和浩特城市建设与生态环境的实际特征、城市扩展对生态风险的可能影响及其数据的可获取性,基于呼和浩特城市空间扩展的风险源与风险类型识别、风险受体分析、暴露评估与风险效应分析(图3-4),从因子、暴露、影响、响应4个层面,构建呼和浩特城市空间扩展的生态风险评估指标体系(表4-1)。其中,因子是指可能造成财产损失、人员伤亡、资源与环境破坏、社会系统紊乱等[170]风险产生的风险来源及其大小,其指标选取围绕城市空间扩展所致的土地利用变化和社会经济发展可能对环境产生的负面影响两个方面进行；暴露是指暴露在生态风险中的风险受体受灾后可能形成的损失及其潜在的风险大小，因不同景观对外界干扰的抵抗能力不同，区域景观空间格局的研究成为揭示其生态状况及空间变异特征的有效手段[176]，本章选取能反映土地自身稳定性的景观指标进行评估；影响是指不同风险在空间上对自然资源环境、人类生产生活、城市功能所造成的影响范围、程度与后果[173]，选取能反映风险影响的水系、生物、植被、土地、生态系统及环境质量变化的指标来表征；响应是人类经济社会应对风险的防护措施及其实施程度，其主要取决于经济发展、科技水平、医疗卫生、政策保障等方面。

表 4-1　呼和浩特城市空间扩展的生态风险评估指标体系

目标层	准则层	指标层	单位	性质	数据来源
生态风险评估	因子	城市化率 f_1	%	正	《呼和浩特经济统计年鉴》（1990—2018）
		GDP 年均增长率 f_2	%	正	
		人口年均增长率 f_3	%	正	
		人口密度 f_4	人/km^2	正	
		农业用地比重 f_5	%	逆	遥感影像
		工矿用地比重 f_6	%	正	遥感影像
		建设用地比重 f_7	%	正	遥感影像
		人类干扰指数 f_8	无	正	遥感影像
		路网密度 f_9	km/km^2	正	遥感影像
		建设用地开发强度 f_{10}	km^2/万元	正	遥感影像
		建设用地扩展强度 f_{11}	无	正	遥感影像
		紧凑度指数 f_{12}	无	逆	遥感影像
		分形维数 f_{13}	无	正	遥感影像
		自然灾害指数 f_{14}	无	正	熵权综合指数
		农田面源污染压力指数 f_{15}	kg/亩	正	《呼和浩特经济统计年鉴》（1990—2018）
	暴露	斑块密度 e_1	个/hm^2	正	遥感影像
		聚集度指数 e_2	无	逆	遥感影像
		蔓延度指数 e_3	无	逆	遥感影像
		景观分离度指数 e_4	无	正	遥感影像
		景观多样性指数 e_5	无	正	遥感影像
		景观均匀度指数 e_6	无	正	遥感影像
		景观优势度指数 e_7	无	逆	遥感影像
		景观干扰度指数 e_8	无	正	遥感影像
		景观敏感度指数 e_9	无	正	遥感影像
		景观适应度指数 e_{10}	无	正	遥感影像
	影响	水网密度指数 i_1	无	逆	遥感影像
		生物丰度指数 i_2	无	逆	遥感影像
		植被覆盖指数 i_3	无	逆	遥感影像

续表

目标层	准则层	指标层	单位	性质	数据来源
生态风险评估	影响	污染负荷指数 i_4	无	正	《呼和浩特经济统计年鉴》（1990—2018）
		土地退化指数 i_5	无	正	遥感影像
		城市热岛比例指数 i_6	无	正	遥感影像
		生态系统服务价值 i_7	万元/(hm²·a)	逆	遥感影像
		生态系统弹性度 i_8	无	逆	遥感影像
		人均日生活用水量 i_9	L/d	正	
		万元 GDP 电耗 i_{10}	kWh/万元	正	
		万元 GDP 能耗 i_{11}	tce/万元	正	
		区域噪声指数 i_{12}	无	正	
	响应	人均 GDP r_1	元	逆	
		二三产业产值比重 r_2	%	逆	
		农民人均纯收入 r_3	元	逆	
		人均绿地面积 r_4	m²	逆	
		建成区绿化覆盖率 r_5	%	逆	《呼和浩特经济统计年鉴》（1990—2018）
		城市污水集中处理率 r_6	%	逆	
		生活垃圾无害化处理率 r_7	%	逆	
		工业二氧化硫排放达标率 r_8	%	逆	
		工业废水排放达标率 r_9	%	逆	
		工业固废处置利用率 r_{10}	%	逆	
		汽车尾气达标率 r_{11}	%	逆	
		每万人拥有医院病床数 r_{12}	张	逆	
		农业机械化水平 r_{13}	kW/hm²	逆	

注：

人类干扰指数=（第 i 类景观的面积/研究区总面积）×第 i 类景观的人类影响强度（各类景观的人类影响强度赋值：未利用地为 1，林地、草地、水体为 2，耕地为 3，建设用地为 4）。

路网密度=道路长度/建成区面积。

建设用地开发强度=建设用地面积/二三产业产值。

建设用地扩展强度、紧凑度指数、分形维数的计算公式见第二章第二节。

自然灾害指数=农业受灾面积×0.169+农业成灾面积×0.161+受灾人口×0.261+倒塌房屋数量×0.109+直接经济损失×0.220。

农田面源污染压力指数=（化肥施用量+农药施用量）/耕地面积。

斑块密度、聚集度指数、蔓延度指数、景观分离度指数、景观多样性指数、景观均匀度指数、景观优势度指数利用 Fragstats 软件包提取。

景观干扰度指数=0.5×景观破碎度指数（斑块密度）+0.3×景观分离度指数+0.2×景观优势度指数。

景观敏感度指数=第 i 类景观干扰度指数×第 i 类景观易碎度指数（各类景观的易碎度赋值：建设用地为 1，林地为 2，草地为 3，水域为 4，耕地为 5，未利用地为 6）。

景观适应度指数=斑块密度×香农多样性指数×景观均匀度指数。

水网密度指数、生物丰度指数、植被覆盖指数、污染负荷指数、土地退化指数、城市热岛比例指数、生态系统服务价值、生态系统弹性度的计算公式见第三章第一节。

农业机械化水平=农业机械总动力/耕地面积。

（二）评估指标权重确定

为使评估指标权重更加科学、合理，本章采用客观赋权法和主观赋权法相结合的方法来确定各指标权重。

1. 运用投影寻踪法确定指标客观权重

投影寻踪（projection pursuit evaluation，PPE）法是一种用来分析和处理非线性、非正态的高维数据的统计方法。它通过构造投影指标函数，寻找能够使投影值反映高维数据结构或特征的最佳投影方向，从而确定指标权重。其优点是：①不要求数据服从正态分布，不限制数据的维度，从数据本身寻找其结构特征；②可以消除与数据结构和特征无关或关系很小的变量的影响，不会因为某些变量的存在而影响分析结果；③完全从原始数据入手进行分析，避免主观意识造成的信息缺漏或偏倚，保证了结果的客观性[216]。基于此，本章采用基于遗传算法的投影寻踪法，确定呼和浩特城市生态风险评估指标的客观权重。其计算过程如下：

1）原始数据的标准化处理

本章采用极差标准化方法对原始数据进行标准化处理，即

$$y_{ij} = \frac{x_{ij} - \min x_j}{\max x_j - \min x_j} \tag{4-1}$$

$$y_{ij} = \frac{\max x_j - x_{ij}}{\max x_j - \min x_j} \tag{4-2}$$

式中，y_{ij} 为指标数据标准化数值；x_{ij} 为指标原始数据；$\max x_j$、$\min x_j$ 分别为指标数据的最大值与最小值。其中，正向指标采用式（4-1）处理，逆向指标采用式（4-2）处理。

2）构建投影函数

设 $a = [a_1, a_2, \cdots, a_p]$ 为投影方向向量，则样本的方向投影为

$$Q_i = \sum_{j=1}^{p} a_j y_{ij} \tag{4-3}$$

式中，Q_i 为所构建的投影函数表达式；a_j 为指标权重。

为了使局部投影尽可能密集，投影函数式可以表达为 $W(a) = S_Q D_Q$，其中 S_Q 为投影值 Q_i 的标准差，D_Q 为局部密度，其表达式为

$$S_Q = \sqrt{\frac{\sum_{i=1}^{n}(Q_i - E_q)^2}{n-1}} \tag{4-4}$$

$$D_Q = \sum_{i=1}^{n}\sum_{j=1}^{n}(R - r(i,j)) \times u(R - r(i,j)) \tag{4-5}$$

式中，E_q 为序列 Q_i 的均值；R 为局部密度窗口半径；$r(i,j)$ 为样本间的距离；$r(i,j)=(Q_i-Q_j)$，$u(R-r(i,j))$ 为单位阶跃函数，当 $r(i,j) \leqslant R$ 时值为 1，否则为 0。

3）确定指标权重

通过求解目标函数，计算最佳投影方向，使函数 $\max Q(a)$ 满足约束条件，即

$$\sum_{j=1}^{p} a_j^2 = 1 \qquad (4\text{-}6)$$

采用遗传算法以优化投影目标函数，其过程在 MATLAB 2016a 中通过编程实现[216,217]。运用式（4-3）～式（4-6），最终求得最佳投影方向即各指标的权重值（表 4-2）。

表 4-2　运用投影寻踪法确定的各指标权重

准则层	指标层	权重	准则层	指标层	权重
因子	城市化率	0.016 6	影响	水网密度指数	0.016 6
	GDP 年均增长率	0.027 6		生物丰度指数	0.019 8
	人口年均增长率	0.016 1		植被覆盖指数	0.023 0
	人口密度	0.017 6		污染负荷指数	0.024 5
	农业用地比重	0.019 1		土地退化指数	0.021 7
	工矿用地比重	0.017 4		城市热岛比例指数	0.017 4
	建设用地比重	0.018 4		生态系统服务价值	0.021 4
	人类干扰指数	0.018 1		生态系统弹性度	0.019 3
	路网密度	0.020 2		人均日生活用水量	0.019 9
	建设用地开发强度	0.023 5		万元 GDP 电耗	0.027 8
	建设用地扩展强度	0.017 0		万元 GDP 能耗	0.020 1
	紧凑度指数	0.017 6		区域噪声指数	0.021 8
	分形维数	0.018 7	响应	人均 GDP	0.020 2
	自然灾害指数	0.017 8		二三产业产值比重	0.022 6
	农田面源污染压力指数	0.018 3		农民人均纯收入	0.018 4
暴露	斑块密度	0.019 3		人均绿地面积	0.022 4
	聚集度指数	0.018 6		建成区绿化覆盖率	0.020 5
	蔓延度指数	0.016 1		城市污水集中处理率	0.019 6
	景观分离度指数	0.018 9		生活垃圾无害化处理率	0.027 5
	景观多样性指数	0.016 6		工业二氧化硫排放达标率	0.027 8
	景观均匀度指数	0.016 6		工业废水排放达标率	0.026 2
	景观优势度指数	0.018 3		工业固废处置利用率	0.017 5
	景观干扰度指数	0.019 1		汽车尾气达标率	0.017 5
	景观敏感度指数	0.023 6		每万人拥有医院病床数	0.017 4
	景观适应度指数	0.018 5		农业机械化水平	0.019 3

2. 运用层次分析法确定指标主观权重

根据专家对各评估指标的重要性排序，采用层次分析法构造评估指标体系的两两比较判断矩阵，运用方根法计算出各指标的相对权重值[61]（表 4-3）及各层指标对系统目标的合成权重（表 4-4～表 4-7），最终确定研究区生态风险评估指标的主观权重。

表 4-3　生态风险评估指标体系准则层比较判断矩阵和权重

准则层	因子	暴露	影响	响应	权重
因子	1	5/3	5/4	1	0.294 1
暴露	3/5	1	3/4	3/5	0.176 5
影响	4/5	4/3	1	4/5	0.235 3
响应	1	5/3	5/4		0.294 1
一致性检验	$\lambda_{max} = 4$　CI = 2.960 6×10^{-16}　RI = 0.9　CR = 3.289 5×10^{-16} < 0.10				

表 4-4　因子准则层中各指标比较判断矩阵和权重

因子	f_1	f_2	f_3	f_4	f_5	f_6	f_7	f_8	f_9	f_{10}	f_{11}	f_{12}	f_{13}	f_{14}	f_{15}	权重
f_1	1	1	1	1	2/3	2/3	2/3	1/3	2/3	2/3	2/3	1/2	1/2	1/3	1/3	0.038 8
f_2	1	1	1	1	2/3	2/3	2/3	1/3	2/3	2/3	2/3	1/2	1/2	1/3	1/3	0.038 8
f_3	1	1	1	1	2/3	2/3	2/3	1/3	2/3	2/3	2/3	1/2	1/2	1/3	1/3	0.038 8
f_4	1	1	1	1	2/3	2/3	2/3	1/3	2/3	2/3	2/3	1/2	1/2	1/3	1/3	0.038 8
f_5	3/2	3/2	3/2	3/2	1	1	1	1/2	1	1	1	2/3	2/3	1/2	2/3	0.058 3
f_6	3/2	3/2	3/2	3/2	1	1	1	1/2	1	1	1	2/3	2/3	1/2	2/3	0.058 3
f_7	3/2	3/2	3/2	3/2	1	1	1	1/2	1	1	1	2/3	2/3	1/2	2/3	0.058 3
f_8	3	3	3	3	2	2	2	1	5/3	5/3	5/3	5/4	5/4	10/9	5/4	0.111 9
f_9	3/2	3/2	3/2	3/2	1	1	1	3/5	1	1	1	2/3	2/3	5/8	5/8	0.059 7
f_{10}	3/2	3/2	3/2	3/2	1	1	1	3/5	1	1	1	2/3	2/3	5/8	5/8	0.059 7
f_{11}	3/2	3/2	3/2	3/2	1	1	1	3/5	1	1	1	2/3	2/3	5/8	5/8	0.059 7
f_{12}	2	2	2	2	3/2	3/2	3/2	4/5	3/2	3/2	3/2	1	5/8	5/6	5/6	0.082 6
f_{13}	2	2	2	2	3/2	3/2	3/2	4/5	3/2	3/2	3/2	8/5	1	5/6	5/6	0.088 1
f_{14}	3	3	3	3	2	2	2	9/10	8/5	8/5	8/5	6/5	6/5	1	1	0.107 4
f_{15}	3	3	3	3	3/2	3/2	3/2	4/5	8/5	8/5	8/5	6/5	6/5	1	1	0.100 8
一致性检验	λ_{max} = 12.356　CI = 0.032 4　RI = 1.54　CR = 0.021 < 0.10															

表 4-5　暴露准则层中各指标比较判断矩阵和权重

暴露	e_1	e_2	e_3	e_4	e_5	e_6	e_7	e_8	e_9	e_{10}	权重
e_1	1	1	1	1	1	1	1	2/3	2/3	2/3	0.087 0
e_2	1	1	1	1	1	1	1	2/3	2/3	2/3	0.087 0
e_3	1	1	1	1	1	1	1	2/3	2/3	2/3	0.087 0
e_4	1	1	1	1	1	1	1	2/3	2/3	2/3	0.087 0
e_5	1	1	1	1	1	1	1	2/3	2/3	2/3	0.087 0
e_6	1	1	1	1	1	1	1	2/3	2/3	2/3	0.087 0
e_7	1	1	1	1	1	1	1	2/3	2/3	2/3	0.087 0
e_8	3/2	3/2	3/2	3/2	3/2	3/2	3/2	1	1	1	0.130 4
e_9	3/2	3/2	3/2	3/2	3/2	3/2	3/2	1	1	1	0.130 4
e_{10}	3/2	3/2	3/2	3/2	3/2	3/2	3/2	1	1	1	0.130 4
一致性检验	$\lambda_{max}=10$　　CI$=7.894\,9\times10^{-16}$　　RI$=1.49$　　CR$=5.298\,6\times10^{-16}<0.10$										

表 4-6　影响准则层中各指标比较判断矩阵和权重

影响	i_1	i_2	i_3	i_4	i_5	i_6	i_7	i_8	i_9	i_{10}	i_{11}	i_{12}	权重
i_1	1	1	1/2	1/2	1/2	1/3	1/3	1/3	1	1/2	1/2	1	0.043 2
i_2	1	1	1/2	1/2	1/2	1/3	1/3	1/3	1	1/2	1/2	1	0.043 2
i_3	2	2	1	1	1	2/3	2/3	2/3	2	1	1	2	0.086 5
i_4	2	2	1	1	1	2/3	2/3	2/3	2	1	1	2	0.086 5
i_5	2	2	1	1	1	2/3	2/3	2/3	2	1	1	2	0.086 5
i_6	3	3	3/2	3/2	3/2	1	1	1	1	2	2	5	0.128 6
i_7	3	3	3/2	3/2	3/2	1	1	1	1	5/2	5/2	5	0.134 1
i_8	3	3	3/2	3/2	3/2	1	1	1	1	5/2	5/2	5	0.134 1
i_9	1	1	1/2	1/2	1/2	1	1	1	1	5/3	5/3	2	0.080 4
i_{10}	2	2	1	1	1	1/2	2/5	2/5	3/5	1	1	2	0.070 4
i_{11}	2	2	1	1	1	1/2	2/5	2/5	3/5	1	1	2	0.070 4
i_{12}	1	1	1/2	1/2	1/2	1/5	1/5	1/5	1/2	1/2	1/2	1	0.035 9
一致性检验	$\lambda_{max}=12.356$　　CI$=0.032\,4$　　RI$=1.54$　　CR$=0.021<0.10$												

表 4-7　响应准则层中各指标比较判断矩阵和权重

响应	r_1	r_2	r_3	r_4	r_5	r_6	r_7	r_8	r_9	r_{10}	r_{11}	r_{12}	r_{13}	权重
r_1	1	5/4	1	2/3	2/3	2/3	2/3	2/3	2/3	2/3	2/3	5/4	5/4	0.060 6
r_2	4/5	1	5/4	5/7	5/7	5/7	5/7	5/7	5/7	5/7	5/7	5/3	5/3	0.064 8
r_3	1	4/5	1	2/3	2/3	2/3	2/3	2/3	2/3	2/3	2/3	5/4	5/4	0.058 4
r_4	3/2	7/5	3/2	1	1	1	1	1	1	1	1	5/2	5/2	0.092 3
r_5	3/2	7/5	3/2	1	1	1	1	1	1	1	1	5/2	5/2	0.092 3

续表

响应	r_1	r_2	r_3	r_4	r_5	r_6	r_7	r_8	r_9	r_{10}	r_{11}	r_{12}	r_{13}	权重
r_6	3/2	7/5	3/2	1	1	1	1	1	1	1	1	5/2	5/2	0.092 3
r_7	3/2	7/5	3/2	1	1	1	1	1	1	1	1	5/2	5/2	0.092 3
r_8	3/2	7/5	3/2	1	1	1	1	1	1	1	1	5/2	5/2	0.092 3
r_9	3/2	7/5	3/2	1	1	1	1	1	1	1	1	5/2	5/2	0.092 3
r_{10}	3/2	7/5	3/2	1	1	1	1	1	1	1	1	5/2	5/2	0.092 3
r_{11}	3/2	7/5	3/2	1	1	1	1	1	1	1	1	5/2	5/2	0.092 3
r_{12}	4/5	3/5	4/5	2/5	2/5	2/5	2/5	2/5	2/5	2/5	2/5	1	5/6	0.038 5
r_{13}	4/5	3/5	4/5	2/5	2/5	2/5	2/5	2/5	2/5	2/5	2/5	6/5	1	0.039 5
一致性检验	$\lambda_{max}=13.027\ 9$　　CI=0.002 3　　RI=1.56　　CR=0.001 5<0.10												

3. 确定指标综合权重

将各指标的客观权重与主观权重进行线性加权，借助式（4-7），得到生态风险评估指标的综合权重值（表4-8）。计算公式为

$$\alpha_j = v_j w_j \left/ \left(\sum_{j=1}^{n} v_j w_j \right) \right. \tag{4-7}$$

式中，α_j 为综合权重；v_j 为采用投影寻踪法计算的指标权重；w_j 为采用层次分析法求出的指标权重。

表 4-8　呼和浩特城市生态风险评估指标的综合权重

准则层	指标层	投影寻踪法权重	层次分析法权重	综合权重
因子	城市化率	0.016 6	0.011 7	0.009 7
	GDP 年均增长率	0.027 6	0.011 7	0.016 2
	人口年均增长率	0.016 1	0.011 7	0.009 5
	人口密度	0.017 6	0.011 7	0.010 3
	农业用地比重	0.019 1	0.017 4	0.016 7
	工矿用地比重	0.017 4	0.017 4	0.015 2
	建设用地比重	0.018 4	0.017 4	0.016 1
	人类干扰指数	0.018 1	0.033 6	0.030 5
	路网密度	0.020 2	0.018 0	0.018 3
	建设用地开发强度	0.023 5	0.018 0	0.021 2
	建设用地扩展强度	0.017 0	0.018 0	0.015 4
	紧凑度指数	0.017 6	0.024 9	0.022 0
	分形维数	0.018 7	0.026 4	0.024 8
	自然灾害指数	0.017 8	0.032 1	0.028 7
	农田面源污染压力指数	0.018 3	0.030 3	0.027 8

续表

准则层	指标层	投影寻踪法权重	层次分析法权重	综合权重
暴露	斑块密度	0.019 3	0.021 8	0.021 1
	聚集度指数	0.018 6	0.021 8	0.020 4
	蔓延度指数	0.016 1	0.021 8	0.017 6
	景观分离度指数	0.018 9	0.021 8	0.020 7
	景观多样性指数	0.016 6	0.021 8	0.018 2
	景观均匀度指数	0.016 6	0.021 8	0.018 2
	景观优势度指数	0.018 3	0.021 8	0.020 0
	景观干扰度指数	0.019 1	0.032 5	0.031 2
	景观敏感度指数	0.023 6	0.032 5	0.038 5
	景观适应度指数	0.018 5	0.032 5	0.030 2
影响	水网密度指数	0.016 6	0.010 8	0.009 0
	生物丰度指数	0.019 8	0.010 8	0.010 7
	植被覆盖指数	0.023 0	0.021 8	0.025 2
	污染负荷指数	0.024 5	0.021 8	0.026 8
	土地退化指数	0.021 7	0.021 8	0.023 7
	城市热岛比例指数	0.017 4	0.032 3	0.028 2
	生态系统服务价值	0.021 4	0.033 5	0.036 0
	生态系统弹性度	0.019 3	0.033 5	0.032 5
	人均日生活用水量	0.019 9	0.020 0	0.020 0
	万元 GDP 电耗	0.027 8	0.017 5	0.024 4
	万元 GDP 能耗	0.020 1	0.017 5	0.017 7
	区域噪声指数	0.021 8	0.009 0	0.009 8
响应	人均 GDP	0.020 2	0.012 2	0.012 4
	二三产业产值比重	0.022 6	0.013 0	0.014 7
	农民人均纯收入	0.018 4	0.011 6	0.010 7
	人均绿地面积	0.022 4	0.018 4	0.020 7
	建成区绿化覆盖率	0.020 5	0.018 4	0.018 9
	城市污水集中处理率	0.019 6	0.018 4	0.018 1
	生活垃圾无害化处理率	0.027 5	0.018 4	0.025 4
	工业二氧化硫排放达标率	0.027 8	0.018 4	0.025 7
	工业废水排放达标率	0.026 2	0.018 4	0.024 2
	工业固废处置利用率	0.017 5	0.018 4	0.016 2
	汽车尾气达标率	0.017 5	0.018 4	0.016 2
	每万人拥有医院病床数	0.017 4	0.007 8	0.006 8
	农业机械化水平	0.019 3	0.008 0	0.007 7

（三）评估模型与生态风险等级划分

借鉴相关研究，采用线性加权方法构建生态风险综合评估模型，计算公式为

$$E = \sum_{j=1}^{n} y_{ij} \alpha_j \qquad (4\text{-}8)$$

式中，E 为生态风险综合指数；y_{ij} 为指标标准化数值；α_j 为各指标权重。

生态风险综合指数值 0～1，值越大，说明生态风险等级越高。参考相关研究成果[175]，结合研究区实际，将呼和浩特生态风险划分为 5 个等级（表 4-9）。

表 4-9　呼和浩特生态风险等级划分[159]

等级	风险状态	风险值区间	风险特征描述
I	低生态风险 （理想状态）	[0,0.2]	生态系统结构完整，生态环境基本未受破坏，系统恢复再生能力强，生态问题不显著
II	较低生态风险 （良好状态）	(0.2,0.4]	生态系统结构尚完整，生态环境较少受到破坏，一般干扰下可恢复，生态问题不显著
III	中生态风险 （中等状态）	(0.4,0.6]	生态系统结构有变化，生态环境受到一定破坏，受干扰后易恶化，生态问题显著
IV	较高生态风险 （较差状态）	(0.6,0.8]	生态系统结构破坏较大，生态环境受到极大破坏，受外界干扰后难以恢复，生态问题较大
V	高生态风险 （恶劣状态）	(0.8,1]	生态系统结构残缺不全，生态环境受到严重破坏，生态恢复与重建困难，生态问题大且常演变为生态灾害

（四）评估结果分析

依据式（4-8），计算出 1990～2017 年呼和浩特生态风险综合评估值（表 4-10、图 4-1）。

表 4-10　1990～2017 年呼和浩特生态风险综合评估值

年份	因子分值	暴露分值	影响分值	响应分值	综合评估值	风险等级
1990	0.031 8	0.000 0	0.073 1	0.195 2	0.300 1	较低生态风险
2001	0.139 5	0.134 5	0.082 8	0.128 2	0.485 0	中生态风险
2010	0.227 1	0.217 2	0.098 8	0.050 1	0.593 2	中生态风险
2017	0.185 4	0.211 1	0.176 1	0.010 7	0.583 3	中生态风险

1）生态风险有加大趋势

由表 4-10、图 4-1 可知，1990～2017 年，呼和浩特生态风险综合指数有较大增长，由 0.300 1 增至 0.583 3，增加了 0.94 倍，表明 27 年间呼和浩特生态风险有加剧趋势。可见，随着城市空间的快速扩展，呼和浩特生态系统受到较大扰动与破坏，因生态用地流失、环境污染加剧、热岛效应增强、景观格局破碎、生态服务功能退化，使区域生态风险逐渐加剧。

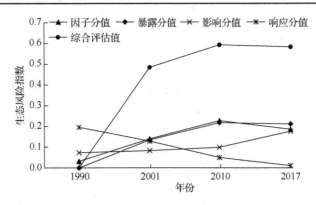

图 4-1 1990～2017 年呼和浩特生态风险演变

2）生态风险由较低等级转变为中等水平

按照生态风险的分级标准（表 4-9），1990 年，呼和浩特处于较低生态风险等级，生态系统结构尚完整，生态环境问题不显著；2001 年后其处于中生态风险等级，生态系统结构有一定变化，生态问题较为显著。究其原因，与西部大开发战略的实施及城市建设快速发展有关。2001 年后，随着城市空间的大幅扩张、道路修建和人口增加，呼和浩特建设用地比重由 5.54%增至 24.18%，导致城市用地结构发生变化，耕地、林地、草地面积的减少致使生态系统服务价值下降，生态系统调节功能降低，环境容量减小，加之污染物排放量亦随人口增加而不断增加，致使环境质量降低。

3）生态风险变化具有阶段性特征，发展速度亦不均衡

研究时段内呼和浩特生态风险的发展速度并不均衡，以 2010 年为界，表现出阶段性的变化特点（图 4-1）。1990～2010 年，呼和浩特生态风险综合指数不断增加，其中，1990～2001 年增幅最大，由 0.300 1 增至 0.485 0，增加了 0.62 倍，年均增速达 4.08%；2001～2010 年，城市生态风险综合指数增长缓慢，由 0.485 0 增至 0.593 2，增加了 0.22 倍，年均增速为 2.03%；2010～2017 年，生态风险综合指数有所下降，由 0.593 2 降至 0.583 3，降低了 0.59 倍，年均减少 0.21%。究其原因，与近年来呼和浩特的生态建设与环境治理力度不断加大有密切关系。2010 年以来，呼和浩特以建设"活力首府、美丽首府、和谐首府"和创建"国家园林城市"为目标，相继启动并实施了环城水系、大青山生态保护、扎达盖河下游生态治理工程与大黑河、八拜湖湿地生态建设项目，以及 209 国道出城口、东出城口、北出城口、呼杀高速连接线出城口的绿化建设工程；同时，城市经济结构亦逐步向高效节能转化，致使生态风险加大趋势有所遏制，并已进入生态建设的加速发展阶段。

4）生态风险各评估准则层指数变化有较大差异，发展趋势不尽相同

图 4-1 表明，呼和浩特生态风险评估各准则层指数的变化有一定差异。其中，因子层指数的波幅较大，呈现出先增加后减少的趋势，其拐点出现于 2010 年，但

总体上具有增加趋势,体现出随城市人口增加、城市空间扩张及工业经济的快速发展,城市开发建设活动对生态环境的扰动作用不断加强,城市人口、土地、水资源与能源压力日趋增大,虽然在 2010 年后有所好转,但受资源、环境承载及净化能力有限的影响,其生态风险来源具有多样化,城市空间扩展引发的致灾因子对生态安全的胁迫处于增强态势。暴露层指数亦具有增长趋势,表明城市土地利用的迅速变化使景观生态安全格局遭到破坏,进而使生态损失及其风险影响不断加剧。影响层指数亦在不断增加,研究期内增加了 1.41 倍,反映出城市扩张过程已导致研究区植被盖度降低、生物丰度下降、污染负荷加大、热岛效应显著,由此引发的生态风险的影响范围与程度逐渐扩大。响应层指数不断下降,因其均为逆向指标,体现出随着生态保护与环境治理力度及其投入的加大,城市应对生态风险的措施不断增强。特别是 21 世纪以来,呼和浩特提出生态城市的建设目标,随着低效耗能企业的逐渐关停,污染治理效果明显好转,使其对生态环境做出的正向修复及对生态风险的防护措施与实施程度不断提升。

二、生态风险空间分异

(一)评估指标体系构建

本章以呼和浩特四辖区为研究对象,开展其生态风险空间分异的动态分析。受数据的可获取性影响,基于已构建的城市生态风险评估指标体系(表 4-1),从因子、暴露、影响、响应 4 个层面,构建出呼和浩特四辖区生态风险评估指标体系(表 4-11)。

表 4-11　呼和浩特四辖区生态风险评估指标体系

目标层	准则层	指标层	单位	性质	数据来源	权重
生态风险综合指数	因子	人口密度	人/km²	正	《呼和浩特经济统计年鉴》(1990～2018)	0.026 8
		农业用地比重	%	逆	遥感影像	0.025 7
		建设用地比重	%	正	遥感影像	0.066 3
		人类干扰指数	无	正	遥感影像	0.069 6
		自然灾害指数	无	正	熵权综合指数	0.011 3
		路网密度	km/km²	正	遥感影像	0.059 5
		建设用地开发强度	万元/hm²	正	遥感影像	0.031 0
	暴露	聚集度指数	无	逆	遥感影像	0.015 9
		蔓延度指数	无	逆	遥感影像	0.065 2
		景观分离度指数	无	正	遥感影像	0.039 2
		景观多样性指数	无	正	遥感影像	0.045 7
		景观均匀度指数	无	正	遥感影像	0.050 7
		斑块密度	个/hm²	正	遥感影像	0.028 3
		景观干扰指数	无	正	遥感影像	0.070 3

续表

目标层	准则层	指标层	单位	性质	数据来源	权重
生态风险综合指数	影响	生物丰度指数	无	逆	遥感影像	0.049 6
		植被覆盖指数	无	逆	遥感影像	0.048 0
		土地退化指数	无	正	遥感影像	0.007 2
		城市热岛比例指数	无	正	遥感影像	0.031 5
		生态系统服务价值	万元/hm²	逆	遥感影像	0.043 9
		生态系统弹性度	无	逆	遥感影像	0.045 6
		水网密度指数	无	逆	遥感影像	0.022 7
	响应	人均 GDP	元	逆	《呼和浩特经济统计年鉴》（1990—2018）	0.038 8
		人均绿地面积	m²	逆		0.055 7
		农业机械化水平	kW/hm²	逆		0.009 2
		当年造林合格面积	hm²	逆		0.042 4

注：当年造林合格面积数据来源于《呼和浩特经济统计年鉴》，其余各指标的计算方法同表 4-1。

（二）评估指标权重确定

鉴于主成分分析法能够客观地从众多影响因子中筛选出主要变量，本章采用主成分分析法来确定各指标权重，具体过程为：①原始指标数据标准化；②求取相关系数矩阵；③计算特征值、特征向量及各主成分的贡献率；④提取主成分；⑤计算前 K 个主成分的表达式；⑥建立主成分综合评估函数[61,218]。因方差贡献率描述了各主成分在反映原始指标信息量方面的能力，故将各主成分的方差贡献率作为指标权重[219]。

本章选取呼和浩特四辖区在 1990 年、2000 年、2010 年、2017 年各评估指标的平均值为原始数据，经极差标准化处理〔计算过程见式（4-1）、式（4-2）〕后，运用 SPSS 25.0 软件进行各指标权重的求解。其中，社会经济数据的空间化处理采用 ArcGIS 软件中空间插值工具实现，并生成 30m×30m 分辨率的 Grid 数据。根据特征值大于 1 且累积贡献率大于 85% 的原则提取前 4 个主成分，由载荷矩阵中的第 i 列向量除以第 i 个特征根的开方，得到第 i 个主成分 F_i 中各指标所对应的系数，分别得出前 4 个主成分的表达式，进行累加后得到主成分综合评价函数，即

$$F_1 = 0.284X_1 + 0.283X_2 + 0.281X_3 + 0.278X_4 + 0.272X_5 + 0.269X_6 + 0.261X_7$$
$$+ 0.255X_8 + 0.253X_9 - 0.232X_{10} + 0.225X_{11} + 0.209X_{12} - 0.188X_{13} + 0.130X_{14}$$
$$- 0.025X_{15} - 0.042X_{16} + 0.174X_{17} - 0.143X_{18} + 0.138X_{19} - 0.019X_{20} + 0.094X_{21}$$
$$+ 0.168X_{22} - 0.137X_{23} + 0.092X_{24} + 0.042X_{25}$$

$$F_2 = -0.064X_1 + 0.023X_2 - 0.062X_3 - 0.006X_4 - 0.043X_5 - 0.115X_6 - 0.135X_7$$
$$+ 0.131X_8 - 0.093X_9 + 0.212X_{10} + 0.205X_{11} + 0.261X_{12} + 0.270X_{13} + 0.109X_{14}$$
$$+ 0.379X_{15} - 0.326X_{16} + 0.316X_{17} + 0.268X_{18} + 0.250X_{19} - 0.092X_{20} + 0.279X_{21}$$
$$- 0.127X_{22} - 0.048X_{23} + 0.256X_{24} - 0.195X_{25}$$

$$F_3 = -0.072X_1 - 0.064X_2 - 0.079X_3 - 0.084X_4 - 0.184X_5 + 0.135X_6 + 0.177X_7$$
$$+ 0.108X_8 - 0.164X_9 + 0.002X_{10} + 0.141X_{11} + 0.006X_{12} - 0.241X_{13} - 0.032X_{14}$$
$$+ 0.164X_{15} - 0.235X_{16} - 0.078X_{17} + 0.031X_{18} + 0.161X_{19} + 0.475X_{20} - 0.380X_{21}$$
$$+ 0.365X_{22} + 0.105X_{23} + 0.121X_{24} + 0.190X_{25}$$

$$F_4 = -0.008X_1 + 0.055X_2 + 0.011X_3 + 0.044X_4 - 0.030X_5 + 0.033X_6 + 0.029X_7$$
$$+ 0.108X_8 - 0.140X_9 + 0.105X_{10} + 0.062X_{11} + 0.078X_{12} - 0.049X_{13} + 0.281X_{14}$$
$$- 0.161X_{15} + 0.279X_{16} + 0.055X_{17} + 0.155X_{18} + 0.270X_{19} - 0.050X_{20} + 0.065X_{21}$$
$$+ 0.160X_{22} + 0.560X_{23} - 0.437X_{24} - 0.345X_{25}$$

$$F = 0.126X_1 + 0.154X_2 + 0.126X_3 + 0.140X_4 + 0.108X_5 + 0.137X_6 + 0.133X_7$$
$$+ 0.192X_8 + 0.078X_9 - 0.063X_{10} + 0.194X_{11} + 0.183X_{12} - 0.071X_{13} + 0.117X_{14}$$
$$+ 0.086X_{15} - 0.107X_{16} + 0.164X_{17} + 0.044X_{18} + 0.180X_{19} + 0.025X_{20} + 0.074X_{21}$$
$$+ 0.121X_{22} - 0.020X_{23} + 0.087X_{24} - 0.031X_{25}$$

式中，各指标对应的系数即指标对综合评估的贡献率，将其做归一化处理，得到指标权重（表4-11）。

（三）评估方法与生态风险等级划分

按照等间距系统采样方法，以 2km×2km 的范围为采样单元，将研究区划分为 592 个格网，借助 ArcGIS 软件，采用线性加权方法（式4-7）计算出每个格网的生态风险综合评估值，并以此作为格网中心点的生态风险值[220]。基于经典统计学方法及空间变量的变化特征，构建半变异函数模型，运用 ArcGIS 的统计分析模块，计算实验变异函数并进行拟合检验，采用普通克里金插值法进行空间插值[220]，输出像元大小为 30m×30m，从而得出研究区 1990～2017 年生态风险的区域分布情况。按照自然断裂法将呼和浩特四辖区生态风险划分为 5 个等级，如表 4-12 所示。

表4-12　呼和浩特四辖区生态风险等级划分[166,175]

等级	风险状态	风险值区间	风险特征描述
I	低生态风险	[0.259,0.335]	生态系统结构完整，生态环境基本未受破坏，系统恢复再生能力强，生态问题不显著
II	较低生态风险	(0.335,0.412]	生态系统结构尚完整，生态环境较少受到破坏，一般干扰下可恢复，生态问题不显著
III	中生态风险	(0.412,0.488]	生态系统结构有变化，生态环境受到一定破坏，受干扰后易恶化，生态问题显著
IV	较高生态风险	(0.488,0.564]	生态系统结构破坏较大，生态环境受到极大破坏，受外界干扰后难以恢复，生态问题较大
V	高生态风险	(0.564,0.641]	生态系统结构残缺不全，生态环境受到严重破坏，生态恢复与重建困难，生态问题大且常演变为生态灾害

（四）评估结果分析

运用 ArcGIS 软件，分别生成各评价指标因子的矢量数据与栅格图（彩图6～彩图30）。其中，人口密度、自然灾害指数、人均 GDP、人均绿地面积、农业机械化水平、当年造林合格面积的空间分布根据各辖区数据进行 Kriging 插值获取；其余数据的空间分布从遥感影像中提取。依据式（4-7），计算出 1990～2017 年呼和浩特四辖区生态风险综合评估值（表 4-13、彩图 31、图 4-2）。

表 4-13　1990～2017 年呼和浩特四辖区生态风险综合评估值

年份	新城区						回民区					
	因子分值	暴露分值	影响分值	响应分值	综合评估值	风险等级	因子分值	暴露分值	影响分值	响应分值	综合评估值	风险等级
1990	0.061 9	0.078 1	0.123 0	0.080 2	0.343 2	较低	0.080 8	0.085 6	0.132 7	0.113 8	0.413 0	中
2001	0.075 5	0.077 6	0.128 1	0.058 8	0.340 1	较低	0.106 9	0.096 0	0.142 5	0.101 1	0.446 5	中
2010	0.094 9	0.080 4	0.129 6	0.027 7	0.332 6	低	0.130 4	0.097 5	0.144 5	0.079 6	0.452 0	中
2017	0.111 9	0.098 3	0.128 2	0.063 3	0.401 6	较低	0.139 2	0.107 6	0.145 8	0.098 4	0.491 1	较高

年份	玉泉区						赛罕区					
	因子分值	暴露分值	影响分值	响应分值	综合评估值	风险等级	因子分值	暴露分值	影响分值	响应分值	综合评估值	风险等级
1990	0.066 6	0.095 8	0.169 5	0.142 7	0.474 7	中	0.049 2	0.083 1	0.157 3	0.097 4	0.387 0	较低
2001	0.097 7	0.105 3	0.177 0	0.137 3	0.517 4	较高	0.064 5	0.093 2	0.164 2	0.071 8	0.393 8	较低
2010	0.120 0	0.114 1	0.180 4	0.107 5	0.521 9	较高	0.097 7	0.105 3	0.177 0	0.137 3	0.452 9	中
2017	0.134 5	0.131 5	0.183 3	0.116 7	0.566 0	高	0.096 4	0.121 0	0.170 5	0.094 8	0.482 8	中

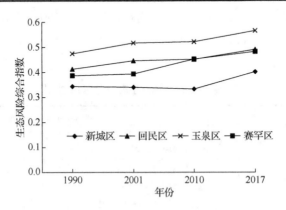

图 4-2　1990～2017 年呼和浩特四辖区生态风险演变

1. 四辖区的生态风险逐渐加大，但增长速度并不均衡

由表 4-13、图 4-2 可知，1990～2017 年，呼和浩特新城区、回民区、玉泉区、

赛罕区的生态风险综合指数均有不同程度增长，分别增加了 0.17 倍、0.19 倍和 0.25 倍，表明 27 年间呼和浩特四辖区生态风险有加大趋势。其中，赛罕区生态风险综合指数增长最快，新城区增长最慢，玉泉区与回民区介于其间。第二章第二节的研究显示，近年来呼和浩特城市用地加速扩张，四辖区中均以赛罕区的扩展速度与扩展强度最大，且其建设用地增长最快而耕地与草地减少最多，从而使其生态风险显著加剧。可见，随着建设用地的快速增加，呼和浩特四辖区生态系统受到不同程度的扰动与破坏，致使生态用地大量流失、热岛效应显著增强且景观格局趋于破碎，成为导致城区生态风险加剧的主要原因。

表 4-14、图 4-3 显示，呼和浩特四辖区中、高生态风险区与较高生态风险区面积均有增长，低生态风险区与较低生态风险区面积不断缩减，亦表明四辖区的生态风险有加大趋势。其中，赛罕区中、高生态风险区与较高生态风险区面积增加幅度最大，27 年间增加了 27.58 倍；其次为玉泉区，增加了 4.12 倍；新城区与回民区增幅较小，分别为 2.53 倍和 2.06 倍。同时，回民区中、低生态风险区与较低生态风险区面积减少幅度最大，27 年间减少了 96.80%；其次为赛罕区，减少了 86.04%；新城区减少幅度较小，为 26.50%；玉泉区则全部为中等以上生态风险等级，生态风险较大。

表 4-14　1990～2017 年呼和浩特四辖区不同等级生态风险面积变化　（单位：km^2）

风险等级	新城区				回民区			
	1990 年	2001 年	2010 年	2017 年	1990 年	2001 年	2010 年	2017 年
高	9.87	21.40	13.06	63.14	7.50	35.69	38.4	50.69
较高	25.37	68.63	81.95	61.10	19.70	31.94	30.53	32.67
中	47.99	48.92	53.68	129.42	61.75	37.70	36.82	131.22
较低	351.01	204.7	218.18	308.71	129.58	113.37	112.93	4.13
低	292.11	382.71	359.48	163.92	0.16	0.00	0.00	0.00
风险等级	玉泉区				赛罕区			
	1990 年	2001 年	2010 年	2017 年	1990 年	2001 年	2010 年	2017 年
高	5.46	51.53	49.27	111.04	2.79	17.16	33.90	130.04
较高	42.31	80.65	121.94	133.52	13.98	87.13	187.37	349.14
中	204.22	119.86	80.80	7.43	319.41	294.77	613.97	528.84
较低	0.03	0.00	0.00	0.00	778.00	701.26	279.38	108.69
低	0.00	0.00	0.00	0.00	0.64	14.51	0.31	0.00

各时段内，呼和浩特四辖区生态风险综合指数的发展速度并不均衡。新城区与回民区生态风险综合指数均以 2010～2017 年增长最快，2001～2010 年增长最慢，其中新城区生态风险综合指数在 1990～2010 年有小幅下降；玉泉区以 1990～2001 年增长最快，2001～2010 年增长最慢；赛罕区则以 2001～2010 年增长最快，1990～2010 年增长最慢。第二章第二节的研究表明，1990～2017 年，新城区与回民区城市扩展强度指数均以 2010～2017 年最大，2001～2010 年最小，与其生态

风险综合指数的变化趋势一致，表明城区扩张的程度与速度是其生态风险加大的主要原因。2001～2010 年，赛罕区有大量耕地和未利用地转化为建设用地，使其生态风险加剧；玉泉区与赛罕区在 2010 年后生态风险综合指数增长趋势均有放缓甚至降低趋势，这与 2010 年以来呼和浩特启动了很多生态治理工程与生态建设项目有关，使生态风险加大趋势有所遏制。

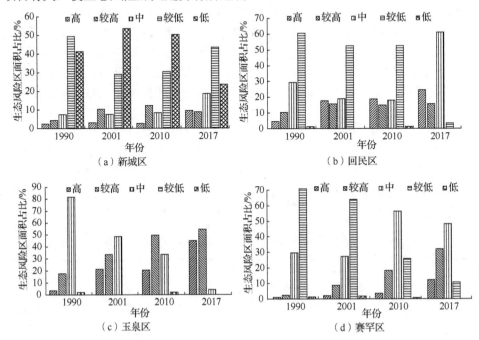

图 4-3　1990～2017 年呼和浩特四辖区不同等级生态风险面积占比

2. 四辖区的生态风险具有区域差异

呼和浩特四辖区生态风险综合指数具有一定的区域差异。其中，新城区最小，玉泉区最大，赛罕区与回民区介于其间（图 4-2）。研究时段内，新城区处于低生态风险与较低生态风险等级间，玉泉区处于中等生态风险与高生态风险等级间，赛罕区处于较低生态风险与中等生态风险等级间，回民区则处于中等生态风险等级与较高生态风险等级间。如前所述（第二章第二节），目前四辖区中建设用地比重与人均建成区面积均以玉泉区最大，新城区因受北部大青山的阻隔，人均建成区面积最小，而林地与草地面积占比较大。可见，生态风险综合指数与建设用地面积具有正相关关系。

3. 生态风险呈同心圆状由中心城区向外逐级递减

呼和浩特生态风险综合指数呈现出以中心城区为中心，逐层向外扩展的圈层状分布（彩图 31）。其中，城市中心区域的生态风险值最高，以高生态风险和较高生态风险等级为主，且其范围随建设用地的扩展而逐年扩展；由中心城区向外，生态风险综合指数逐渐降低，由中生态风险依次向较低生态风险和低生态风险等级过渡，但中生态风险区不断扩大，而较低生态风险区和低生态风险区域逐渐缩小；北部大青山地区受地形因素限制，较少受到城市扩张的影响，生态风险最低。

图 4-4 表明，1990 年，研究区以中生态风险区、较低生态风险区、低生态风险区为主，其面积比例共计 94.50%，其中，新城区占 31.63%，回民区占 8.77%，玉泉区占 9.36%，赛罕区占 50.24%；高生态风险区和较高生态风险区集中于中心城区及其周边地区，所占面积比例分别为 1.10% 和 4.40%，其中，新城区高生态风险和较高生态风险面积占比为 27.75%，回民区为 21.42%，玉泉区为 37.63%，赛罕区为 13.20%。随着城市建设用地的迅速扩张，呼和浩特生态风险等级数不断攀升，2017 年，高生态风险区和较高生态风险区面积占比升至 40.20%，增加了 6.31 倍。其中，新城区占 13.34%，回民区占 8.95%，玉泉区占 26.26%，赛罕区占 51.45%；较低生态风险区和低生态风险区面积占比分别降至 18.20% 和 7.10%，分别减少66.61% 和 44.09%。

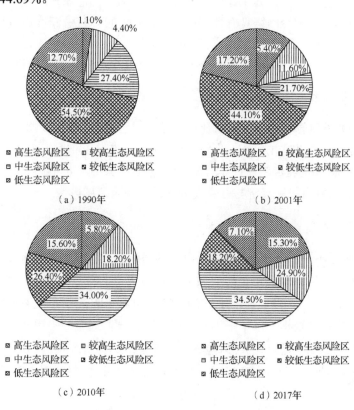

图 4-4　1990～2017 年呼和浩特不同等级生态风险面积比例

　　4. 生态风险高值区扩展方向与建设用地扩张方向相一致

　　研究期内，呼和浩特各类生态风险区域范围及其面积占比变化具有差异。其中，高生态风险区面积及其占比增长最快，均增加了 12.84 倍；其次为较高生态风险区；低生态风险区与较低生态风险区不断缩减，致使研究区生态风险有加大趋势。从发展方向来看，高生态风险区与较高生态风险区向东北、正东及东南方向扩展快速（彩图 31），这在空间分布上与城市扩张方向呈现出高度的一致性。可见，高城镇化伴随着高生态风险，说明城市空间的扩展导致了区域生态风险的加剧。因此，合理规划城市用地扩展对抑制生态风险有积极作用。

第三节　呼和浩特城市生态风险预警研究

　　城市生态风险预警是对城市生态系统现状进行分析、评估的基础上，对其未来发展状态与趋势进行预测和警报的研究，可为城市生态系统的有效调控奠定基础[209]。鉴于 RBF 神经网络具有良好的泛化能力，可以任意精度逼近任意的非线性函数[221]，对提高预测的准确性具有重要意义[211]，本书运用该方法对呼和浩特城市生态风险的发展趋势进行预警分析，旨在为其生态安全的有效调控提供依据。

一、预警指标体系构建及其数据来源

　　为使研究结果具有延续性和可比性，从因子、暴露、影响、响应 4 个层面，选取本章第二节中的城市生态风险评估指标体系（表 4-1）进行预警研究。其数据分别来源于《呼和浩特经济统计年鉴》（1991—2018）、《内蒙古统计年鉴》（1991—2018）、呼和浩特市国民经济与社会发展统计公报及遥感影像。

二、研究方法

　　RBF 神经网络是一种以函数逼近理论为基础的前馈网络，具有逼近能力强、训练速度快、网络结构简单、能收敛到全局最优点的特点[209-210]，对提高预测的准确性具有重要意义[209]。本书将 1990～2017 年呼和浩特城市生态风险评估指标原始数据作为基础数据，以年限为时间序列建立预测模型，采用迭代一步滚动预测法对 2018～2030 年城市生态风险各子系统发展趋势进行预测；并采用均方根误差（root mean square error，RMSE）及 Pearson 相关系数（P）对 RBF 神经网络的学习效果进行精度检验[222]，具体预测方法如下。

（一）原始数据标准化处理

采用极差标准化方法对原始数据进行处理。其中，正指标采用式（4-1）计算，逆指标采用式（4-2）计算。

（二）评估指标权重确定

分别采用投影寻踪法和层次分析法确定指标客观权重与主观权重，进行线性加权后得到生态风险评估指标的综合权重值（表4-8），计算方法见本章第二节。

（三）计算生态风险综合预警指数

采用线性加权方法构建生态风险预警指数综合评估模型，计算方法见式（4-7）。生态风险预警综合指数越大，表明预警程度越严重。

（四）确定预警警度

参考相关研究成果[211]，将呼和浩特生态风险预警警度均分为5个等级，各等级标准如表4-15所示。

表4-15　呼和浩特生态风险预警警度划分[211,222]

区间	[0,0.2)	[0.2,0.4)	[0.4,0.6)	[0.6,0.8)	[0.8,1.0]
警度	无警	轻警	中警	重警	巨警
人地关系描述	协调	较协调	面临一定威胁	面临较大威胁	失衡

三、结果与分析

以1990～2017年呼和浩特城市生态风险各评估指标的原始数据为依据，取前4年数据作为样本输入，下一年数据作为样本期望输出值[209]，分别构造呼和浩特生态风险因子、暴露、影响、响应4个层面的学习样本（表4-16～表4-19）。运用MATLAB 7.10.0应用软件中newrb工具箱，构造神经网络模型进行网络学习，并检验其学习效果。学习结果如图4-5～图4-8所示，学习效果检验如表4-20所示。

表4-16　呼和浩特生态风险因子层面警情预测样本数据

输入值起始年份	样本输入值					期望输出值	输出值对应年份
1990	0.131 1	0.180 0	0.243 5	0.243 6	0.213 7	0.239 2	1995
1991	0.180 0	0.243 5	0.243 6	0.213 7	0.239 2	0.278 8	1996
1992	0.243 5	0.243 6	0.213 7	0.239 2	0.278 8	0.273 8	1997
1993	0.243 6	0.213 7	0.239 2	0.278 8	0.273 8	0.375 0	1998
1994	0.213 7	0.239 2	0.278 8	0.273 8	0.375 0	0.336 7	1999

续表

输入值起始年份	样本输入值					期望输出值	输出值对应年份
1995	0.239 2	0.278 8	0.273 8	0.375 0	0.336 7	0.428 4	2000
1996	0.278 8	0.273 8	0.375 0	0.336 7	0.428 4	0.488 5	2001
1997	0.273 8	0.375 0	0.336 7	0.428 4	0.488 5	0.446 2	2002
1998	0.375 0	0.336 7	0.428 4	0.488 5	0.446 2	0.559 3	2003
1999	0.336 7	0.428 4	0.488 5	0.446 2	0.559 3	0.458 5	2004
2000	0.428 4	0.488 5	0.446 2	0.559 3	0.458 5	0.590 8	2005
2001	0.488 5	0.446 2	0.559 3	0.458 5	0.590 8	0.597 7	2006
2002	0.446 2	0.559 3	0.458 5	0.590 8	0.597 7	0.629 5	2007
2003	0.559 3	0.458 5	0.590 8	0.597 7	0.629 5	0.636 6	2008
2004	0.458 5	0.590 8	0.597 7	0.629 5	0.636 6	0.663 6	2009
2005	0.590 8	0.597 7	0.629 5	0.636 6	0.663 6	0.723 2	2010
2006	0.597 7	0.629 5	0.636 6	0.663 6	0.723 2	0.725 5	2011
2007	0.629 5	0.636 6	0.663 6	0.723 2	0.725 5	0.780 8	2012
2008	0.636 6	0.663 6	0.723 2	0.725 5	0.780 8	0.727 3	2013
2009	0.663 6	0.723 2	0.725 5	0.780 8	0.727 3	0.670 0	2014
2010	0.723 2	0.725 5	0.780 8	0.727 3	0.670 1	0.696 6	2015
2011	0.725 5	0.780 8	0.727 3	0.670 1	0.696 6	0.732 6	2016
2012	0.780 8	0.727 3	0.670 1	0.696 6	0.732 6	0.741 5	2017

表 4-17 呼和浩特生态风险暴露层面警情预测样本数据

输入值起始年份	样本输入值					期望输出值	输出值对应年份
1990	0.128 0	0.175 5	0.222 1	0.269 2	0.316 7	0.363 3	1995
1991	0.175 5	0.222 1	0.269 2	0.316 7	0.363 3	0.410 7	1996
1992	0.222 1	0.269 2	0.316 7	0.363 3	0.410 7	0.457 0	1997
1993	0.269 2	0.316 7	0.363 3	0.410 7	0.457 0	0.504 4	1998
1994	0.316 7	0.363 3	0.410 7	0.457 0	0.504 4	0.551 8	1999
1995	0.363 3	0.410 7	0.457 0	0.504 4	0.551 8	0.598 6	2000
1996	0.410 7	0.457 0	0.504 4	0.551 8	0.598 6	0.645 9	2001
1997	0.457 0	0.504 4	0.551 8	0.598 6	0.645 9	0.676 4	2002
1998	0.504 4	0.551 8	0.598 6	0.645 9	0.676 4	0.707 2	2003
1999	0.551 8	0.598 6	0.645 9	0.676 4	0.707 2	0.737 6	2004
2000	0.598 6	0.645 9	0.676 4	0.707 2	0.737 6	0.768 5	2005
2001	0.645 9	0.676 4	0.707 2	0.737 6	0.768 5	0.798 8	2006
2002	0.676 4	0.707 2	0.737 6	0.768 5	0.798 8	0.829 6	2007
2003	0.707 2	0.737 6	0.768 5	0.798 8	0.829 6	0.860 1	2008
2004	0.737 6	0.768 5	0.798 8	0.829 6	0.860 1	0.890 8	2009
2005	0.768 5	0.798 8	0.829 6	0.860 1	0.890 8	0.921 3	2010

输入值起始年份	样本输入值				期望输出值	输出值对应年份
2006	0.798 8	0.829 6	0.860 1	0.890 8	0.921 3	0.930 8	2011
2007	0.829 6	0.860 1	0.890 8	0.921 3	0.930 8	0.939 6	2012
2008	0.860 1	0.890 8	0.921 3	0.930 8	0.939 6	0.949 5	2013
2009	0.890 8	0.921 3	0.930 8	0.939 6	0.949 5	0.958 9	2014
2010	0.921 3	0.930 8	0.939 6	0.949 5	0.958 9	0.967 3	2015
2011	0.930 8	0.939 6	0.949 5	0.958 9	0.967 3	0.976 8	2016
2012	0.939 6	0.949 5	0.958 9	0.967 3	0.976 8	0.974 6	2017

表 4-18　呼和浩特生态风险影响层面警情预测样本数据

输入值起始年份	样本输入值				期望输出值	输出值对应年份
1990	0.238 0	0.226 2	0.252 7	0.253 2	0.265 6	1994
1991	0.226 2	0.252 7	0.253 2	0.265 6	0.252 6	1995
1992	0.252 7	0.253 2	0.265 6	0.252 6	0.300 8	1996
1993	0.253 2	0.265 6	0.252 6	0.300 8	0.277 1	1997
1994	0.265 6	0.252 6	0.300 8	0.277 1	0.294 8	1998
1995	0.252 6	0.300 8	0.277 1	0.294 8	0.303 0	1999
1996	0.300 8	0.277 1	0.294 8	0.303 0	0.311 1	2000
1997	0.277 1	0.294 8	0.303 0	0.311 1	0.323 2	2001
1998	0.294 8	0.303 0	0.311 1	0.323 2	0.341 6	2002
1999	0.303 0	0.311 1	0.323 2	0.341 6	0.376 5	2003
2000	0.311 1	0.323 2	0.341 6	0.376 5	0.398 8	2004
2001	0.323 2	0.341 6	0.376 5	0.398 8	0.423 7	2005
2002	0.341 6	0.376 5	0.398 8	0.423 7	0.427 1	2006
2003	0.376 5	0.398 8	0.423 7	0.427 1	0.427 6	2007
2004	0.398 8	0.423 7	0.427 1	0.427 6	0.440 2	2008
2005	0.423 7	0.427 1	0.427 6	0.440 2	0.454 4	2009
2006	0.427 1	0.427 6	0.440 2	0.454 4	0.468 2	2010
2007	0.427 6	0.440 2	0.454 4	0.468 2	0.513 5	2011
2008	0.440 2	0.454 4	0.468 2	0.513 5	0.544 0	2012
2009	0.454 4	0.468 2	0.513 5	0.544 0	0.586 4	2013
2010	0.468 2	0.513 5	0.544 0	0.586 4	0.631 0	2014
2011	0.513 5	0.544 0	0.586 4	0.631 0	0.669 7	2015
2012	0.544 0	0.586 4	0.631 0	0.669 7	0.693 3	2016
2013	0.586 4	0.631 0	0.669 7	0.693 3	0.430 4	2017

表 4-19 呼和浩特生态风险响应层面警情预测样本数据

输入值起始年份	样本输入值					期望输出值	输出值对应年份
1990	0.779 9	0.744 4	0.711 9	0.705 9	0.802 7	0.792 5	1995
1991	0.744 4	0.711 9	0.705 9	0.802 7	0.792 5	0.785 8	1996
1992	0.711 9	0.705 9	0.802 7	0.792 5	0.785 8	0.745 2	1997
1993	0.705 9	0.802 7	0.792 5	0.785 8	0.745 2	0.750 6	1998
1994	0.802 7	0.792 5	0.785 8	0.745 2	0.750 6	0.671 7	1999
1995	0.792 5	0.785 8	0.745 2	0.750 6	0.671 7	0.582 3	2000
1996	0.785 8	0.745 2	0.750 6	0.671 7	0.582 3	0.607 0	2001
1997	0.745 2	0.750 6	0.671 7	0.582 3	0.607 0	0.632 4	2002
1998	0.750 6	0.671 7	0.582 3	0.607 0	0.632 4	0.575 0	2003
1999	0.671 7	0.582 3	0.607 0	0.632 4	0.575 0	0.550 5	2004
2000	0.582 3	0.607 0	0.632 4	0.575 0	0.550 5	0.438 7	2005
2001	0.607 0	0.632 4	0.575 0	0.550 5	0.438 7	0.408 4	2006
2002	0.632 4	0.575 0	0.550 5	0.438 7	0.408 4	0.346 4	2007
2003	0.575 0	0.550 5	0.438 7	0.408 4	0.346 4	0.239 9	2008
2004	0.550 5	0.438 7	0.408 4	0.346 4	0.239 9	0.250 4	2009
2005	0.438 7	0.408 4	0.346 4	0.239 9	0.250 4	0.189 9	2010
2006	0.408 4	0.346 4	0.239 9	0.250 4	0.189 9	0.146 3	2011
2007	0.346 4	0.239 9	0.250 4	0.189 9	0.146 3	0.123 0	2012
2008	0.239 9	0.250 4	0.189 9	0.146 3	0.123 0	0.160 1	2013
2009	0.250 4	0.189 9	0.146 3	0.123 0	0.160 1	0.134 0	2014
2010	0.189 9	0.146 3	0.123 0	0.160 1	0.134 0	0.133 5	2015
2011	0.146 3	0.123 0	0.160 1	0.134 0	0.133 5	0.083 0	2016
2012	0.123 0	0.160 1	0.134 0	0.135 5	0.083 0	0.082 1	2017

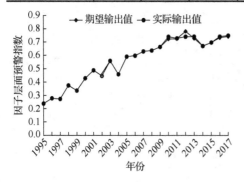

图 4-5 呼和浩特生态风险因子层面
警情学习结果

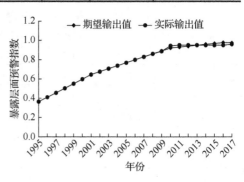

图 4-6 呼和浩特生态风险暴露层面
警情学习结果

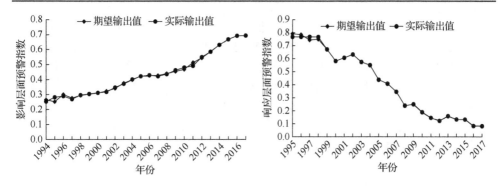

图 4-7　呼和浩特生态风险影响层面　　　　图 4-8　呼和浩特生态风险响应层面
　　　　警情学习结果　　　　　　　　　　　　　　警情学习结果

表 4-20　呼和浩特生态风险各层面学习效果检验

系统	因子系统	暴露系统	影响系统	响应系统
RMSE	0.010 0	0.009 7	0.009 5	0.008 9
P	0.998	0.999	0.997	0.999

　　由表 4-20 可知，各层面的 RMSE<0.04，P>0.95，说明模型学习效果好，模拟精度高，可用来预测呼和浩特城市生态风险各层面警情演变趋势。依据各层面的预警指数预测值及式（4-7），计算得出呼和浩特生态风险综合警情预警指数（图 4-9）。

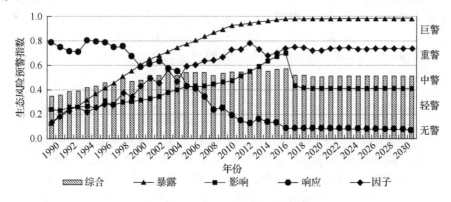

图 4-9　呼和浩特生态风险综合警情预警指数

（一）生态风险各层面警情演变趋势分析

1. 因子层面警情分析

图 4-9 显示，1990～2017 年，呼和浩特生态风险因子层面预警指数呈波动式

上升，由 0.13 增至 0.74，增加了 4.69 倍。由表 4-15 可知，警情由无警升至重警。可见，随着城市空间快速扩张及城市人口迅速增加，研究区内工矿用地与建设用地比重不断攀升，环境污染及人类干扰逐渐增强，导致城市生态风险来源激增，生态系统压力增大，因子层面预警指数大幅升高。今后，呼和浩特城市化进程将不断延续，城市用地仍有扩张态势，由预测结果可知：2018～2030 年，呼和浩特生态风险因子层面仍将处于重警状态（图 4-9），若不采取有效措施加以调控，城市生态安全将面临巨大威胁。

2. 暴露层面警情分析

研究结果表明，1990～2017 年呼和浩特生态风险暴露层面预警指数呈指数式上升（图 4-9），由 0.13 增至 0.97，增加了 6.46 倍；据表 4-15 的标准，警情由无警升至巨警。究其原因，是城市空间的扩展导致区域景观格局受到外界扰动而趋于破碎，致使斑块数量增加、面积减小且彼此隔离，其内部生境与廊道因被截断而对物种生存带来不利影响，导致风险受体承受的潜在风险与损失增大。据图 4-9，2018～2030 年，呼和浩特生态风险暴露层面仍将处于巨警状态，其预警指数将持续攀升。

3. 影响层面警情分析

1990～2017 年，呼和浩特生态风险影响层面预警指数呈直线式上升，由 0.24 增至 0.43，增加了 0.79 倍，警情由轻警升至中警（图 4-9）。研究表明，随着呼和浩特城市建设用地面积的大幅增加，生态用地被大量挤占，城市生态功能与服务价值逐渐衰退，对区域生态环境造成的不良影响与损害程度不断加大。预测结果显示，2018～2030 年呼和浩特生态风险影响层面仍将处于中警状态（图 4-9），会导致城市综合生态风险的加剧。

4. 响应层面警情分析

由图 4-9 可知，1990～2017 年，呼和浩特生态风险响应层面预警指数呈明显下降态势，由 0.78 降至 0.08，减少了 89.74%，警情由重警下降到无警。这与近年来开展的一系列环境保护措施与生态环境治理工程有关。随着各类污染物治理力度的加大及"大青山生态环境治理工程""十大重点生态工程""三环两带"等生态项目的相继实施，城市污染治理效果明显好转，导致响应预警指数持续下降。图 4-9 表明，2018～2030 年研究区生态风险响应系统将处于无警状态，对保障城市生态安全具有重要作用。

（二）生态风险综合警情演变趋势分析

研究显示，1990～2017 年呼和浩特生态风险综合警情预警指数有上升趋势（图 4-9），由 0.35 升至 0.52，增加了 0.49 倍，据表 4-15，警情由轻警升至中警。

可见，城市化的加速发展与建设用地的快速扩张，导致呼和浩特城市用地格局变化明显，生态系统的扰动加剧，随着因子、暴露、影响层面预警指数的不断升高，呼和浩特生态风险综合警情预警指数亦在增大。虽然响应层面功能的不断增强对城市生态安全具有重要保障，但其生态系统仍面临一定威胁。预测结果表明，2018～2030 年城市生态风险综合警情预警指数虽有所降低，但仍将处于中警状态（图 4-9），亟须采取调控措施加以改善。

本 章 小 结

基于呼和浩特城市空间扩展的风险源与风险类型识别、风险受体分析、暴露评估及风险效应研究，从因子、暴露、影响、响应 4 个层面，构建出呼和浩特城市生态风险评估指标体系，对其城市空间扩展所致的生态风险进行了时空评析与预警研究，结果表明：

（1）1990～2017 年，呼和浩特生态风险有加剧趋势，但具有阶段性特征，发展速度亦不均衡。研究期内生态风险综合指数由 0.300 1 增至 0.583 3，增加了 0.94 倍，生态风险由低级等级转变为中等水平。其中，1990～2010 年，城市生态风险综合指数快速升高，并以 1990～2001 年增幅最大；2010～2017 年，城市生态风险综合指数有所下降。

（2）城市生态风险各评估准则层中，因子、暴露、影响层的指数均有增加趋势，而响应层的指数不断下降，表明呼和浩特生态保护与污染治理效果明显，生态风险的防范措施不断加强。

（3）呼和浩特四辖区生态风险综合指数具有差异，但均有不同程度增长，且增长速度并不均衡。其中，生态风险综合指数以新城区最小，玉泉区最大，赛罕区与回民区介于其间；生态风险综合指数增速以赛罕区最快，新城区增长最慢，玉泉区与回民区介于其间。

（4）在空间分布上，呼和浩特中心区域的生态风险值最高，以高生态风险和较高生态风险等级为主，由中心城区向外，生态风险逐渐降低，并由中等生态风险依次向较低和低生态风险等级过渡，呈现出以中心城区为生态风险高值区，逐层向外减弱的圈层状分布。

（5）研究期内，呼和浩特高与较高生态风险区面积扩展最快，并向东北、正东及东南方向快速扩展，在扩展方向上与城市用地呈现出高度的一致性。

（6）基于 RBF 神经网络的城市生态风险预警结果表明，2018～2030 年呼和浩特生态风险因子、暴露、影响层面预警指数均有上升趋势，致使城市综合生态风险系统仍将处于中警状态，亟须采取调控措施加以改善。

第五章　呼和浩特城市空间扩展与生态风险演变耦合研究

　　第四章第二节的研究表明，随着建设用地的快速扩张，呼和浩特生态风险也在不断攀升（图 5-1、图 5-2），且城市空间扩展速度与扩展强度大的区域生态风险相对较高，生态风险高值区的扩展方向与建设用地扩张方向亦相一致。可见，城市空间扩展与区域生态风险在时空分布上具有较强的耦合关系。因此，本章运用灰色关联分析法、重心转移指数、圈层梯度划分方法及空间自相关指数模型，从时间和空间两个角度定量研究城市空间扩展与生态风险演变的耦合关系，以期为呼和浩特城市建设与生态安全协调发展提供依据。

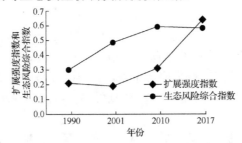

图 5-1　1990～2017 年呼和浩特城市扩展强度指数与生态风险综合指数

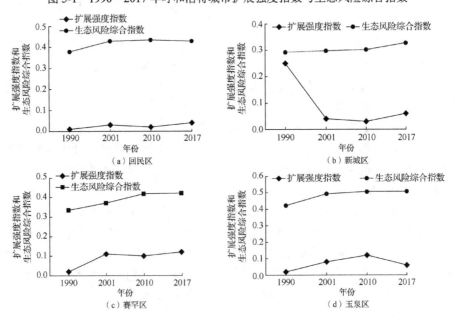

图 5-2　1990～2017 年呼和浩特各辖区城市扩展强度指数与生态风险综合指数

第一节　呼和浩特城市空间扩展与生态
风险耦合的时间特征

一、研究方法

灰色关联分析法是通过关联系数来分析两个系统间关联程度的方法，关联系数越大，两者间的关联性越大，反之则越小，其计算方法见第二章第三节。关联系数的平均值即为关联度，见式（5-1），其数值越大，表明两系统间的关联程度越高，耦合性越强。据相关研究结果[223]，关联度与耦合作用划分等级见表5-1。

表5-1　关联度与耦合作用的等级划分[223]

关联度（γ_{ij}）	关联性	耦合阶段
0	无关	极小
0<γ_{ij}≤0.35	不密切	较低水平
0.35<γ_{ij}≤0.65	适中	颉颃时期
0.65<γ_{ij}≤0.85	较密切	磨合阶段
0.85<γ_{ij}≤1	极密切	高水平
1		良性共振耦合

关联度的计算公式为

$$r_i = \frac{1}{n}\sum_{k=1}^{n}\xi_i(k) \qquad (5\text{-}1)$$

式中，r_i为关联度；n为变量数；$\xi_i(k)$为关联系数。

根据式（2-15）、式（5-1），计算出1990～2017年与各时段内呼和浩特及其四辖区城市建设用地面积与生态风险指数间的关联度（表5-2、图5-3、图5-4），来分析城市空间扩展与区域生态风险间耦合关联程度的时序变化。

表5-2　呼和浩特及其四辖区城市建设用地面积与生态风险指数间的关联度

时段年份	呼和浩特				
	建设用地面积-生态风险综合指数	建设用地面积-生态风险因子指数	建设用地面积-生态风险暴露指数	建设用地面积-生态风险影响指数	建设用地面积-生态风险响应指数
1990～2001	0.687 4	0.723 3	0.693 0	0.688 8	0.666 7
2001～2010	0.697 4	0.766 3	0.699 2	0.691 4	0.666 7
2010～2017	0.704 7	0.701 0	0.784 1	0.666 7	0.736 6
1990～2017	0.607 3	0.655 9	0.615 1	0.605 5	0.581 5

续表

时段年份	新城区				
	建设用地面积-生态风险综合指数	建设用地面积-生态风险因子指数	建设用地面积-生态风险暴露指数	建设用地面积-生态风险影响指数	建设用地面积-生态风险响应指数
1990~2001	0.681 8	0.697 7	0.681 9	0.685 1	0.666 7
2001~2010	0.902 3	0.790 0	0.980 1	0.944 1	0.666 7
2010~2017	0.965 5	0.988 5	0.954 0	0.880 0	0.666 7
1990~2017	0.547 8	0.596 9	0.552 1	0.548 9	0.514 9
时段年份	回民区				
	建设用地面积-生态风险综合指数	建设用地面积-生态风险因子指数	建设用地面积-生态风险暴露指数	建设用地面积-生态风险影响指数	建设用地面积-生态风险响应指数
1990~2001	0.689 3	0.728 3	0.694 9	0.688 4	0.666 7
2001~2010	0.800 6	0.818 6	0.804 2	0.802 4	0.666 7
2010~2017	0.743 1	0.718 5	0.770 5	0.666 7	0.783 2
1990~2017	0.578 1	0.666 5	0.586 5	0.573 6	0.535 6
时段年份	玉泉区				
	建设用地面积-生态风险综合指数	建设用地面积-生态风险因子指数	建设用地面积-生态风险暴露指数	建设用地面积-生态风险影响指数	建设用地面积-生态风险响应指数
1990~2001	0.674 1	0.700 7	0.674 7	0.671 4	0.666 7
2001~2010	0.706 7	0.769 6	0.724 6	0.709 0	0.666 7
2010~2017	0.720 8	0.766 8	0.825 9	0.666 7	0.721 9
1990~2017	0.578 4	0.618 2	0.582 7	0.574 8	0.564 0
时段年份	赛罕区				
	建设用地面积-生态风险综合指数	建设用地面积-生态风险因子指数	建设用地面积-生态风险暴露指数	建设用地面积-生态风险影响指数	建设用地面积-生态风险响应指数
1990~2001	0.691 9	0.728 0	0.703 3	0.694 7	0.666 7
2001~2010	0.679 8	0.799 4	0.675 9	0.666 7	0.824 7
2010~2017	0.751 2	0.726 9	0.782 9	0.720 6	0.666 7
1990~2017	0.616 7	0.667 3	0.627 4	0.614 8	0.606 5

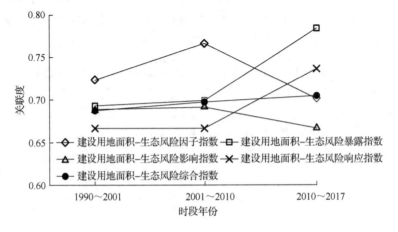

图 5-3　呼和浩特城市建设用地面积与生态风险指数的关联度

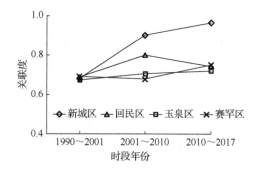

图 5-4　呼和浩特四辖区城市建设用地面积与生态风险综合指数的关联度

二、城市空间扩展与生态风险演变耦合关联分析

（一）呼和浩特城市空间扩展与生态风险演变的耦合特征

1. 城市扩展与综合生态风险演变的耦合关联分析

由表 5-1 和表 5-2 可知，1990~2017 年呼和浩特城市建设用地面积与生态风险综合指数间的关联度为 0.607 3，关联性适中，二者间的耦合关系处于颉颃阶段，表明城市空间扩展与生态风险间的关联程度较强，随着城市建设用地的大幅扩张，由此引发的环境污染与生态破坏日益严重，导致区域生态风险逐渐加剧；同时，生态系统对城市扩展的限制与负反馈作用也不断突显，致使二者间的矛盾激化，耦合关系处于相互胁迫与约束的颉颃阶段，即表现为城市空间扩展对生态环境的胁迫作用及生态环境对城市空间扩展的约束作用两个方面[224]。可见，控制建设用地的无序扩张对降低区域生态风险具有重要意义。

各时段内，呼和浩特城市建设用地面积与生态风险综合指数间的关联度逐年提高，由 0.687 4、0.697 4 升至 0.704 7（表 5-2、图 5-3），根据表 5-1 可知，二者均处于较密切关联与磨合阶段，体现出城市空间扩展与区域生态风险间的密切程度及交互作用强度逐年提升，即随着城市建设用地的快速扩张，区域生态风险不断加剧。同时，为降低城市扩展对生态环境产生的负面效应，研究区将较多的资金投入环境治理与生态修复，致使二者间的耦合关系进入调整、适应与磨合阶段。

2. 城市扩展与各层面生态风险演变的耦合关联分析

研究期内，呼和浩特城市建设用地面积与生态风险各层面指数间的耦合关联程度具有一定差异。其中，城市建设用地面积与因子指数的关联度最大，达 0.655 9；与响应指数的关联度最小，为 0.581 5；与暴露指数、影响指数的关联度介于其间，分别为 0.615 1、0.605 5（表 5-2）。可见，城市建设用地面积与生态风险因子间的耦合关系最为密切，二者处于较密切关联与磨合阶段，与其他层面间的耦合关系均处于适中关联与颉颃阶段，表明城市空间扩展所致的土地利用变化和社会经济发展对环境产生的负面影响首先成为导致区域风险产生的风险来源，而风险源的增加和蔓延又成为制约城市空间扩展的主导因素，二者间相互胁迫与约束，关系密切。

各时段内，呼和浩特城市建设用地面积与生态风险因子指数及影响指数间的关联度先升后降（图 5-3），但均处于较密切关联与磨合阶段，体现出城市建设用地的扩张导致区域生态风险的发生及其影响范围与程度的扩大，但因加大环境治理力度，二者间的耦合关系出现较高层次的适应与磨合：1990～2010 年，随城市用地快速扩张与人口数量迅速增加，建设用地开发强度及其所占比重不断加大，致使生态用地减少，城市生态调节功能与生态服务价值降低，工矿建设与道路开发导致城市不透水面积增加、植被覆盖度下降，造成土地退化与热岛效应显著，不仅使风险源剧增，也使其对区域环境产生的负面影响越来越大；2010 年以来，随着城市生态治理力度不断加大，人类活动对生态环境扰动的频率和强度逐渐减轻，其对区域生态风险的影响有所降低。

呼和浩特城市建设用地面积与生态风险暴露指数及响应指数间的关联度则逐年攀升（图 5-3），研究期内分别增加了 1.13 倍和 1.10 倍，二者间具有较密切关联且处于磨合阶段，表明随着城市用地面积的增加，区域生态系统受到扰动与破坏，景观格局趋于破碎，各种风险源与生态受体间的相互作用加强，导致风险受体受到较大威胁，致使生态风险加剧。同时，伴随城市空间的扩展，人类社会应对风险的防护措施也逐步增强，因加大旧城改造与生态园林城市的建设力度，致使二者的关系正在进行调整，已过渡为磨合阶段。可见，呼和浩特采取的生态建设与风险防控等响应措施，对减缓生态风险具有重要作用与意义。

（二）呼和浩特各辖区城市空间扩展与生态风险演变的耦合特征

1. 城市扩展与综合生态风险演变的耦合关联分析

1990～2017 年，呼和浩特四辖区城市建设用地面积与生态风险综合指数间的关联度在 0.547 8～0.616 7（表 5-2），均属适中关联，根据表 5-1 可知，二者处于颉颃阶段，表明城市空间扩展通过人口增加、工业发展、能源消耗和交通扩张导致了区域生态风险的加剧，而生态环境又通过人口驱逐、资本排斥、资金争夺和政策干预对城市扩展产生约束[218]，使二者间的耦合关系处于矛盾激化的颉颃状态。四辖区中，以赛罕区城市建设用地面积与生态风险综合指数间的关联度最大，新城区最小，玉泉区与回民区介于其间（表 5-2），体现出城市空间扩展对生态风险影响及其间耦合关联程度的区域差异。

各时段内，呼和浩特四辖区城市建设用地面积与生态风险综合指数间的关联度总体上呈增加趋势（图 5-4），且处于较密切关联、磨合阶段与极密切关联、高水平耦合阶段。其中，新城区与玉泉区的关联度数值逐年提升，分别增加了 0.42 倍和 0.07 倍，表明城市空间的大幅扩张导致了区域生态风险的加剧，但也因加大了城市生态修复与治理力度，城市空间扩展与生态风险已进入磨合阶段，且新城区城市建设用地面积与生态风险综合指数间的关联程度由较密切关联发展到极密切关联，城市扩展与生态环境开始进入高水平耦合阶段。回民区城市建设用地面积与生态风险综合指数间的关联度表现为先升后降，而赛罕区城市建设用地面积与生态风险综合指数间的关联度为先降后升，但在 1990~2017 年，其关联度分别增加了 0.08 倍和 0.09 倍，表明城市空间扩张与区域生态风险的关联程度亦在提升，现阶段均处于较密切关联阶段。

2. 城市扩展与各层面生态风险演变的耦合关联分析

研究期内，呼和浩特四辖区城市建设用地面积均与生态风险因子指数间的关联度最大，各辖区数值为 0.596 9~0.667 3（表 5-2），其中新城区与玉泉区处于适中关联与颉颃阶段，回民区与赛罕区则处于较密切关联与磨合阶段。城市建设用地面积与响应指数的关联度最小，各辖区数值为 0.514 9~0.606 5（表 5-2），均处于适中关联与颉颃阶段。可见，呼和浩特四辖区内城市空间扩展与生态风险各层面间的耦合关联程度亦有一定差异，仍以城市建设用地面积与生态风险因子指数间的关系最为密切，表明城市空间扩展可能是导致生态风险发生的主要原因，而区域生态风险的加剧又约束了城市空间的进一步扩张。

第二节　呼和浩特城市空间扩展与生态风险耦合的空间特征

一、城市空间扩展与生态风险演变的重心耦合分析

（一）研究方法

为表征研究区城市空间扩展与生态风险交互耦合的空间特征，分别计算出 1990~2017 年呼和浩特及其四辖区城市用地与区域生态风险的重心转移距离、方向和角度。其中，城市用地重心转移指数计算过程见第二章第二节式（2-5）~式（2-7）；区域生态风险重心转移指数如下：

$$X_t = \sum_{j=1}^{n} x_j I_j \Big/ \sum_{j=1}^{n} I_j \qquad Y_t = \sum_{j=1}^{n} y_j I_j \Big/ \sum_{j=1}^{n} I_j \qquad (5\text{-}2)$$

$$L_{t+1} = \sqrt{(X_{t+1} - X_t)^2 + (Y_{t+1} - Y_t)^2} \tag{5-3}$$

$$a_{t+1} = \arctan\left(\frac{Y_{t+1} - Y_t}{X_{t+1} - X_t}\right),\ X_{t+1} \geqslant X_t;\quad a_{t+1} = \pi - \arctan\left(\frac{Y_{t+1} - Y_t}{X_{t+1} - X_t}\right),\ X_{t+1} < X_t \tag{5-4}$$

式中，X_t、Y_t 为 t 时刻城市某一区域重心坐标；x_j、y_j 为第 j 块区域几何中心坐标；I_j 为第 j 个片区生态风险指数；L_{t+1} 为从 t 到 $t+1$ 时刻某一区域生态风险指数重心转移距离；a_{t+1} 为从 t 到 $t+1$ 时刻某一区域生态风险重心转移方向与正东方向夹角。

依据式（2-5）～式（2-7）、式（5-2）～式（5-4），计算出呼和浩特及其四辖区城市用地与区域生态风险重心转移特征值，如表 5-3 所示。

表 5-3　1990～2017 年呼和浩特及其四辖区城市用地与区域生态风险重心转移特征值

辖区	时段年份	城市用地重心转移指数			高生态风险区重心转移指数			较高生态风险区重心转移指数			中生态风险区重心转移指数		
		转移距离/m	转移角度/(°)	转移方向	转移距离/m	转移角度/(°)	转移方向	转移距离/m	转移角度/(°)	转移方向	转移距离/m	转移角度/(°)	转移方向
呼和浩特	1990~2001	700.69	11.67	东	2 351.73	140.06	西南	3 300.91	9.83	东	596.37	46.41	东北
	2001~2010	949.57	75.69	南	628.71	19.72	东	2 709.74	47.65	东南	10 644.56	11.59	东
	2010~2017	1 482.30	1.18	东	3 145.79	8.18	东	6 049.24	21.20	东	7 207.07	77.24	北
	1990~2017	2 516.61	17.29	东	2 885.42	48.75	东南	11 705.98	23.94	东南	15 705.63	37.68	东北
回民区	1990~2001	605.87	233.20	西北	2 325.88	193.43	西	3 280.20	204.00	西北	2 397.88	246.93	西北
	2001~2010	370.07	223.41	西北	218.07	169.60	西	276.58	268.67	北	62.25	246.70	西北
	2010~2017	735.72	186.61	西	684.30	208.41	西北	1 221.82	223.51	西北	5 121.10	233.14	西北
	1990~2017	1 592.49	211.17	西北	3 187.63	195.02	西	4 597.49	212.23	西北	7 533.21	237.60	西北
玉泉区	1990~2001	896.20	96.34	南	3 889.24	134.78	西南	3 854.03	95.67	南	2 972.22	66.17	东南
	2001~2010	1 733.44	124.17	西南	167.75	69.68	北	1 215.26	58.13	东南	1 311.29	87.27	南
	2010~2017	548.10	82.91	南	2 560.52	86.17	南	4 346.94	69.21	南	4 625.17	163.86	西
	1990~2017	3 039.77	109.30	南	5 736.63	115.95	西南	9 111.51	78.59	南	6 193.13	120.89	西南

辖区	时段年份	城市用地重心转移指数			高生态风险区重心转移指数			较高生态风险区重心转移指数			中生态风险区重心转移指数		
		转移距离/m	转移角度/(°)	转移方向	转移距离/m	转移角度/(°)	转移方向	转移距离/m	转移角度/(°)	转移方向	转移距离/m	转移角度/(°)	转移方向
新城区	1990~2001	901.18	64.94	东北	879.36	83.08	北	4 318.96	26.35	东北	2 990.51	47.05	东北
	2001~2010	610.67	49.39	东北	809.76	149.01	西南	365.22	155.10	西南	1 911.38	9.62	东
	2010~2017	1 594.32	11.25	东	4 279.15	31.57	东北	3 381.61	48.74	东北	10 253.0	11.95	东
	1990~2017	2 832.00	34.18	东北	4 076.72	41.41	东北	7 198.45	36.73	东北	14 701.45	18.36	东
赛罕区	1990~2001	1 598.19	6.06	东	1 588.34	3.49	东	5 053.94	15.91	东	3 110.07	188.91	西
	2001~2010	1 457.86	75.12	南	1 313.14	34.88	东南	2 918.36	55.81	东南	9 910.75	16.34	东
	2010~2017	2 369.18	16.80	东	3 522.79	12.39	东	6 361.33	12.82	东	6 461.34	33.38	东北
	1990~2017	4 267.83	7.48	东	6 264.16	13.01	东	13 730.24	22.30	东	13 660.60	29.98	东北

（二）结果与分析

由表 5-3 可知，1990～2017 年呼和浩特及其四辖区城市用地与高生态风险区、较高生态风险区、中生态风险区重心迁移方向几乎一致，即城市用地重心向东转移，而高生态风险区、较高生态风险区、中生态风险区重心分别向东南、东南、东北转移，且各辖区内两者的偏移方向均具有同向性，体现出 1990 年以来，随着城市用地向外围地带的快速扩张，城市中等以上生态风险等级区域的范围也随之逐渐扩大，在空间分布上与城市用地扩张方向呈现出高度的一致性，表明城市空间扩展与区域生态风险间具有较强的耦合关系。另外，呼和浩特及其四辖区内高生态风险区、较高生态风险区、中生态风险区重心迁移距离大多大于其城市用地重心迁移距离（表 5-3），说明因城市用地的扩展所导致的生态风险范围更为广泛。

各时段内，呼和浩特及其四辖区城市用地与区域生态风险重心变化亦具有较为显著的耦合关系。1990～2001 年，呼和浩特城市用地重心向东转移，较高生态风险区与中生态风险区重心亦分别向东和东北方向转移；2001～2010 年，城市用地重心向南转移，较高生态风险区重心向东南转移；2010～2017 年，城市用地重心向东转移，高生态风险区与较高生态风险区重心均向东转移（表 5-3）；四辖区中，城市用地重心与区域生态风险重心的迁移方向也大多一致（表 5-3），说明二者在空间上的变化有相同趋向。同时，各时段内呼和浩特及其四辖区中高生态风险区、较高生态风险区、中生态风险区重心迁移距离大多大于其城市用地重心迁移距离（表 5-3），表明不同时段内城市用地扩展导致了区域生态风险的发生与其影响范围的扩大。

二、城市空间扩展与生态风险演变的空间耦合分析

（一）研究方法

借鉴相关研究成果[225]，基于圈层梯度划分方法，分析城市用地扩张与区域生态风险演变的空间相关性。圈层梯度通常从城市中心出发，以一定距离制作等距同心圆缓冲区[226]。为反映主城区的基本形态，选择 2017 年呼和浩特城市建成区边界作为构建圈层梯度的起始边界，以 1km 为缓冲距离，分别向内、外共划分出 24 个缓冲区，形成城市空间扩展的圈层结构（彩图 32）。分别计算各缓冲区内的建设用地扩展强度指数及其生态风险综合指数（图 5-5、图 5-6、表 5-4、彩图 33），分析城市用地扩展与生态风险演变的空间耦合关系。

（二）结果与分析

1. 城市扩展与生态风险演变具有空间相关性

由彩图 32 可知，1990 年，呼和浩特城市建设用地的核心区范围较小，主要集中在 1～5 号缓冲区内，因处于城区建设的中心地带，建设强度不断加大，建设用地快速增加，表现在 1990～2001 年、2001～2010 年及 2010～2017 年 3 个时段内建设用地扩展强度均呈快速上升趋势（图 5-5），2017 年，城市核心区已扩展至现今建成区边界附近（8 号缓冲区）；但随着建设用地逐渐被填充，可转变为建设用地的土地趋于减少，建成区边缘用地（8～11 号缓冲区）扩张潜力下降，各时段内其扩展强度依次降低，城市用地的扩展主要集中在建成区外围用地（11～24 号缓冲区），且因距离中心城区较远，城市用地扩展强度在波动中降低（图 5-5）。因建筑强度大、路网密度高及人口集聚，1～5 号缓冲区内"水泥森林"广布、生态用地减少、热岛效应与雨岛效应显著、生态功能退化，生态风险最高（图 5-6、表 5-4）；5～8 号缓冲区位于城市核心区的边缘地带，可供开发利用的建设用地数量较多且开发条件优越，建设用地扩展强度指数最高（图 5-5），也因此导致其开发活动频繁、原有景观格局趋于破碎，生态风险处于较高等级（图 5-6、表 5-4）；8～11 号缓冲区位于建成区边界附近，因建设用地面积减少，建设用地扩展强度降低，使其开发与扰动活动减少，生态风险有下降趋势并处于中等水平（图 5-5、图 5-6）。11～24 号缓冲区位于建成区外围，建设用地扩展强度和生态风险均处于低值状态，并在空间上呈现出向外逐层递减且变化平稳的态势（图 5-5、图 5-6、表 5-4）。可见，由建城区中

心向外，随着城市用地扩展强度及其速度的减缓与降低，区域生态风险综合指数及其等级亦逐渐降低；在城市建设用地集中且其扩展强度较大的 1～8 号缓冲区内，处于中生态风险与高生态风险等级之间；在城市建成区边界附近且建设用地扩展强度减缓的 8～11 号缓冲区内，处于较低生态风险与较高生态风险等级之间；在城市建成区外围地带且建设用地扩展强度较小的 11～24 号缓冲区内，基本处于低生态风险与中等生态风险等级之间，体现出在建设用地扩展强度较大的中心城区，区域生态风险综合指数亦较高，而在建成区边缘及其外围地带，随着城市用地扩展强度的递减，其生态风险综合指数也在逐步降低（图 5-6、表 5-4）。因此，呼和浩特生态风险综合指数的变化与建设用地扩展强度在空间分布上具有相关性。

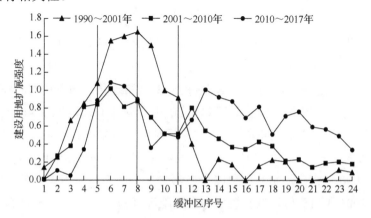

图 5-5　1990～2017 年呼和浩特城市建设用地扩展强度的圈层分异

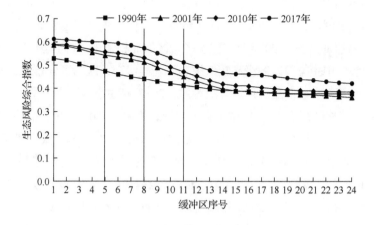

图 5-6　1990～2017 年呼和浩特综合生态风险变化的圈层分异

表 5-4　呼和浩特各缓冲区建设用地扩展强度与综合生态风险圈层变化对比

缓冲区序号	位置	建设用地扩展强度	综合生态风险	生态风险等级	
				1990 年	2001~2017 年
1~5	建成区中心	扩展强度指数上升速率最快	高，下降幅度小	较高、中	高、较高
5~8	建成区边界以内	扩展强度指数最高	较高，下降幅度小	中	较高
8~11	建成区边界	扩展强度指数快速下降	中，下降速率较快	中、较低	较高、中
11~24	建成外部	扩展强度指数最低且变化幅度最小	低，下降速率最小	较低、低	中、较低

2. 城市扩展与生态风险加剧具有时间同步性

图 5-5 显示，在 1~11 号缓冲区内，呼和浩特城市建设用地扩展强度以 1990~2001 年最大，2010~2017 年最小；11~23 号缓冲区内则完全相反，表明随着时间的推移，建设用地开始向远离中心城区的外围地带迁移，城市空间向外扩张趋势明显，这与高及较高生态风险等级区域范围由内向外扩大具有时间的同步性与空间的同向性（彩图 33）。同时，随着建设用地的大幅扩张，区域生态风险不断加剧。由图 5-6 可知，1990~2017 年呼和浩特生态风险综合指数逐年增加；表 5-4 表明，与 1990 年相比，2001~2017 年各缓冲区的生态风险等级亦在升高。其中，1990 年、2001 年研究区以低和较低生态风险等级为主，2010 年和 2017 年以较低和中生态风险等级为主（图 5-6）。可见，随着城市建设用地扩展强度的提升，区域生态风险亦有加大趋势。

彩图 33 表明，1990~2017 年呼和浩特中等以上生态风险区范围不断扩大。其中，1~5 号缓冲区在 1990 年时高生态风险区域面积最小，高生态风险等级、较高生态风险等级、中生态风险等级和较低生态风险等级在该区均有分布，2001 年后则以高生态风险等级和较高生态风险等级为主，2017 年生态风险处于最高等级（彩图 33）；5~8 号缓冲区在 1990 年以中生态风险等级为主，2001~2017 年以较高生态风险等级为主；8~11 号缓冲区在 1990 年处于中生态风险等级和较低生态风险等级，2001 年后以较高生态风险等级和中生态风险等级为主；11~24 号缓冲区在 1990~2010 年处于低生态风险等级、较低生态风险等级与中生态风险等级，2017 年出现较高生态风险区，且研究期内低生态风险区与较低生态风险区面积不断减少，而中生态风险区与较高生态风险区面积逐渐增加。可见，随着时间的推移及城市建设用地由内向外的扩张，城市生态风险强度在逐步加大，表现为城市用地的扩张与区域生态风险的加剧具有时间上的同步性。

三、城市空间扩展与生态风险演变的空间自相关分析

（一）研究方法

本书引入全局空间自相关指数 Moran's I 及局部空间自相关指数 Getis-Ord G_i^* 来表征不同圈层内城市建设用地比重与其生态风险综合指数相关程度的空间差异。其中，Moran's I 指数反应属性值的空间整体相关程度及显著性大小，Getis-Ord G_i^* 用以区分属性值高值集聚或低值集聚的空间分布。其计算公式为

$$I = \frac{(x_i - \overline{x})}{\sigma} \sum_{j=1}^{n} \omega_{ij}(x_j - \overline{x}) \tag{5-5}$$

$$G_i^* = \frac{\sum_{j=1}^{n} \omega_{ij} x_j}{\sum_{j=1}^{n} x_j} \quad Z(G_i^*) = \frac{G_i^* - E(G_i^*)}{\sqrt{\mathrm{Var}(G_i^*)}} \tag{5-6}$$

式中，I 为全局空间自相关指数；x_i、x_j 分别为空间单元 i、j 的属性值；$\overline{x}$ 为属性值的平均值；σ 为属性值的方差；ω_{ij} 为空间权重矩阵，通过 GeoDa 分析软件构建；G_i^* 为局部空间自相关指数；$Z(G_i^*)$ 为 G_i^* 的标准化数值；$E(G_i^*)$ 为 G_i^* 的期望值；$\mathrm{Var}(G_i^*)$ 为 G_i^* 的变异数。I 的取值范围为[-1，1]，$I > 0$ 表示正相关，即变量在空间形态上趋于集聚，值越大集聚程度越高；$I < 0$ 表示负相关，即变量形态趋于离散[207]，值越小离散程度越高。当 $Z(G_i^*) > 0$ 且显著，属高值空间集聚（热点区）；当 $Z(G_i^*) < 0$ 且显著，属低值空间集聚（冷点区）[227]。

根据式（5-5），计算出各圈层生态风险综合指数与建设用地比重的全局空间自相关指数 Moran's I（图5-7），并以 P 值 0.1、0.05、0.01 为间断点，运用式（5-6）生成局部空间自相关 LISA 聚集图（彩图34）。

（二）结果与分析

1. 城市扩展与生态风险演变存在显著的空间正相关关系

计算结果（图5-7）表明，1990年、2001年、2010年、2017年呼和浩特城市建设用地比重与生态风险综合指数的全局空间自相关指数 Moran's I 分别为0.913、0.943、0.956 和 0.951，均通过 $P < 0.01$ 水平上的显著性检验，表明二者间存在着显著的空间正相关关系，即随着城市建设用地的不断扩张，区域生态风险逐渐攀升。

2. 城市扩展与生态风险演变的空间耦合类型

由彩图34可知，呼和浩特城市建设用地比重和生态风险综合指数在空间上存在高-高集聚和低-低集聚的正相关关系。1990年，在建成区中心地带（1~4号缓冲区）内为高-高正相关，表明城市建设用地比重与区域生态风险的集聚效应显著，

二者在空间分布上具有较高的一致性，而其余区域相关关系不显著；2001～2017年，城市建设用地比重和生态风险综合指数均表现为在城市核心区域呈高-高正相关、外围区域为低-低正相关关系，且具有相关性的圈层数量逐年增加（彩图34），说明城市建设用地扩展与生态风险加剧的相关性不断加强。综上所述，城市建成区内部（1～8号缓冲区）建设用地比重高，区域生态风险综合指数高于其他区域；随着建设用地不断向外围扩张，高生态风险区域也随之向外延伸，致使高-高集聚圈层数量逐渐增加；远离中心城区的外围地带（19～22号缓冲区）建设用地分布稀少，生态风险综合指数最低，在空间上二者表现为低值集聚分布。可见，不同区域城市用地扩展强度不同，其所致生态风险程度也有差异，从中心区域向外，二者间的空间耦合类型由高-高集聚向低-低集聚转变。

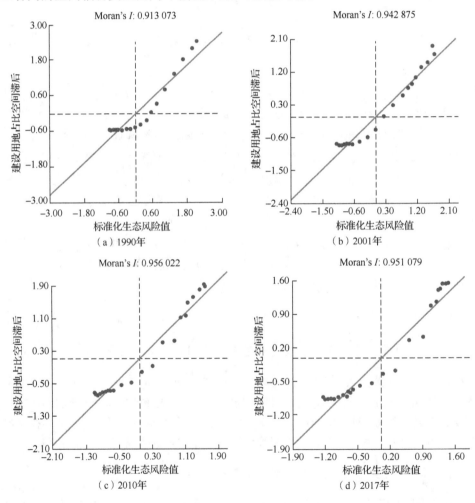

图5-7　1990～2017年呼和浩特城市建设用地比重与生态风险综合指数的全局空间自相关指数

本 章 小 结

本章运用灰色关联分析、重心转移指数、圈层梯度划分及空间自相关分析方法，从时间和空间两个角度定量研究城市空间扩展与生态风险演变的耦合关系，以期为呼和浩特城市建设与生态安全协调发展提供依据，结果表明：

（1）1990～2017年，呼和浩特城市建设用地面积与生态风险综合指数间的关联度为0.607 3，属适中关联，二者间的耦合关系处于颉颃阶段；各时段内，研究区城市建设用地面积与生态风险综合指数间的关联度逐年提高，由0.687 4、0.697 4升至0.704 7，均处于较密切关联与磨合阶段。

（2）呼和浩特城市空间扩展与各层面生态风险演变的耦合关联程度具有一定差异，其中以建设用地面积与生态风险因子指数间的关系最为密切，二者处于较密切关联与磨合阶段；建设用地面积与暴露、影响、响应指数间的关系均处于适中关联与颉颃时期。

（3）研究时段内，呼和浩特四辖区城市建设用地面积与生态风险综合指数间的关联度在0.547 8～0.616 7，均属适中关联，并处于颉颃阶段。四辖区中，以赛罕区城市建设用地面积与生态风险综合指数间的关联度最大，新城区最小，玉泉区与回民区介于其间，体现出城市空间扩展对生态风险的影响及其耦合关联程度存在区域差异。

（4）呼和浩特及其四辖区城市用地重心与高生态风险区、较高生态风险区、中生态风险区重心迁移方向相同，在空间分布上呈现出高度的一致性，表明城市空间扩展与区域生态风险加剧具有较强的耦合性；其生态风险区重心迁移距离大多大于城市用地重心迁移距离，说明因城市空间扩展所导致的生态风险区域范围更为广泛。

（5）基于圈层梯度法的缓冲区分析表明：呼和浩特城市建设用地集中且扩展强度较大的中心城区生态风险等级较高，而在城市建设用地分散且扩展强度较小的建成区边缘及其外围地带，生态风险等级逐步降低，表明城市扩展与生态风险演变具有空间相关性；1990～2017年，随着城市用地向外扩张，区域生态风险逐年加大且其范围不断扩张，表明城市扩展与生态风险加剧具有时间上的同步性。

（6）空间自相关分析结果显示：呼和浩特城市扩展与生态风险演变存在显著的空间正相关关系，从中心区域向外，二者间的空间耦合类型由高-高集聚向低-低集聚转变。

第六章 呼和浩特城市空间扩展模拟
与调控研究

第一节 呼和浩特城市空间扩展模拟研究

第四章与第五章的分析表明，呼和浩特城市空间扩展已对区域生态安全造成威胁，如何有效遏制其"摊大饼"式的扩展方式备受关注。因此，本章在深入分析城市空间扩展及其用地结构变化机理的基础上，基于城市空间扩展的内生机制与外部约束，借助 CA-Markov 与 UEER 模型，对呼和浩特城市空间扩展进行多情景模拟并划定城市用地增长边界；运用灰色多目标线性规划法，通过构建目标函数与约束条件，调控土地利用结构，以期为城市空间优化布局及规避建设开发生态风险提供理论依据。

一、城市空间扩展多情景模拟

国内外学者运用计量模型开展了城市空间扩展与土地利用变化的模拟及预测研究，如 CLUE-S、CA、Markov、ABM（agent-based model，基于主体建模）、LTM（land transformation model，土地转化模型）、SLEUTH、SD、空间 Logistic 模型等。其中，CA 模型是进行城市空间扩展及其土地利用变化模拟预测的常用模型之一，Markov 模型因具有长期预测能力也被广泛应用[228]。鉴于 CA 模型侧重于元胞局部的相互作用，Markov 模型则难以预测土地利用的空间格局变化，因此，将 CA 模型和 Markov 模型结合运用，可在空间和数量上取得较好的模拟效果[228]。基于此，国内外学者借助 CA-Markov 模型分别对美国佛罗里达州、葡萄牙塞图巴尔和塞西布拉斯地区、印度德拉敦市、泰国华欣海滨城市，以及中国天津、重庆、长沙、龙海、昆明、新沂、哈尔滨等城市的空间扩展过程和黄土塬区、鄱阳湖区、乌江下游地区与黑河、藉河、抚仙湖、白马河流域及黑龙江省巴彦县的土地利用格局进行了模拟预测，为城市及区域土地资源的合理配置提供了决策依据[229]。本章以 2001 年和 2010 年呼和浩特土地利用现状数据为基础数据，借助 CA-Markov 模型对其 2025 年和 2030 年城市空间扩展与用地结构变化进行多情景模拟与预测研究。

（一）CA-Markov 模型原理及其模拟过程

CA 模型是时间、空间、状态都离散的复杂动力学模型[230]，它由元胞、元胞空间、邻域、转换规则及循环次数等参数构成[231]。Markov 模型是利用变量现有状态来预测其未来状态的一种分析预测方法[232]，它通过状态转移概率矩阵来表示某一时期内各土地类型之间的相互转变情况[228]。CA-Markov 模型将 CA 模型模拟复杂空间变化的能力与 Markov 模型长期定量化预测的优势结合起来[233]，有利于提高模拟预测的精度，能够更好地揭示土地利用格局的空间变化[231]。本章借助 IDRISI Selva 17 软件中的 CA-Markov 模块，以 2001 年、2010 年呼和浩特遥感影像解译数据为基础，利用 Markov 模块生成 2001～2010 年土地利用转移面积矩阵和转移概率矩阵，结合城市空间扩展与土地利用变化驱动因素，运用多准则评价（multi-criteria evaluation，MCE）模块、集合生成器（Collection Editor）工具生成土地利用转移适宜性图集作为 CA 模型的转换规则，并将相关参数输入 CA-Markov 模块中，模拟得到 2017 年研究区土地利用模拟图。经精度验证后，以 2017 年研究区土地利用现状图为基准，以 2010～2017 年土地利用转移概率矩阵和转换规则为依据[234,235]，运用 CA 模型模拟得到研究区 2025 年和 2030 年不同情景下的土地利用类型分布图，其研究过程如图 6-1 所示。具体步骤如下[236]。

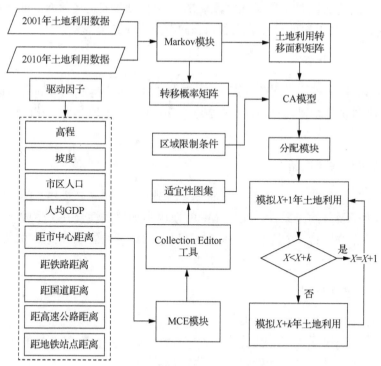

图 6-1　CA-Markov 模型模拟研究过程

资料来源：宋磊，陈笑扬，李小丽，等. 基于 CA-Markov 模型的长沙市望城区土地利用/覆盖变化预测[J]. 国土资源导刊，2018，15（2）：17-23.

1. 设置元胞

元胞是 CA 模型的基本组成单元。土地利用类型间的转化即为元胞间状态的改变[231]，因而将土地利用类型默认为元胞状态。依据栅格像元大小，本章将元胞大小设置为 30m×30m。

2. 划分元胞空间

元胞空间是由所有元胞组成的分布区域[231]，即元胞的组成及其在时空上的变化过程，可表现为任意维数，但实际操作中常用二维的元胞空间开展研究，其空间分布形式主要有三角形、四边形和六边形。本章的元胞空间为呼和浩特市区，并采用二维四边形划分其空间范围。

3. 设置邻域

被判断的元胞称为中心元胞，以其为原点，一定半径圆内的所有元胞都被视为此中心元胞的邻域[231]。本章采用默认的 5×5 滤波器来定义邻域，即一个元胞周围 300m×300m 矩形空间可对该元胞状态的改变产生显著影响[234,235]。

4. 计算转移矩阵

运用 Markov 模块，将研究区 2001 年与 2010 年土地利用解译数据进行叠加处理，将比例误差设置为 0.15，生成 2001~2010 年的土地利用转移面积矩阵和转移概率矩阵[232,233]。

5. 生成适宜性图集

以 2017 年呼和浩特土地利用现状图为基础，借助 MCE 模块，结合城市空间扩展影响因子及其约束条件，运用 MCE 模块中加权线性合并法生成所有用地类型的转移适宜性图像，并利用 Collection Editor 工具打包生成各类用地的适宜性图像集[232-235]。

6. 制定转换规则

CA 模型的转换规则是根据上一秒元胞及其邻域状态来确定下一秒元胞状态的一个变换动力学函数[231]。本章以研究区 2001 年和 2010 年的土地利用转移概率矩阵及各类型土地的适宜性图集作为转换规则[228]。

7. 设置循环次数

CA 模型的循环次数依据基期土地利用数据和预测年份间的时间间隔设

置[231]，本章将模拟预测 2025 年和 2030 年呼和浩特城市空间扩展及其土地利用格局，循环次数分别设置为 9 次和 14 次。

（二）CA-Markov 模型的精度验证

常用的模型检验方法有 Kappa 系数、随机检验法和全数检验法等，鉴于 Kappa 系数可从数量和空间两个角度评价模拟数据与实际数据间的一致性程度[229]，本章引入 Kappa 系数对 CA-Markov 模型运行结果进行精度检验，计算公式为

$$\text{Kappa} = \frac{P_o - P_c}{1 - P_c} \tag{6-1}$$

式中，P_o 为土地利用类型的正确栅格比例；P_c 为预测图像正确比率程度的期望值。

Kappa 系数取值为 0~1，一般分为 5 个等级[231]（表 6-1）。

表 6-1　Kappa 系数分类标准

Kappa 系数	[0,0.2)	[0.2,0.4)	[0.4,0.6)	[0.6,0.8)	[0.8,1.0]
一致性程度	极低	一般	中等	高度	几乎完全一致

（三）城市空间扩展情景模拟

1. 城市空间扩展驱动因子选取

城市空间扩展是多种因素综合作用的结果，但不同因素对城市空间扩展及其用地结构的影响不同。依据第二章第三节分析结果，结合研究区近 40 年间城市用地变化特征及指标数据的可获取性，基于城市扩展的内生机制，从自然环境、社会经济和交通可达性 3 个方面选取 9 个指标作为城市空间扩展的驱动因子，并按其影响程度大小进行分级赋值（表 6-2）。其中，高程、城镇人口、人均 GDP 采用自然断裂法进行分级，距市中心距离、距国道距离、距高速公路距离、距地铁站点距离及距铁路距离用缓冲区分析方法分级。以呼和浩特市区百度地图为基础，结合统计数据，在 ArcGIS 软件中生成 30m×30m 分辨率的 Grid 数据与驱动因子栅格图（彩图 35）。

表 6-2　呼和浩特城市空间扩展驱动因子

驱动因素	驱动因子/单位	等级	赋值
自然环境	高程/m	<1 119	1
		1 119~1 271	3
		1 271~1 473	5
		1 473~1 712	7
		>1 712	9

续表

驱动因素	驱动因子/单位	等级	赋值
自然环境	坡度/（°）	>25	1
		15～25	3
		8～15	5
		3～8	7
		<3	9
社会经济	城镇人口/万人	<26.12	1
		26.12～31.55	3
		31.55～36.97	5
		36.97～41.95	7
		>41.95	9
	人均 GDP/元	<90 967	1
		90 967～99 583	3
		99 583～108 366	5
		108 366～117 150	7
		>117 150	9
交通可达性	距市中心距离/km	<1.5	1
		1.5～2.5	3
		2.5～3.5	5
		3.5～4.5	7
		>4.5	9
	距国道距离/m	>1 200	1
		900～1 200	3
		600～900	5
		300～600	7
		<300	9
	距高速公路距离/m	>1 200	1
		900～1 200	3
		600～900	5
		300～600	7
		<300	9
	距地铁站点距离/m	>800	1
		600～800	3
		400～600	5
		200～400	7
		<200	9
	距铁路距离/m	>2 000	1
		1 500～20 000	3
		1 000～1 500	5
		500～1 000	7
		<500	9

资料来源：遥感影像解译数据、DEM、《呼和浩特经济统计年鉴》。

2. 模型运作及检验

将各驱动因子栅格图转换为 IDRISI 软件可读的 ARCII 格式文件,借助 Markov 模型得到土地利用转移面积矩阵和转移概率矩阵(表 6-3);采用层次分析法确定各因子权重,通过一致性检验后调整参数,运用 MCE 模块与 Collection Editor 工具制作各土地利用类型的适宜性图像集;经模拟验证后,以 2017 年作为基准年份,设置模拟步长为 1a,分别采用 9a 和 14a 作为模拟周期,基于 CA-Markov 模型,分别对研究区 2025 年和 2030 年城市空间扩展进行多情景模拟[230]。

表 6-3　2000～2017 年呼和浩特土地利用转移面积矩阵和转移概率矩阵

土地利用类型	2010 年						2017 年					
	耕地	林地	草地	水域	建设用地	未利用地	耕地	林地	草地	水域	建设用地	未利用地
耕地	0.776 4	0.008 4	0.022 5	0.004 7	0.166 9	0.021 1	0.811 8	0.008 8	0.023 0	0.004 6	0.061 0	0.090 7
林地	0.006 7	0.845 2	0.066 0	0.014 4	0.053 2	0.014 5	0.010 3	0.840 8	0.146 1	0.002 4	0.000 3	0.000 0
草地	0.038 2	0.000 0	0.808 4	0.000 0	0.080 6	0.072 8	0.119 1	0.000 0	0.835 2	0.000 0	0.034 8	0.010 8
水域	0.064 6	0.022 1	0.009 1	0.826 0	0.078 2	0.000 0	0.005 5	0.074 1	0.037 0	0.830 7	0.025 7	0.027 1
建设用地	0.167 3	0.005 8	0.005 6	0.000 5	0.820 8	0.000 0	0.247 4	0.027 5	0.021 2	0.004 0	0.688 4	0.011 5
未利用地	0.242 3	0.015 5	0.008 4	0.004 4	0.142 1	0.587 3	0.162 5	0.000 0	0.002 7	0.000 0	0.000 0	0.834 8

以 2001 年与 2010 年土地利用现状数据为基础,利用 CA-Markov 模型,模拟得到 2017 年土地利用格局模拟图［彩图 36(a)］。与 2017 年土地利用现状图［彩图 36(b)］进行对比可知,正确栅格比率为 94.64%。根据式(6-1)计算得出,Kappa 系数为 0.936,说明模拟效果极佳,保证了模型预测结果的准确性与科学性[57]。

3. 城市空间扩展多情景模拟

1)设定情景模拟方案

城市空间扩展及其土地利用情景模拟是以假定未来可能出现的情况为前提[56],对土地利用格局的发展态势进行预测[237]。基于呼和浩特城市用地扩展时空特征、土地利用未来发展趋势及土地利用总体规划,本章从经济增长、人口集聚、城市发展、粮食安全、政策导向等方面出发,构建了自然增长型、城市化发展型、耕地保护型、生态经济型 4 种情景方案,用以模拟 2025 年和 2030 年呼和浩特城市空间扩展及其用地结构的时空变化。依据情景变化趋势的差异,设置各情景土地利用变化的限制因素与转换规则。

(1)自然增长型。在该情景模拟条件下,研究区土地利用需求不受政策调控的影响,因此在转换规则的设置中,不对土地类型转换进行限制,各用地类型变化速率与 2010~2017 年保持一致，即耕地、草地、水域、未利用地面积将持续减少，建设用地面积大幅增加[57]。

（2）城市化发展型。该情景反映了经济加速发展、人口迅速增长导致城市化进程加快时，研究区城市空间扩展及其用地结构的变化情况。因此，在建设用地转换规则的设置中，强调经济的快速发展与人口规模的增加，并确保建设用地扩展能够适应社会经济快速发展的需要。

（3）耕地保护型。为满足区域人口增长对粮食生产的需求，重点保护基本农田，设定该情景。参照《呼和浩特市土地利用总体规划（2006—2020）》中相关指标——研究区耕地保有量为 403.91km²，在转换规则中设置政策约束条件，即建设用地管制和基本农田保护，以限制耕地向其他地类转化，确保农业用地规模有增无减，保障区域粮食安全。

（4）生态经济型。该情景的设定是以保护生态环境为目标，保证研究区生态用地数量，严格实行耕地占补平衡政策。参照《呼和浩特市土地利用总体规划（2006—2020）》中林地面积达 545.34km² 的规划指标，禁止林地、水域等生态价值较高的土地利用类型向建设用地转化，同时为保障城市社会经济发展需要，合理配置各用地类型比例，发挥各类用地的发展潜力。

2）情景模拟与结果分析

基于设定的 4 种情景，运行 CA-Markov 模型，分别模拟出各情景下呼和浩特 2025 年和 2030 年的城市土地利用状况，借助 ArcGIS 软件提取不同情景中城市用地空间分布图（彩图 37、彩图 38）及建设用地分布图（彩图 39、彩图 40）；利用 GIS 空间统计功能与相关公式，得到不同情景下各类用地面积变化及城市空间扩展情况（表 6-4、表 6-5）。

表 6-4　不同情景下呼和浩特 2025 年与 2030 年土地利用面积比较　（单位：km²）

年份	情景	耕地	林地	草地	水域	建设用地	未利用地
2025	自然增长型	602.50	408.19	398.15	35.81	571.01	64.16
	城市化发展型	582.43	393.54	398.16	35.83	605.74	64.12
	耕地保护型	655.92	381.78	398.27	35.87	543.73	64.25
	生态经济型	557.61	507.24	413.16	41.71	516.68	43.52
2030	自然增长型	610.78	429.72	318.67	29.85	642.93	47.87
	城市化发展型	540.21	371.71	395.99	35.27	685.66	50.98
	耕地保护型	646.24	377.98	375.66	35.32	596.58	48.04
	生态经济型	522.04	529.54	397.96	42.10	550.06	38.12

表 6-5 不同情景下呼和浩特 2025 年与 2030 年城市用地扩展情况

情景	2017~2025 年			2017~2030 年		
	城市扩展面积/km²	城市扩展速度/（km²/a）	城市扩展强度指数	城市扩展面积/km²	城市扩展速度/（km²/a）	城市扩展强度指数
自然增长型	113.06	14.13	0.03	184.98	14.23	0.03
城市化发展型	147.79	18.47	0.04	227.71	17.52	0.04
耕地保护型	85.78	10.72	0.02	138.63	10.66	0.02
生态经济型	58.73	7.34	0.01	92.11	7.09	0.01

（1）不同情景下城市土地利用特征。由彩图 37、彩图 38 与表 6-4 可知，不同情景下研究区各类用地发展趋势不尽相同。在自然增长型情景中，呼和浩特土地利用格局将延续 2010~2017 年的变化趋势，因耕地、草地、水域、未利用地等生态用地持续减少，城市生态保护与环境治理压力依然存在。与 2017 年相比，2025年研究区耕地、草地、水域、未利用地将分别减少 5.73%、12.07%、9.93%、26.33%，2030 年分别减少 4.44%、29.62%、24.92%、45.03%。同期内建设用地、林地面积逐渐增加。其中，建设用地在原有基础上向周边扩张，至 2025 年将增加 24.69%，2030 年将增加 40.39%；林地于 2025 年将增加 0.32%，2030 年将增加 6.19%。在各用地类型中，草地是用地面积减少最多的土地类型，其次为耕地，而建设用地是面积增幅最大的土地类型。可见，建设用地对耕地的侵占仍不容忽视。

在城市化发展型情景中，随着经济高速发展及人口迅速增加，建设用地以"摊大饼"方式粗放扩展，大量挤占市区周边耕地。其中，扩张区域最显著的是赛罕区和新城区。与 2017 年相比，2025 年与 2030 年呼和浩特城市建设用地面积将分别增加 147.79km² 和 227.71km²，增幅分别为 32.27% 和 49.72%；而同期耕地面积分别减少 56.72km² 和 98.94km²，且减少的耕地大多转化为建设用地。可见，建设用地扩展和耕地保护的矛盾较为突出，粮食安全面临巨大威胁。同时，草地、林地、水域和未利用地则持续减少，其中草地面积减少最多，至 2025 年与 2030 年将分别减少 54.62km² 和 56.79km²；林地将分别减少 13.35km²、35.18km²；水域将分别减少 3.93km²、4.49km²；未利用地将分别减少 22.97km²、36.11km²。综上所述，该情景中耕地、草地、林地、水域、未利用地等生态用地大量减少，使其生态功能不断减弱，导致研究区生态环境修复与改善压力仍未缓解。

在耕地保护型情景下，遵循"严格保护基本农田和禁止建设用地侵占耕地"的原则，使耕地得到有效保护，并有小幅增加，2025 年和 2030 年将分别增加16.77km² 和 7.09km²，增幅分别为 2.62% 和 1.11%，一定程度上保障了粮食生产与供应。草地、林地、水域与未利用地面积均有减少，且草地与水域的减少幅度均大于生态经济型情景，而未利用地的减少幅度小于生态经济型情景，林地面积持续减少且幅度较大，2025 年和 2030 年将分别减少 25.11km² 和 28.91km²，减幅分别为 6.17% 和 7.11%。建设用地持续增加，2025 年和 2030 年将分别增加 85.78km²

和 138.63km²，增幅分别为 18.73%和 30.27%，但增长幅度明显小于自然增长型情景和生态经济型情景。可见，该情景中建设用地增长势头及耕地向建设用地的转移得到了有效控制。

生态经济型情景中，为改善研究区生态环境，严禁乱砍滥伐，加大植树造林与退耕还林力度，严格限制生态用地的用途转换，实现经济、社会、环境协调发展[226]。因此，建设用地的无序扩张得到了有效控制，至 2025 年和 2030 年其面积分别为 516.68km² 和 550.06km²，分别比城市化发展型情景减少了 89.06km²、135.60km²；与 2017 年相比，增幅分别为 12.82%、20.11%，在各情景中增幅最小。在该情景中，耕地虽有减少，但始终保持在 500km² 以上，高于《呼和浩特市土地利用总体规划（2006—2020）》中确定的耕地保有量，且呈集中连片之势，最大限度地保障了区域粮食安全；林地明显扩张，至 2030 年，增幅为 30.14%，面积达 529.54km²，分别是自然增长型情景、城市化发展型情景、耕地保护型情景的 1.23 倍、1.09 倍和 1.40 倍；草地和未利用地持续减少，但草地减少趋势放缓，2025 年与 2030 年其用地面积减至 413.16km² 和 397.96km²，但在各情景中减幅最小；水域面积略有增加，2025 年和 2030 年增幅分别为 4.90%、5.89%，是水域面积增加的唯一情景模式。可见，该情景中呼和浩特生态用地不断恢复，总面积在各情景中居于首位，使其环境功能逐渐增强，社会经济发展与生态环境保护趋于协调[235]。

（2）不同情景下城市建设用地数量与分布特征。彩图 39、彩图 40 与表 6-4 显示：4 种模拟情景下，呼和浩特城市建设用地的数量与空间分布存在较大差异。城市化发展型情景中，城市建设用地面积最大，2025 年为 605.74km²，2030 年达 685.66km²，且广泛分布于四辖区及其周边地区，向东及东南方向蔓延趋势明显。自然增长型情景中，城市建设用地面积较大，2025 年为 571.01km²，2030 年达 642.93km²，集中连片地分布于城市中心区域，东部及南部亦有零星分布。耕地保护型情景中，城市建设用地面积较小，2025 年为 543.73km²，2030 年达 596.58km²，城市用地向外围区域有序扩张，辖区东北及东南部建设用地趋于连片。生态经济型情景中，城市建设用地面积最小，2025 年为 516.68km²，2030 年达 550.06km²，城市用地向四周扩张趋势减缓，边缘区域分布零散。

（3）不同情景下城市空间扩展特征。由表 6-5 可知，不同情景中，呼和浩特城市空间扩展程度亦有较大差异。其中，城市化发展型情景中城市用地扩展面积、扩展速度及扩展强度最大，2025 年城市扩展面积为 147.79km²，2030 年达 227.71km²，城市扩展速度与扩展强度指数分别达 18.47km²/a、0.04 和 17.52km²/a、0.04；自然增长型情景次之；耕地保护型情景较小；生态经济型情景最小，2025 年城市扩展面积仅 58.73km²，2030 年为 92.11km²，城市扩展速度与扩展强度指数分别为 7.34km²/a、0.01 和 7.09km²/a、0.01。可见，城市化发展型情景中城市发展最为迅速，但因生态用地大量减少，对研究区的生态环境有不利影响；自然增长型情景与耕地保护型情景中城市扩展强度居中，但仍有部分生态用地流失，不利于生态环境的恢复与改善；生态经济型情景中城市发展最为缓慢，但符合国家"严格控制城市增长边界、遏制城市用地无序蔓延"的政策要求，因限制了生态用地的用途转换，而使研究区内生态功能得以恢复，服务价值逐渐提升，有利于经济与环境协调发展，是较为适宜的城市空间扩展方案。

二、不同扩展情景的城市生态风险评估

（一）生态风险评估方法

为有效评估不同情景下城市空间扩展的生态风险等级与程度，以便为合理选择城市空间扩展方式提供依据，基于第四章第二节的相关研究，开展其生态风险定量评估。鉴于社会经济与生态监测资料的缺乏及数据的可获取性，本章构建了研究区生态风险评估指标体系（表 6-6），采用线性加权 [式（4-9）] 及空间分析方法，评析 2025 年和 2030 年呼和浩特城市用地不同情景下生态风险的时空特征。其中，评估指标标准化数值采用极差标准化方法计算 [式（4-1）、式（4-2）]；各指标权重采用层次分析法确定（表 6-7）；区域生态风险值按照相关研究划分为 5 个等级（表 4-9）；生态风险指数采用 ArcGIS 软件进行空间化处理，即选取等间距系统采样方法，将研究区划分为 595 个 2km×2km 的网格，根据式（4-9）分别计算各网格的综合生态风险值，并将其作为网格中心点的生态风险值，再利用 Kriging 插值方法进行内插，从而得到不同扩展情景下呼和浩特城市生态风险综合指数及其空间分布结果（表 6-8、图 6-2、彩图 41、彩图 42、表 6-9、图 6-3、图 6-4）。

表 6-6　不同情景下呼和浩特生态风险评估指标体系

目标层	指标层	单位	性质	权重	数据来源
生态风险综合指数	建设用地扩展强度指数 f_1	无	正	0.038 5	遥感影像
	紧凑度指数 f_2	无	逆	0.076 9	遥感影像
	斑块密度 f_3	无	正	0.076 9	遥感影像
	聚集度指数 f_4	无	逆	0.076 9	遥感影像
	景观干扰度指数 f_5	无	正	0.076 9	遥感影像
	人类干扰指数 f_6	无	正	0.076 9	遥感影像
	农业用地比重 f_7	%	逆	0.038 5	遥感影像
	建设用地比重 f_8	%	正	0.038 5	遥感影像
	年均耕地减少面积 f_9	km^2	正	0.038 5	遥感影像
	水网密度指数 f_{10}	无	逆	0.076 9	遥感影像
	生物丰度指数 f_{11}	无	逆	0.076 9	遥感影像
	植被覆盖指数 f_{12}	无	逆	0.076 9	遥感影像
	生态系统服务价值 f_{13}	万元/hm^2	逆	0.115 4	遥感影像
	生态系统弹性度 f_{14}	无	逆	0.115 4	遥感影像

注：年均耕地减少面积=（期末耕地面积-期初耕地面积）/时间跨度，其余各指标计算方法见第四章第二节（表4-1）。

表 6-7　生态风险评价指标比较判断矩阵和权重

因子	f_1	f_2	f_3	f_4	f_5	f_6	f_7	f_8	f_9	f_{10}	f_{11}	f_{12}	f_{13}	f_{14}
f_1	1	1/2	1/2	1/2	1/2	1/2	1	1	1	1/2	1/2	1/2	2	2
f_2	2	1	1	1	1	1	2	2	2	1	1	1	4	4
f_3	2	1	1	1	1	1	2	2	2	1	1	1	4	4
f_4	2	1	1	1	1	1	2	2	2	1	1	1	4	4
f_5	2	1	1	1	1	1	2	2	2	1	1	1	4	4
f_6	2	1	1	1	1	1	2	2	2	1	1	1	4	4
f_7	1	1/2	1/2	1/2	1/2	1/2	1	1	1	1/2	1/2	1/2	2	2
f_8	1	1/2	1/2	1/2	1/2	1/2	1	1	1	1/2	1/2	1/2	2	2
f_9	1	1/2	1/2	1/2	1/2	1/2	1	1	1	1/2	1/2	1/2	2	2
f_{10}	2	1	1	1	1	1	2	2	2	1	1	1	4	4
f_{11}	2	1	1	1	1	1	2	2	2	1	1	1	4	4
f_{12}	2	1	1	1	1	1	2	2	2	1	1	1	4	4
f_{13}	1/2	1/4	1/4	1/4	1/4	1/4	1/2	1/2	1/2	1/4	1/4	1/4	1	1
f_{14}	1/2	1/4	1/4	1/4	1/4	1/4	1/2	1/2	1/2	1/4	1/4	1/4	1	1
一致性检验	$\lambda_{max}=14$　　CI$=5.465\,7\times10^{-16}$　　RI$=1.58$　　CR$=3.459\,3\times10^{-16}<0.10$													

表 6-8　不同情景下呼和浩特 2025 年与 2030 年生态风险综合指数与风险等级

年份	情景	自然增长型	城市化发展型	耕地保护型	生态经济型
2025	综合指数	0.392 7	0.731 6	0.597 7	0.278 6
	风险等级	较低	较高	中	较低
2030	综合指数	0.502 4	0.841 3	0.565 8	0.269 9
	风险等级	中	高	中	较低

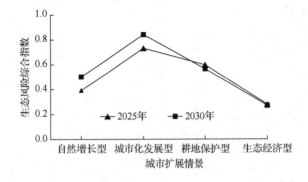

图 6-2　不同情景下呼和浩特生态风险综合指数

（二）生态风险警情分析

1. 生态风险等级差异

由图 6-2 可知，不同扩展情景所致的呼和浩特生态风险大小及其等级有较大差异。其中，城市化发展型的生态风险综合指数值最大，2025 年为 0.73，2030 年达 0.84，分别属于较高生态风险等级和高生态风险等级；生态经济型情景的生态风险综合指数值最小，2025 年为 0.28，2030 年为 0.27，且有小幅降低趋势，均属于较低生态风险等级；耕地保护型情景和自然增长型情景的生态风险综合指数居中，2025 年分别为 0.60 和 0.39，2030 年分别达 0.57 和 0.50，生态风险处于中生态风险等级和较低生态风险等级。

2. 生态风险空间差异

彩图 41、彩图 42 表明，2025 年与 2030 年，各情景中呼和浩特各等级生态风险区均呈圈层式分布。其中，高生态风险区分布于城市中心地带，低生态风险区分布于北部大青山及东部蛮汗山地区。由中心城区向外，生态风险等级逐渐降低，由高生态风险等级、较高生态风险等级、中生态风险等级依次向较低生态风险等级和低生态风险等级过渡，但不同情景下各类生态风险区面积及其占比各不相同。表 6-9、图 6-3、图 6-4 显示：2025 年，各情景中均以较低生态风险区面积与占比最大，其次为中生态风险区；自然增长型情景与城市化发展型情景中低生态风险区面积与占比最小，耕地保护型情景与生态经济型情景中高生态风险区面积与占比最小；低生态风险区与较低生态风险区面积占比以生态经济型情景最高，达 54.17%，城市化发展型情景最低，为 36.15%；高生态风险区与较高生态风险区面积占比以城市化发展型情景最大，达 39.87%；以生态经济型情景最小，为 25.43%。2030 年，除生态经济型情景外，各情景中均以较高生态风险区面积与占比最大，自然增长型情景与城市化发展型情景中低生态风险区面积与占比最小，耕地保护型情景与生态经济型情景中高生态风险区面积与占比最小；低生态风险区与较低生态风险区面积占比仍以生态经济型情景最高，达43.81%，城市化发展型情景最低，为 23.55%；高生态风险区与较高生态风险区面积占比仍以城市化发展型情景最大，达 54.63%，以生态经济型情景最小，为35.55%。可见，各情景中，城市化发展型情景的生态风险等级最高，生态经济型情景的生态风险等级最低。

表 6-9　不同情景下呼和浩特生态风险分级统计

年份	风险等级	数量	自然增长型	城市化发展型	耕地保护型	生态经济型
2025	低生态风险	面积/km²	170.74	127.19	288.11	385.63
		比例/%	8.20	6.11	13.84	18.53
	较低生态风险	面积/km²	702.15	625.18	726.76	741.72
		比例/%	33.74	30.04	34.92	35.64
	中生态风险	面积/km²	598.72	499.02	480.93	424.75
		比例/%	28.77	23.98	23.11	20.41
	较高生态风险	面积/km²	342.75	420.46	330.44	314.46
		比例/%	16.47	20.20	15.88	15.11
	高生态风险	面积/km²	266.91	409.42	255.03	214.71
		比例/%	12.82	19.67	12.25	10.32
2030	低生态风险	面积/km²	115.01	106.42	292.12	392.15
		比例/%	5.53	5.11	14.04	18.84
	较低生态风险	面积/km²	446.96	383.72	389.54	519.59
		比例/%	21.48	18.44	18.72	24.97
	中生态风险	面积/km²	492.24	454.25	504.09	429.62
		比例/%	23.65	21.83	24.22	20.64
	较高生态风险	面积/km²	671.70	647.65	605.59	501.73
		比例/%	32.27	31.12	29.10	24.11
	高生态风险	面积/km²	355.35	489.22	289.92	238.17
		比例/%	17.07	23.51	13.93	11.44

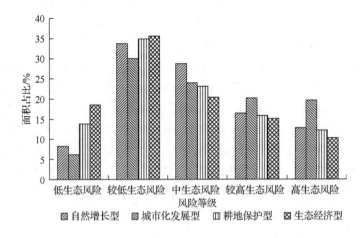

图 6-3　2025 年不同情景下呼和浩特各生态风险等级面积占比

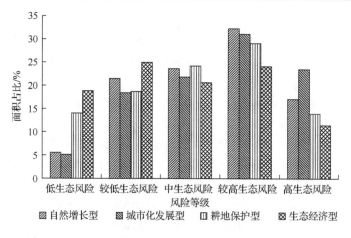

图 6-4 2030 年不同情景下呼和浩特各生态风险等级面积占比

三、基于生态安全的城市空间扩展情景拟定

综上所述，不同空间扩展情景下的城市土地利用和建设用地的数量与分布、城市扩展强度与生态风险综合指数及其等级特征有较大差异。其中，城市化发展型中，城市建设用地面积及扩展强度最大，城市大规模扩张带动了区域经济发展，但其生态安全处于最低水平；自然增长型中，城市土地利用格局延续现有的变化趋势，建设用地面积有较大增幅，生态用地流失严重，使区域面临生态风险隐患；耕地保护型中，耕地得到了有效保护，这在一定程度上有效控制了建设用地侵占耕地的势头，但草地、林地、水域与未利用地面积均有减少，使其生态风险有加大趋势；生态经济型中，建设用地面积最小，但其生态用地面积最大，生态服务功能得以提升，生态安全达到最高水平，并符合国家控制城市增长边界的政策要求，是城市空间扩展的最佳方案。

第二节 呼和浩特城市空间扩展调控研究

一、城市增长边界划定

"城市增长边界"一词最早源于美国俄勒冈州的一项土地规划政策[238]，塞勒姆市政府将其定义为城市土地和农村土地之间的分界线[239]。目前，城市增长边界不仅成为许多国家控制城市无序蔓延和实现精明增长的技术手段与政策工具[240,241]，还是统筹区域生态保护与城市开发建设的重要规划理念[242]。《中华人民共和国城市规划法》明确提出要设定城市增长边界后，城市增长边界的划定研究受到了学术界的广泛关注[243]。黄明华等[244,245]认为，城市增长边界从本质上可分为"刚性"边界和"弹性"边界，前者是基于制止城市无计划延伸的角度，确定的城市非建设用地的"生态安全底线"[244]或城市发展远景规模[240]，是一条不可突破的永恒边界[242,245]；后者是基于用地供应角度，划定的建设用地与非建设用地的分界线，是引导城市土地有序开发、可依据发展背景变化而适当调整的城市发展的阶段性边界[245]。因此，在城市增长边界的划定中，既需要识别战略性保护区的"刚性"边界，也需要考虑城市周边发展的"弹性"边界[246]。

国内外学者分别运用多种模型和方法对城市增长边界的划定进行了探索，如采用 CA、SLEUTH、CLUE-S、ANN、GIA（green infrastructure accessment，绿色基础设施评估）、Geo-CA（geographical-cellular automata，地理元胞自动机）、MCE-CA（multi-criteria evaluation-cellular automata，多准则评价元胞自动机）、CA-Markov、Geo-SOS（geographical simulation and optimization systems，地理模拟与优化系统）、MCR、UEER 模型与 GIS、RS 技术，结合土地适宜性评价和生态承载力测算结果，对多个城市进行了增长边界的划定研究，但对呼和浩特城市增长边界的划定工作还鲜见报道。因此，本节结合城市空间扩展的外部约束与内生机制，运用 UEER 模型与 CA-Markov 模型模拟城市空间扩展过程，分别划定2025 年与 2030 年呼和浩特城市发展的"刚性"边界及"弹性"边界。

（一）UEER 模型原理及其构建过程

借鉴相关研究成果[47]，本节采用 UEER 模型进行呼和浩特城市增长边界的划定研究。UEER 模型是在对 MCR 模型进行改进的基础上，综合考虑"源"的等级及生态障碍对城市扩展的影响而形成的[47]。其中，MCR 模型由荷兰生态学家Knappen 提出[247]，最早应用于对物种扩散过程的研究，后被广泛应用于物种保护和景观格局分析等生态领域，以及旅游地规划、土地利用等社会经济领域[247,248]。在城市空间扩展模拟的运用中，MCR 模型将建设用地扩展视为城市景观对其他景观的控制、竞争过程，且这种竞争需克服阻力来实现，其实质是"源"经过不同阻力的景观所耗费的费用或克服阻力所做的功[249]。鉴于 MCR 模型在模拟城市用地扩展中存在两个问题（一是忽略了"源"的等级，二是忽略了城市扩展过程中存在着绝对生态约束[47]），本节采用基于 MCR 模型改进后的 UEER 模型来划定城市扩展的"刚性"边界，其计算公式为

$$UEER = f \min \left(\sum_{j=n}^{i=m} D_{ij} R_i K_j \right) \tag{6-2}$$

式中，UEER 为城市扩展的最小生态累积阻力面值；f 为未知的负函数，表示最小累积阻力与生态适宜性的负相关关系；min 为最小累积阻力值；D_{ij} 为源 j 到景观 i 的空间距离；R_i 为景观 i 对城市用地扩展的阻力值；K_j 为源 j 的相对阻力值，源 j 的扩展潜力越大，K_j 值越小[47]。

UEER 模型的构建过程如下[47]：

1. 确定城市空间扩展"源"及其分级

"源"是事物向外扩散的起点，其扩散或吸引能力的大小受到"源"自身性质及扩散介质的影响[47]。本章中的"源"指城市现状建设用地，其扩展能力与地理区位、人口密度、经济发展、开发强度及政策调控等诸多因素有关[47]。依据呼和浩特城市四辖区经济水平与发展政策的差异，将其建设用地的扩展能力分为 4 个等级（表 6-10）。鉴于不同等级的"源"所对应的相对阻力值不同，参照相关研究[250]，对各等级"源"阻力值进行赋值（表 6-10）。其中，新城区位于城市中心区域，经济总量明显高于其他辖区，属于一级源；赛罕区、回民区、玉泉区则分别属于二级、三级、四级源[57]（表 6-10）。

表 6-10　呼和浩特城市用地"源"的分级及其依据[57]

辖区	源	阻力值	GDP/亿元	第三产业产值/万元	人均 GDP/元	固定资产投资额/万元
新城区	一级	0.80	77.78	69.73	125 385	26.58
赛罕区	二级	0.85	65.72	46.67	94 392	39.78
回民区	三级	0.90	42.46	38.05	97 565	14.73
玉泉区	四级	0.95	32.80	23.97	78 722	16.60

资料来源：《呼和浩特经济统计年鉴》。

2. 构建城市空间扩展生态基面阻力评价体系

因各阻力因子的性质差异，城市用地在扩展过程中所受到的阻力亦不相同[47]。本节基于城市空间扩展的外部约束，将基面阻力分为生态禁建和生态阻力两类。其中，生态禁建是指永久基本农田、森林公园、自然保护区等政策规定的各类禁止开发区域，也为城市扩展刚性约束区，其阻力系数可设置为无穷大；生态阻力来源于地表形态、土地覆盖、生物敏感性、生态风险性、水资源敏感性等城市扩展影响因素（表 6-11）。参考相关研究成果，按其阻力对各因子进行分级与赋值，应用 ArcGIS 软件生成各阻力因子栅格图（彩图 43），并应用 Delphi 法确定各因子权重（表 6-11）。

表 6-11　呼和浩特城市空间扩展的生态基面阻力评价指标体系[57]

一级因子	二级因子/单位	权重	等级	阻力赋值
地表形态	地形起伏度/m	0.3	<20	1
			20~40	3
			40~60	5
			60~80	7
			>80	9

一级因子	二级因子/单位	权重	等级	阻力赋值
地表形态	坡度/（°）	0.3	<3	1
			3~8	3
			8~15	5
			15~25	7
			>25	9
	地表崎岖度/（°）	0.4	<1.03	1
			1.03~1.09	3
			1.09~1.19	5
			1.19~1.37	7
			>1.37	9
土地覆盖	土地利用类型	0.5	城镇建设用地、村庄、裸地	1
			采矿用地、草地	3
			耕地	5
			坑塘、河流、湖泊	7
			林地、特殊用地	9
	土壤稳定性指数	0.5	<3.79（稳定）	1
			3.79~5.07（较稳定）	3
			5.07~6.39（一般）	5
			6.39~7.67（较不稳定）	7
			>7.67（不稳定）	9
生物敏感性	归一化植被指数（NDVI）	0.3	<0.15（低）	1
			0.15~0.35（较低）	3
			0.35~0.55（中）	5
			0.55~0.75（较高）	7
			>0.75（高）	9
	环境监测指数（GEMI）	0.3	<0.15（低）	1
			0.15~0.35（较低）	3
			0.35~0.55（中）	5
			0.55~0.75（较高）	7
			>0.75（高）	9
	土壤调整植被指数（MSAVI）	0.4	<0.15（低）	1
			0.15~0.35（较低）	3
			0.35~0.55（中）	5
			0.55~0.75（较高）	7
			>0.75（高）	9
生态风险性	土地退化指数（NDSI）	0.2	<0.05（低）	1
			0.05~0.12（较低）	3
			0.12~0.19（一般）	5
			0.19~0.26（较高）	7
			>0.26（高）	9

续表

一级因子	二级因子/单位	权重	等级	阻力赋值
生态风险性	景观生态风险	0.2	<0.13（低）	1
			0.13～0.20（较低）	3
			0.20～0.27（一般）	5
			0.27～0.35（较高）	7
			>0.35（高）	9
	城市热岛效应风险/℃	0.3	<25（低温区）	1
			25～27℃（较低温区）	3
			27～29（中温区）	5
			29～31（较高温区）	7
			>31（高温区）	9
	城市生态脆弱指数	0.3	<0.32（低）	1
			0.32～0.40（较低）	3
			0.40～0.48（一般）	5
			0.48～0.56（较高）	7
			>0.56（高）	9
水资源敏感性	低洼易涝区/m	0.3	<567（低）	3
			567～1 163（中）	5
			>1 163（高）	9
	距河流距离/m	0.7	>800	1
			600～800	3
			400～600	5
			200～400	7
			<200	9
生态禁建区	生态重要性	取最大值	自然保护区、国家公园、永久基本农田、饮用水水源地的一级保护区等	取最大值

资料来源：DEM、遥感影像解译数据、中国气象网站。

各阻力因子的分级与计算过程如下：

1）地表形态

（1）地形起伏度。在 ArcGIS 软件中运用栅格邻域计算工具划分地形起伏程度，并以 20m、40m、60m、80m 为界进行分级与阻力赋值（表 6-11），地形起伏度越大，对城市空间扩展的阻力越大[57]。

（2）坡度。地形坡度越陡峻，越不利于城市扩展。《城市用地竖向规划规范》（CJJ 83—2016）中规定：城市建设用地最大坡度不宜超过 25°。参考相关研究[47]，以 3°、8°、15°、25° 为界进行阻力分级与赋值（表 6-11）。

（3）地表崎岖度。地表越粗糙，对城市空间扩展的阻力就越大。其计算公式为

$$R = 1/\cos(a \times \pi / 180) \tag{6-3}$$

式中，R 为地表崎岖度；a 为地形坡度。采用自然断裂法将其分为 5 级并进行阻力赋值（表 6-11）。

2）土地覆盖

（1）土地利用类型。不同的城市用地类型，其扩展能力也不相同。其中，已有建设用地、村庄、裸地等的扩展能力较大，采矿用地、草地、耕地、水域、林地及特殊用地扩展能力依次减小。据此，对不同用地类型进行阻力分级并赋值（表 6-11）。

（2）土壤稳定性指数。土壤结构越不稳定，越不利于城市空间扩展。呼和浩特位于蒙古高原南部边缘地带，水土流失、风蚀沙化较为严重，土壤稳定程度对城市空间扩展有较大影响。运用 ArcGIS 软件的空间分析工具，将地形坡度、坡向、土地利用类型进行空间叠加，采用自然断裂法将其叠加结果分为稳定、较稳定、一般、较不稳定、不稳定 5 个等级并进行阻力赋值（表 6-11）。

3）生物敏感性

（1）归一化植被指数。

$$\text{NDVI} = (\text{NIR} - R) / (\text{NIR} + R)^{[57]} \tag{6-4}$$

式中，NIR、R 分别为 2017 年 Landsat 8 影像中的近红波段与红波段。

（2）环境监测指数（global environment monitoring index，GEMI）。

$$\text{GEMI} = \eta(1 - 0.25\eta) - (R - 0.125) / (1 - R) \tag{6-5}$$

$$\eta = [2(\text{NIR}^2 - R^2) + 1.5\text{NIR} + 0.5R] / (\text{NIR} + R + 0.5)^{[57]} \tag{6-6}$$

式中，NIR、R 的含义同式（6-3）。

（3）土壤调整植被指数（modified soil adjusted vegetation index，MSAVI）。

$$\text{MSAVI} = \frac{1}{2}\left[(2\text{NIR} + 1) - \sqrt{(2\text{NIR} + 1)^2 - 8(\text{NIR} - R)} \right]^{[57]} \tag{6-7}$$

式中，NIR、R 的含义同式（6-4）。

采用自然断裂法将上述 3 个指标分为 5 个等级并进行阻力赋值（表 6-11）。

4）生态风险性

（1）土地退化指数。土地退化指数反映了区域土地退化程度，其计算公式见第四章第二节。区域土地退化越严重，越不利于城市空间扩展，据此采用自然断裂法将其分为 5 个等级并进行阻力赋值（表 6-11）。

（2）景观生态风险。引入景观干扰度指数来反映研究区景观生态安全情况，其计算公式见第四章第二节。景观干扰度指数越高，城市空间扩展的阻力越大，据此采用自然断裂法将其分为 5 个等级并进行阻力赋值（表 6-11）。

（3）城市热岛效应风险。基于第三章第一节的研究结果，采用自然断裂法将地表温度划分为低温区、较低温区、中温区、较高温区、高温区 5 个温度分区，并进行阻力赋值（表 6-11）。

（4）城市生态脆弱指数。选取归一化植被指数、土地退化指数、斑块密度、聚集度指数、景观多样性指数、景观干扰度指数、人类干扰指数、路网密度、水网密度指数、生物丰度指数、生态系统服务价值、生态系统弹性度及人口密度、自然灾害指数、人均 GDP、造林面积、第三产业增加值比重等指标，采用线性加权法计算城市生态脆弱指数[57]。生态脆弱指数越高，越不适宜城市用地扩展，据此采用自然断裂法将计算结果分为 5 个等级并进行阻力赋值（表 6-11）。

5）水资源敏感性

（1）低洼易涝区。运用 ArcGIS 软件对研究区 DEM 数据进行水文分析，根据汇流累积量提取低洼易涝区。采用自然断裂法按照低、中、高 3 个等级划分并进行城市空间扩展阻力赋值（表 6-11）。

（2）距河流距离。距河流距离越近，越不利于城市空间扩展。以河流、水体为中心，按照 200m、400m、600m、800m 的距离作缓冲区分析并进行阻力赋值（表 6-11）。

6）生态禁建区

依据《生态保护红线划定指南》，划定研究区的生态禁建区，包括永久基本农田、国家公园、自然保护区、森林公园的生态保育区和核心景观区、风景名胜区的核心景区、地质公园的地质遗迹保护区、世界自然遗产的核心区和缓冲区、湿地公园的湿地保育区和恢复重建区、饮用水水源地的一级保护区等各级各类生态禁止开发区域。生态禁建区构成了城市扩展的刚性约束，其阻力赋值为无穷大（表 6-11）。

3．城市空间扩展生态基面阻力综合评价

根据式（6-2），运用 ArcGIS 软件对各生态阻力因子图层进行叠加，生成呼和浩特城市空间扩展生态基面阻力综合评价结果（彩图 44）。

4．城市空间扩展模拟

依据生成的城市空间扩展生态基面阻力综合评价结果，结合相关约束条件，借助 Arc GIS Reclass 模块中的 reclassify 功能，模拟建设用地增长规模并提取城市空间扩展边界。

（二）城市增长边界划定

1．城市"刚性"增长边界划定

基于呼和浩特城市空间扩展生态基面阻力综合评估结果（彩图 44），采用自然断裂法将生态累积阻力值分为 3 个等级（表 6-12），阻力值越大，越不适宜建设用地扩展，以此构建不同扩展阻力水平下的城市空间扩展方案（彩图 45）。结果表明：呼和浩特城市扩展低阻力区是近期建设用地适宜扩展的地带，主要分布在城市建成区的东部、南部及东南部，亦是未来城市发展的主导方向；中阻力区是较不适宜建设用地扩展的地带，主要分布于北部山前地带及东部、南部河流沿岸；高阻力区是城市的生态屏障，分布于北部大青山、东部小黑河中下游地区，是保障研究区生态安全的基本红线，原则上禁止各类建设开发活动（彩图45）。

表6-12　呼和浩特城市空间扩展生态累积阻力值及其扩展阻力分区

等级	生态累积阻力值区间	城市空间扩展阻力分区	特征描述
Ⅰ	[0,2 547.458)	低阻力区	分布于现状建设用地周边,对人类活动干扰的敏感性降低,是城市建设的主要用地区
Ⅱ	[2 547.458,16 689.006)	中阻力区	城市生态过渡区与临界区,是城市建设的较不安全区,可作为生态用地发展的后备区
Ⅲ	[16 689.006,107 426.883]	高阻力区	生态地位重要,生态系统受到破坏后难以恢复,不适宜作建设用地

基于低阻力水平下的城市空间扩展方式（彩图45），结合研究区中生态禁建区的分布范围，经叠加分析后，划定呼和浩特城市空间扩展的"刚性"边界（彩图46）。由ArcGIS软件统计可知，呼和浩特城市"刚性"边界内建设用地总面积达650.29km^2，占研究区总面积的31.26%；与2017年相比，可增加建设用地192.34km^2。

2. 城市"弹性"增长边界划定

本章第一节的分析结果表明，在城市空间扩展模拟情景中，生态经济型扩展模式最为合理。该方案基于用地供应的角度，引导城市土地有序开发[242]，而"弹性"边界属于动态调整的"多情景引导边界"[251]。据此，将其作为城市用地发展的"弹性"边界，其结果如彩图47、彩图48所示。由统计可知，2025年，呼和浩特城市扩展"弹性"边界内建设用地共计516.68km^2，占研究区总面积的24.84%；目前边界内已有建设用地457.95km^2，剩余可建设用地面积58.73km^2，比"刚性"边界内建设用地面积少133.61km^2。2030年，呼和浩特城市扩展"弹性"边界内建设用地共计550.06km^2，占研究区总面积的26.45%；剩余可建设用地面积92.11km^2，比"刚性"边界内建设用地面积少100.23km^2，可为城市用地扩展提供一定的用地保障。

二、城市土地利用结构优化调控

土地利用结构优化调控是在一定的时空条件下，对土地资源进行最优配置、最佳布局和合理使用，有效组织土地的开发、利用、保护与整治，以实现土地资源的持续利用，最终达到社会、生态与经济效益最优化[252,253]。土地利用结构优化调控涉及诸多因子，是一个多目标的决策过程[220]，常用的土地利用结构优化方法主要有灰色多目标线性规划法、多目标线性规划模型、SD 与 ANN 模型等[254]。鉴于灰色多目标线性规划法可将土地利用结构优化的复杂性与不确定性影响用灰数形式表现，使调控结果更具实际操作性[211]，本节运用该方法构建目标函数与约束方程[209]，对呼和浩特城市 2025 年和 2030 年土地利用结构进行优化调控研究。

（一）灰色多目标线性规划法原理及其调控过程

灰色多目标线性规划法是在线性规划和多目标规划的导向下，结合灰色系统理论进行资源优化配置的有效方法。它通过构建目标函数和约束条件及在求解过程中不断调整约束范围，得出最优的决策信息和理论依据[255]。其在技术系数为可变的灰数、约束值为发展的情况下进行，因而具有多目标性、多方案、动态性的特点[255]。其调控步骤如下：

1. 建立灰色多目标线性规划模型

灰色多目标线性规划模型一般由两部分构成：一是目标函数，二是约束条件[256]，即

目标函数：

$$\text{Max } f(x) = \sum_{j=1}^{n} c_j x_j \, (j=1,2,\cdots,n) \tag{6-8}$$

约束条件：

$$\text{s.t.} \begin{cases} \sum_{j=1}^{n} \otimes(A)x_j = (\geqslant, \leqslant) \otimes(B_i) \\ x_j \geqslant 0 \end{cases} \quad (i=1,2,\cdots,m) \tag{6-9}$$

约束条件的系数矩阵：

$$\otimes(A) = \begin{bmatrix} \otimes a_{11} & \otimes a_{12} & \cdots & \otimes a_{1n} \\ \otimes a_{21} & \otimes a_{22} & \cdots & \otimes a_{2n} \\ \vdots & \vdots & & \vdots \\ \otimes a_{m1} & \otimes a_{m2} & \cdots & \otimes a_{mn} \end{bmatrix} \tag{6-10}$$

约束常数的系数矩阵：

$$\otimes(B_i) = \left[\otimes(b_1), \otimes(b_2), \cdots, \otimes(b_m) \right]^{\text{T}} \tag{6-11}$$

式中，$\text{Max } f(x)$ 为目标函数的最大值；c_j 为效益系数；x_j 为调控变量，即各类型土地面积；n 为调控变量个数；A 为约束条件系数矩阵；B_i 为约束常数系数矩阵；a_{mn} 为约束系数；b_m 为约束常数；m 为约束条件个数；$\otimes$ 为灰色参数。

2. 设置调控变量

以 2017 年呼和浩特土地利用现状为基础，结合《土地利用现状分类标准》

（GB/T 21020—2017），考虑数据的可获取性，设置 6 个调控变量，即耕地（x_1）、林地（x_2）、草地（x_3）、水域（x_4）、建设用地（x_5）、未利用地（x_6）。

3．构建目标函数

土地利用结构调控旨在优化城市空间布局、规避建设开发的生态风险，实现土地利用的经济、生态、社会效益最大化。因此，本节中土地利用结构优化目标函数从经济效益、生态效益、社会效益 3 个方面构建。

1）经济效益目标函数

经济效益目标函数的设立是以追求土地利用的经济净产值最大化为目标，由此确定其目标函数为

$$\text{Max } f_1(x) = \sum_{j=1}^{6} C_j x_j \tag{6-12}$$

式中，$\text{Max } f_1(x)$ 为经济效益目标函数的最大值；C_j 为经济效益系数，可采用各类土地的产出效益 c_j 与效益权重 w_j 的乘积来表示[204]；x_j 为调控变量。

依据呼和浩特经济发展实际并参考相关研究成果[209]：首先，确定各类土地产出效益，即将第一产业中农业、林业、畜牧业、渔业的产值分别作为耕地、林地、草地、水域的产出效益，第二三产业的生产总值作为建设用地的产出效益，其他产值作为未利用地的产出效益[209]；其次，采用灰色预测模型测算研究区未来各类土地的产出效益；再次，运用层次分析法计算各类用地的效益权重；最后，采用线性加权法求出各类土地的经济效益系数。则有

2025 年各类土地产出效益：

$$c_j = (0.65，0.02，1.43，0.01，183.96，0.000\,1)$$

2030 年各类土地产出效益：

$$c_j = (0.73，0.03，1.59，0.01，201.05，0.000\,1)$$

各类用地效益权重：

$$w_j = (0.150\,1，0.258\,1，0.084\,5，0.051\,8，0.455\,4，0.000\,1)$$

2025 年各类土地经济效益系数：

$$C_j = (0.098，0.005，0.120，0.001，83.781，0.001)$$

2030 年各类土地经济效益系数：

$$C_j = (0.109，0.08，0.134，0.001，0.763，0.001)$$

2025 年经济效益目标函数：

$$\text{Max } f_1(x) = 0.098x_1 + 0.005x_2 + 0.120x_3 + 0.001x_4 + 83.781x_5 + 0.001x_6$$

2030 年经济效益目标函数：

$$\text{Max } f_1(x) = 0.109x_1 + 0.008x_2 + 0.134x_3 + 0.001x_4 + 91.763x_5 + 0.001x_6$$

2）生态效益目标函数

生态效益目标函数是为实现土地生态效益的最大化而设立的。借鉴相关研究成果[257]，采用生态绿当量来衡量生态效益。生态绿当量是指具有与森林基本相同的生态功能当量[255]，可以定义为其他绿色植被（如耕地、林地、草地等）的绿当量相对于等量森林面积的绿当量[255]，其计算公式为

$$\text{Max } f_2(x) = \left[\left(\sum_{j=1}^{6} g_j x_j\right) \Big/ S\right] \times 100\% \tag{6-13}$$

式中，$\text{Max } f_2(x)$ 为生态效益目标函数的最大值；g_j 为各类土地的平均绿当量；x_j 为调控变量；S 为最佳森林覆盖率时区域应有的林地面积[209]，等于区域土地总面积减去不可能恢复为森林的土地（包括建设用地、水域、未利用地和部分耕地）面积[258]。计算结果表明，研究区 S 值为 142 300.27hm²。

呼和浩特属于中温带地区，作物熟制为一年一熟，借鉴相关研究成果[257]，耕地、林地、草地的平均绿当量的取值分别为 $g_1=0.71$，$g_2=1$，$g_3=0.73$。另外，水域为隐含绿当量的用地，因其难以量化，将其看作与水田相似[257]，即 $g_4=g_1=0.71$；不具有绿当量的用地包括建设用地和未利用地，其绿当量为 0[209]，即 $g_5=g_6=0$。则生态效益目标函数为

$$\text{Max } f_2(x) = (0.71x_1 + x_2 + 0.73x_3 + 0.71x_4)/142\ 300.27 \times 100\% \tag{6-14}$$

3）社会效益目标函数

社会效益目标函数的设立目标是使确定的土地利用方案有利于区域社会发展和进步，其评估指标包括人均农用地面积、人均建设用地面积、社会保障价值、人均纯收入等。由于社会效益计算复杂，很难形成最大化或最小化的目标函数，本节将其转化为约束条件，并融入经济效益和生态效益目标函数中[209]。

4. 建立约束方程

约束条件的构建目标是用以限制目标函数[259]。为体现区域经济、生态和社会的可持续发展及生态安全理念，依据未来呼和浩特城市生态环境特点、社会经济发展、环境保护政策及土地开发水平，建立约束方程。

1）土地总面积约束

呼和浩特各类用地面积之和为 208 363.34hm²，调控前后其土地总面积保持不变，即

$$x_1 + x_2 + x_3 + x_4 + x_5 + x_6 = 208\ 363.34 \tag{6-15}$$

2）人口总量约束

研究区土地承载人口不应该超过规划目标年的预测人口数，即

$$M_1 \sum_{j=1}^{n} x_j + M_2 \sum_{k=1}^{n} x_k \leqslant P \tag{6-16}$$

式中，M_1 为农用地的平均人口密度；x_j 为农用地类型；M_2 为城镇用地的平均人口密度；x_k 为城镇用地类型；n、m 分别为农用地和城镇用地类型数量；P 为规划期末总人口数。

本节采用灰色预测方法进行规划年人口密度预测。结果表明：2025 年，呼和浩特农用地的平均人口密度为 2.0 人/hm²，城镇用地的平均人口密度为 22.9 人/hm²，城市总人口为 1 484 108 人；2030 年，呼和浩特农用地的平均人口密度为 1.5 人/hm²，城镇用地的平均人口密度为 27.9 人/hm²，城市总人口为 1 728 259 人。因此，2025 年与 2030 年研究区人口总量约束方程分别为

$$2(x_1 + x_2 + x_3) + 22.9x_5 \leqslant 1\,484\,108 \tag{6-17}$$

$$1.5(x_1 + x_2 + x_3) + 27.9x_5 \leqslant 1\,728\,259 \tag{6-18}$$

3）耕地面积约束

根据内蒙古自治区耕地保护、改进占补平衡的工作要求，未来呼和浩特城市耕地面积不得小于现状的 90%。因此，耕地面积约束方程为

$$x_1 \geqslant 63\,915.41 \times 90\% = 57\,523.87 \tag{6-19}$$

4）生态环境约束

生态环境的优劣通过森林覆盖率表达。2017 年，呼和浩特城市林地面积为 40 689.40hm²，森林覆盖率为 19.53%。"十三五"规划要求研究区森林覆盖率在现有基础上提高 2.5%。基于此，未来城市森林覆盖率不得低于 22.03%。因此，生态环境约束方程为

$$x_2 / 208\,363.34 \geqslant 22.03 \tag{6-20}$$

5）草地面积约束

根据《呼和浩特市土地利用总体规划（2006—2020）》要求，草地面积不应低于现状面积。因此，草地面积约束方程为

$$x_3 \geqslant 45\,278.48 \tag{6-21}$$

6）水域面积约束

呼和浩特位于半干旱地带，水资源短缺。鉴于城市用水需求及未来水利设施建设需要，水域面积不得小于当前面积。据此，水域面积约束方程为

$$x_4 \geqslant 3\,976.12 \tag{6-22}$$

7）建设用地约束

随着城市化进程的发展，呼和浩特城市建设用地规模将会超过现状值，其约束方程为

$$x_5 \geqslant 45\,794.58 \tag{6-23}$$

8）未利用地开发约束

随着城市开发强度的加大及土地利用效率的提高，今后呼和浩特未利用土地将会得到进一步开发，其用地面积将逐年减小。依据呼和浩特城市历年土地利用情况，未利用地面积年均减少 3.27%，据此得出研究区 2025 年未利用地面积

为 7 375.51hm², 2030 年为 5 653.04hm²。基于此, 分别确定 2025 年和 2030 年研究区未利用地开发约束方程为

$$7\,375.51 \leqslant x_6 \leqslant 8\,709.36 \qquad (6\text{-}24)$$

$$5\,653.04 \leqslant x_6 \leqslant 8\,709.36 \qquad (6\text{-}25)$$

9）模型自身约束

模型中所有变量均不能为负数, 即

$$x_i \geqslant 0, \quad i = 1, 2, \cdots, 6 \qquad (6\text{-}26)$$

5. 模型求解

本节以满足呼和浩特土地利用的经济效益、生态效益、社会效益最大化为原则, 分别以 2025 年和 2030 年为目标年, 基于呼和浩特城市社会经济发展、生态环境保护和土地利用现状及其预期水平, 借助式（6-8）～式（6-26）, 调整和确定灰数的白化值, 运用 LINGO 12.0 软件进行建模与求解, 得出土地利用结构优化调控的 3 个备选方案（表 6-13、图 6-5、图 6-6）。

表 6-13　呼和浩特土地利用结构调控方案　（单位：hm²）

土地利用类型	2017 年	2025 年			2030 年		
		方案 1	方案 2	方案 3	方案 1	方案 2	方案 3
耕地	63 915.41	47 815.71	48 032.52	47 815.71	47 815.71	48 114.58	47 815.71
林地	40 689.40	61 397.36	41 172.60	41 488.23	62 747.47	45 839.94	46 252.50
草地	45 278.48	45 278.48	60 678.17	60 709.35	45 278.48	55 928.77	56 019.51
水域	3 976.12	3 976.12	3 976.12	5 237.37	3 976.12	3 976.12	5 241.14
建设用地	45 794.58	45 794.58	49 141.59	49 011.59	45 794.58	50 487.93	50 283.50
未利用地	8 709.36	4 101.11	5 362.359	4 101.11	2 751.00	4 016.02	2 751.00

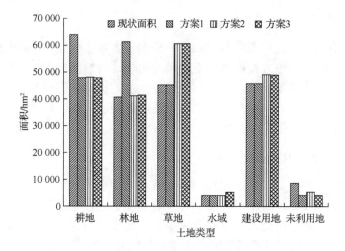

图 6-5　2025 年呼和浩特土地利用结构调控方案

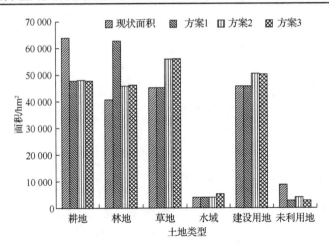

图 6-6　2030 年呼和浩特土地利用结构调控方案

（二）调控结果与分析

1. 基于生态效益的调控方案

由表 6-13、图 6-5、图 6-6 可知，至 2025 年、2030 年，3 种方案中，方案 1 的林地面积增幅最大，草地、水域面积基本保持不变，因林地的增加可有效提高土地的生态效益，因此该方案为生态优先发展方案。与其他两种方案相比，其建设用地没有增加，一定程度上不能满足城市建设对用地的需求；且林地的经济效益较低，但因其占用大量土地，导致其他经济效益和社会效益较高的用地分配相对较少，所以该方案不利于实现区域经济效益与社会效益的最大化，合理性较差。

2. 基于经济效益的调控方案

研究结果（表 6-13、图 6-5、图 6-6）表明，方案 2 为经济效益优先的调控方案。至规划目标年，该方案中城市建设用地与草地的增幅较大，不仅为城市化和工业化发展提供了用地保障，也有利于经济效益的提升。但建设用地的增加必然会加大生态环境的压力，甚至导致生态系统服务功能降低，加之该方案中林地与水域面积较少，使其生态效益较差。

3. 经济和生态效益并重方案

方案 3 中，林地、草地、水域面积均有不同程度的增长，且水域面积增幅最大（表 6-13、图 6-5、图 6-6），有利于生态环境的建设与改善，促进了生态效益的提升。同时，建设用地面积亦有较大增加，而未利用地减少较多，保障了经济效益与社会效益，符合《呼和浩特市土地利用规划（2006—2020）》的总体要求及未来经济社会发展需要。

（三）调控方案选择与确定

"熵"是一个热力学概念，在统计物理学中常用来表示分子不规则运动的程度，信息论中则作为随机变量无约束程度的度量[260]。按照耗散结构理论，系统只有从外界引入负熵流，以抵消内部熵增，才能完成从低级无序向高级有序的转变。土地利用系统是一个与外界有着广泛联系的非线性开放系统，土地利用结构是在非人为干扰和人为干扰的双重影响下，不断发生着演替和变化，表现出自发且不可逆性的演化特征，符合耗散结构系统的预定假设[261]。土地面积在量纲上是一致的，信息熵是刻画用地格局空间规律的重要特征量，对于区域土地利用结构调整具有指导意义。基于此，本节运用熵值法来选择和确定用地结构调控方案。

系统结构决定了系统功能，不同的土地利用结构，其土地利用的信息熵不同，且有序程度也不相同。信息熵可以反映土地利用系统的有序程度[262,263]：信息熵越小，系统越有序，结构性越强；反之，信息熵越大，土地类型越丰富，分布越均匀。信息熵的计算公式如下：

$$H = -\sum_{i=1}^{n} P_i \ln P_i \quad P_i = S_i / S = S_i \Big/ \sum_{i=1}^{n} S_i \qquad (6\text{-}27)$$

式中，H 为信息熵；P_i 为各用地类型面积占该区域土地总面积的比例；S 为研究区土地总面积；S_i 为各用地类型面积；n 为用地类型数量。

熵值大小反映用地类型的多少和各用地类型分布的均匀程度。当土地利用面积相等时，熵最大，即土地利用类型越多，各类型的面积相差越小，熵值越大。

为体现用地数量对信息熵的影响，引入均衡度概念，其计算公式如下：

$$J = H / H_m = -\left| \sum_{i=1}^{n} P_i \ln P_i \right| \Big/ \ln n \qquad (6\text{-}28)$$

式中，J 为均衡度；P_i 的计算方法同式（6-26）；n 为用地类型数量。

均衡度表示区域土地利用的均衡程度，其值为 0~1。当 J=0 时，土地利用处于最不均匀状态；J=1 时，土地利用达到理想的平衡状态[264]。

据式（6-27）、式（6-28），计算出各调控方案的信息熵与均衡度数值（表 6-14）。

表 6-14　呼和浩特土地利用结构各调控方案的信息熵与均衡度

年份	方案	信息熵	均衡度
2025	1	1.515 4	0.845 7
	2	1.528 4	0.853 0
	3	1.528 8	0.853 2
2030	1	1.496 6	0.835 2
	2	1.519 7	0.848 1
	3	1.517 9	0.847 1

　　由表 6-14 可知，2025 年呼和浩特城市土地利用结构各调控方案中，方案 3 的信息熵与均衡度数值最大，表明该方案中区域各类土地面积相差较小，用地分布均匀，土地结构较理想；而方案 1 的信息熵与均衡度数值最小，说明该方案中土地利用的有序性较高，但用地结构处于较不均衡状态。2030 年，方案 3 的信息熵与均衡度数值虽未达到最大，但仍然较高，表明其用地分布与结构仍较均衡。

　　综上所述，3 种方案均实现了呼和浩特城市耕地保有量的规划目标，为加快生态文明建设，林业用地规模都有不同程度增加。但总体来说，方案 3 的各类用地结构更加趋于合理，能够实现研究区经济效益、生态效益、社会效益的最大化，是土地利用结构优化调控的最优方案。

本 章 小 结

　　基于城市空间扩展的内生机制与外部约束，本章借助 CA-Markov 模型与 UEER 模型，对呼和浩特城市土地利用扩展进行多情景模拟并划定城市增长边界；运用灰色多目标线性规划法构建目标函数与约束条件，调控城市土地利用结构，结果表明：

　　（1）基于呼和浩特城市空间扩展的内生机制及其数据的可获取性，从自然环境、社会经济和交通可达性 3 个方面选取 9 项指标构建城市空间扩展驱动因子指标体系，借助 CA-Markov 模型分别对研究区 2025 年、2030 年城市空间扩展进行多情景模拟，设置出自然增长型、城市化发展型、耕地保护型、生态经济型 4 种情景方案。

　　（2）不同情景下的呼和浩特城市空间扩展规模及其用地格局存在显著差异。其中，城市化发展型情景中建设用地增幅最大，占比最高，城市扩展强度最大；自然增长型情景与耕地保护型情景介于中间，城市扩展强度居中；生态经济型情景中建设用地增幅最小，城市扩展强度最小。总体上，生态经济型情景中城市用地发展较为合理，符合国家控制城市增长边界的政策要求。

　　（3）不同空间扩展情景下的呼和浩特生态风险综合指数及其空间格局各不相同。其中，生态经济型情景下生态风险综合指数最低，2025 年和 2030 年均处于生态风险较低等级；城市化发展型情景下生态风险综合指数最高，2025 年为较高生态风险，2030 年则达高生态风险等级；自然增长型情景与生态经济型情景介于中间。可见，生态经济型情景是基于生态安全的城市扩展方案。

　　（4）依据城市空间扩展的外部约束，从地表形态、土地覆盖、生物敏感性、生态风险性、水资源敏感性 5 个方面选取 15 项指标构建城市空间扩展的生态阻力因子体系，运用 UEER 模型进行城市空间扩展生态基面阻力综合评估，基于低阻力水平下城市空间扩展方式，划定呼和浩特城市发展的"刚性"边界，并据生态经济型扩展方案划定其城市用地发展的"弹性"边界。结果表明：呼和浩特城市

"刚性"边界内建设用地总面积 650.29km², 与 2017 年相比,"刚性"边界内可增加建设用地 192.34km²; 2025 年,"弹性"边界内建设用地总面积 516.68km², 可增加建设用地 58.73km²; 2030 年,"弹性"边界内建设用地总面积 550.06km², 可增加建设用地 92.11km²。

(5) 以满足呼和浩特土地利用的经济效益、生态效益、社会效益最大化为原则,运用灰色多目标线性规划法构建目标函数与约束方程,借助 LINGO 12.0 软件进行建模与求解,对呼和浩特 2025 年和 2030 年土地利用结构进行优化调控分析。结果表明:经济效益和生态效益并重方案既有利于生态环境的建设与改善,又能保障经济效益与社会效益,是呼和浩特土地利用结构调控的最优方案。

第七章 基于生态安全格局的呼和浩特
城市生态风险防控研究

城市空间扩展与生态风险演变的耦合研究（第五章）表明，呼和浩特城市空间大幅扩张所致的生态风险逐渐加剧，而区域生态安全状况对城市空间扩展的约束作用也不断增强。可见，构建科学合理的生态风险防控体系是保障区域生态安全与城市可持续发展的重要举措[265,266]。基于此，本章借助 MCR 模型和 ArcGIS 空间分析模块，通过确立城市生态源地、生态廊道与生态战略点，构建区域生态安全格局，进行城市空间管制与防控分区，为合理规避城市生态风险提供理论依据。

第一节 呼和浩特城市生态安全格局构建

一、研究方法与数据来源

借鉴相关研究，生态安全格局的构建包括 3 个步骤[267]：一是确定生态源地；二是以生态源地为起点，构建空间阻力面；三是依据生态源地与空间阻力的关系构建生态安全格局。基于此，本节在确定城市扩张源和生态保护源的基础上，运用 MCR 模型，划分呼和浩特城市生态安全区，识别生态源间廊道、辐射通道、生态战略点等景观组分[267]，构建生态安全格局。

本节中土地利用信息来源于 2017 年 8 月 landsat 8 OLI-TIRS 遥感影像、DEM 数字高程数据、《呼和浩特市城市总体规划（2011—2020）》，NPP 数据来源于中国陆地生态系统逐月净初级生产力 1km 栅格数据集，其他空间数据运用 ENVI、ArcGIS、Fragstats、GeoDa 等软件进行提取及处理。

二、源地识别

（一）城市扩张源地识别

城市扩张源地反映了城市扩张的核心动力[250]，一般以建设用地作为城市扩张源地。结合呼和浩特城市建设实际，提取面积大于 2km² 的建设用地斑块作为城市扩张源地（彩图 49）。由彩图 49 可知，呼和浩特城市扩张源地数量共计 6 个，面积为 365.60km²，占研究区总面积的 17.56%，主要集中于城市建成区及其周边区域。

（二）生态保护源地识别

生态保护源地包括现存物种的栖息地与生态涵养地[268]，是物种扩散和维持的源地和区域内具有生态促进作用的核心斑块[47]，因其本身具有较高的生态环境质量与生态系统服务价值，对保障区域生态安全具有重要意义[268]。生态保护源地的识别通常采用两种方法：一是直接识别，即将符合一定面积标准的湿地、水库、河流、生态保护区、自然保护区和风景名胜区的核心区直接提取作为生态保护源地；二是构建综合指标体系评估斑块重要性来确定生态保护源地[269]。本节基于生态系统服务重要性评估–生态敏感性评估–景观连通性评估[270]，构建评估指标体系来识别并确定呼和浩特城市生态保护源地。

1. 生态系统服务重要性评估

生态系统服务是指人类直接或间接从生态系统得到的所有收益[271]，是人类赖以生存和发展的基础[272]。生态系统服务重要性评估是从生态系统对人类的服务角度出发，提取出具有重要生态价值的土地斑块[270]。基于呼和浩特自然环境特点，选取全年植被 NPP、生物丰度指数、土壤稳定性指数、生态系统服务价值及生态系统弹性度 5 个指标，运用加权求和法评估研究区生态系统服务重要性。其中，各指标权重采用专家打分法确定（表 7-1）。依据相关研究成果，将生态系统服务重要性评估值分为 5 个等级（彩图 50）。

表 7-1　呼和浩特生态系统服务重要性评估指标及其权重

指标层	指标/单位	数据来源	权重
生态系统服务重要性	全年植被 NPP/($gC \cdot m^{-2}$)	全球变化科学研究数据出版系统	0.200
	生物丰度指数	遥感影像	0.224
	土壤稳定性指数	DEM 数字高程图	0.202
	生态系统服务价值/（万元/年）	遥感影像	0.226
	生态系统弹性度	遥感影像	0.150

注：全年植被 NPP 来源于全球变化科学研究数据出版系统官网 NPP 数据，经叠加、裁剪得出；生物丰度指数、生态系统服务价值、生态系统弹性度的计算方法见第三章第一节；土壤稳定性指数的计算方法见第六章第二节。

2. 生态敏感性评估

生态敏感性是指生态系统对人类活动干扰和自然环境变化的响应程度[270]，敏感程度越高的区域越易产生生态环境问题。生态敏感性评估是在分析生态过程对环境变化响应的基础上，辨识高敏感区域，以便为生态环境整治决策提供依据[270]。根据呼和浩特生态环境特征，选取坡度、地形起伏度、距水体距离、植被覆盖指数、土地利用类型、距生态保护区距离 6 个指标，运用加权求和法将各图层叠加得到研究区生态敏感性图层。其中，各指标权重采用专家打分法确定（表 7-2）。依据相关研究成果，将生态敏感性分为 5 个等级（彩图 51）。

表 7-2　呼和浩特生态敏感性评估指标及其权重

指标层	指标/单位	数据来源	分级	赋值	权重
生态敏感性	坡度/（°）	DEM 数字高程图	>25	9	0.15
			15~25	7	
			8~15	5	
			3~8	3	
			<3	1	
	地形起伏度/m	DEM 数字高程图	>80	9	0.10
			60~80	7	
			40~60	5	
			20~40	3	
			<20	1	
	距水体距离/m	遥感影像	200	9	0.20
			200~500	7	
			500~800	5	
			800~1 200	3	
			1 200	1	
	植被覆盖指数	遥感影像	0.315~0.380	9	0.20
			0.235~0.315	7	
			0.174~0.235	5	
			0.118~0.174	3	
			0.043~0.118	1	
	土地利用类型	遥感影像	林地、水域	9	0.15
			草地、未利用地	7	
			耕地	5	
			建设用地	3	
	距生态保护区距离/m	遥感影像	200	9	0.20
			200~500	7	
			500~800	5	
			800~1 200	3	
			1 200	1	

注：植被覆盖指数的计算方法见第三章第二节，地形起伏度的计算方法见第六章第二节。

3. 景观连通性评估

景观连通性是指景观对生态流的便利或阻碍程度[270]，维持良好的连通性是保护生物多样性和维持生态系统稳定性与整体性的关键因素之一[273]。景观连通性评估以生态系统自身结构为出发点，识别出对维持生态系统结构完整性具有重要作用的生态用地[270]。借鉴相关研究，通过可能连通性指数（probability of connectivity，PC）来反映研究区的景观连通性，并由此计算景观各斑块对景观连通性的重要值，作为衡量斑块对景观连通性影响和效应的分析指标[270]。其计算公式为[270]

$$PC = \frac{\sum_{i=1}^{n}\sum_{j=1}^{n} a_i \times a_j \times p_{ij}}{A_L^2} \tag{7-1}$$

$$dPC_i = 100 \times \frac{PC - PC_{i-\text{remove}}}{PC} \tag{7-2}$$

式中，PC 为可能连通性指数，即通过两生态环境节点之间直接扩散的可能性，是在景观水平上对景观整体连通性的表征；a_i 和 a_j 分别为斑块 i 和斑块 j 的面积；A_L 为研究区总面积；p_{ij} 为斑块 i 和斑块 j 之间所有路径最终连通性的最大值；n 为景观中生态环境节点的总数量；dPC_i 为斑块 i 在景观中的重要值，其值越大，表示该斑块在景观连通中的重要性越大；$PC_{i-\text{remove}}$ 为去除斑块 i 后剩余斑块组成景观的可能连通性指数值[270]。

本节以林地、草地和耕地为生态环境斑块，通过 ArcGIS 软件的插件模块 Conefor Inputs 10，生成关键点文件和阻力距离文件，作为景观连通性分析的原始数据；以呼和浩特市区面积作为基质总面积，参考相关文献并结合研究区现状，借助式（7-1）、式（7-2）及 Conefor 26 插件得出各斑块的重要性值，将其赋值到属性表中最终生成呼和浩特景观连通性空间分布图（彩图 52），并通过自然断裂法进行分级。

4. 生态保护源地确定

将呼和浩特生态系统服务重要性、生态敏感性和景观连通性图层等权重叠加，得到生态源地重要性分布图（彩图 53）。采用自然断裂法将生态源地重要性分为极重要、重要、较重要、一般重要和不重要 5 个等级（彩图 54）并计算各等级面积占比（表 7-3），选取极重要和重要两个等级的区域作为生态保护源地（彩图 55）。

表 7-3　呼和浩特生态源地重要性分级情况

等级	面积占比/%	小计/%
极重要	14.26	21.53
重要	7.27	
较重要	30.77	78.47
一般重要	19.39	
不重要	20.37	

由彩图 55、表 7-3 可知，呼和浩特生态源地数量共计 6 个（表 7-4），面积 424.00km²，占研究区总面积的 21.53%，主要分布在北部大青山区、东南部蛮汉山区及大黑河沿岸，集中于保合少镇、榆林镇、攸攸板镇和黄合少镇，玉泉区境内也有零星分布，其生态环境良好，具有涵养水源、生态保育、净化空气、观光休闲等多种生态功能。

表 7-4　呼和浩特生态源地分布与面积

生态源地	分布	面积/km²
1	保合少镇大青山生态保护区	346.35
2	黄合少镇内大面积林地保护区，北部毗邻大黑河	16.39
3	小黑河镇南湖湿地公园生态保护区，北部紧邻大黑河	6.83
4	榆林镇和黄合少镇交界处的大面积草地斑块	17.22
5	黄合少镇内大黑河支流的交会处	1.64
6	攸攸板镇和新城区西北部的大青山前山中段生态保护区	35.57

三、生态安全区划分

（一）源地等级划分及其阻力赋值

借鉴相关研究[250]，以呼和浩特各辖区经济发展水平为依据，划分城市扩张源地等级并对其扩张阻力赋值；以生态重要性程度为依据，采用自然断裂法划分生态源地等级并对其扩张阻力赋值，其结果如表 7-5 所示。

表 7-5　生态源地等级划分与阻力赋值

城市扩张源地	生态保护源地	源地等级与阻力赋值
新城区	0.502~0.597	一级 0.80
赛罕区	0.597~0.692	二级 0.85
回民区	0.692~0.787	三级 0.90
玉泉区	0.787~0.882	四级 0.95

（二）阻力因子选择

空间阻力是对"源"到空间某一点的某一路径的相对易达性的衡量[230]。影响空间阻力的因素具多样性，从城市生态安全的角度考虑，生态源地的保持和扩展过程中受到城市基质、城市环境及区域流通的共同影响[230]。借鉴相关成果并基于区域生态环境状况及人类活动影响，选取地表形态、土地覆盖、环境敏感性、人为干扰性、生态系统服务性、生态风险性6类影响因子共计17个指标，构建呼和浩特城市扩张源地与生态源地的阻力因子（表7-6）。参照黄木易、丛佃敏等[49,274]的研究成果，将阻力因子分为5级进行赋值，各因子权重采用Delphi法确定，具体评估指标及赋值情况见表7-6，各阻力因子栅格图如彩图56所示。

表7-6　呼和浩特城市扩张源地与生态源地扩张阻力指标评估体系

一级因子	二级指标/单位	权重	城市扩张源地扩张阻力值（生态扩张源地扩张阻力值）				
			1（9）	3（7）	5（5）	7（3）	9（1）
地表形态	高程/m	0.090	<1 141	1 141～1 300	1 300～1 511	1 511～1 757	>1 757
	坡度/（°）	0.090	<3	3～8	8～15	15～25	>25
土地覆盖	土地利用类型	0.090	建设用地	草地、未利用地	耕地	水域	林地
	土壤稳定性指数	0.060	<3.667	3.667～5.000	5.000～6.333	6.333～7.667	>7.667
环境敏感性	植被覆盖指数	0.045	<0.118	0.118～0.173	0.173～0.235	0.235～0.315	>0.315
	土壤调整植被指数	0.060	<0.235	0.235～0.362	0.362～0.461	0.461～0.563	>0.563
	距水体距离/m	0.045	<200	200～500	500～800	800～1 200	1 200
人为干扰性	距公路距离/m	0.044	<300	300～600	600～900	900～1 200	>1 200
	距铁路距离/m	0.044	<500	500～1 000	1 000～1 500	1 500～2 000	>2 000
	距经济开发区距离/m	0.044	<1 000	1 000～1 500	1 500～2 000	2 000～2 500	>2 500
	距城市中心距离/m	0.044	<800	800～1 300	1 300～1 800	1 800～2 500	>2 500
	人类干扰指数	0.044	>0.756	0.580～0.756	0.427～0.580	0.251～0.427	<0.251
生态系统服务性	全年植被NPP/(gC·m⁻²)	0.045	<69.339	69.339～142.393	142.393～185.731	185.731～231.544	>231.544
	粮食供给/t	0.030	<1.335	1.335～2.181	2.181～2.916	2.916～3.672	>3.672
	距生态保护区距离/m	0.075	>1 800	1 300～1 800	800～1 300	300～800	<300
生态风险性	综合生态风险	0.090	>0.563	0.486～0.563	0.409～0.486	0.331～0.409	<0.331
	景观生态风险	0.060	>0.641	0.528～0.641	0.414～0.528	0.301～0.414	<0.301

资料来源：DEM、遥感影像解译数据、中国陆地生态系统逐月净初级生产力1km栅格数据集、《呼和浩特经济统计年鉴》。

1. 地表形态

1）高程

高程对城市用地格局影响较大，高程低且地势平坦的地区，利于城市空间扩张。呼和浩特北部和东南部分别为大青山和蛮汉山，南部及西南部为土默川平原，地势由北东向南西倾斜，海拔为986～2 280m，市区平均海拔为1 040m。以 DEM 数据为依据，采用自然断裂法，分别以1 141m、1 300m、1 511m、1 757m 为界，对城市扩张源地扩张阻力划分等级并赋值：<1 141m 为一级，阻力分值为1；1 141～1 300m 为二级，阻力分值为3；1 300～1 511m 为三级，阻力分值为5；1 511～1 757m 为四级，阻力分值为7；>1 757m 为五级，阻力分值为9。生态源地扩张阻力等级划分及赋值与之相反（表7-6）。

2）坡度

地形坡度越大，地基承载力越差，且因水土流失与土壤侵蚀频发，不适于作城市建设用地而更适合作为林地、草地等生态用地[268]。依据《城市用地竖向规划规范》，借助 ArcGIS 空间分析工具，采用自然断裂法，分别以坡度3°、8°、15°、25°为界，对城市源地扩张阻力进行分级与赋值，生态源地扩张阻力等级划分及赋值与之相反（表7-6）。

2. 土地覆盖

1）土地利用类型

不同土地利用类型对源地之间的扩张阻力各不相同，用地类型与源地类型越相似，扩张阻力越小，反之则阻力越大[268]。建设用地最适宜于城市用地的扩张，扩张阻力最小，设为一级，阻力分值为1；草地和未利用地、耕地、水域、林地作为城市用地的扩张阻力逐渐增大，依次设为二级、三级、四级、五级，阻力分值分别为3、5、7、9。生态源地扩张阻力等级划分及赋值与之相反（表7-6）。

2）土壤稳定性指数

土壤结构越稳定，越有利于城市用地与生态用地的扩张。呼和浩特地处农牧交错地带，水土流失、草场退化、土壤盐渍化和风蚀沙化较为严重，成为土地利用的限制因素。借助 ArcGIS 软件的空间分析工具提取土壤稳定性指数，其计算过程见第六章第二节，采用自然断裂法，分别以3.667、5.000、6.333、7.667 为界，对城市用地扩张阻力进行分级与赋值。生态源地与城市源地的扩张阻力赋值一致（表7-6）。

3. 环境敏感性

1）植被覆盖指数、土壤调整植被指数

植被分布越宽泛的地区，生物敏感性等级越低，越适于生态用地的扩张。鉴于呼和浩特位于干旱与半干旱区的过渡地带，降水少且变率大，植被覆盖度较低，采用植被覆盖指数、土壤调整植被指数来表征植被的固碳释氧能力及其环境敏感性。其中，植被覆盖指数的计算过程见第三章第一节，采用自然断裂法，将其以0.118、0.173、0.235、0.315为界，对生态用地扩张阻力进行分级与赋值，城市源地扩张阻力等级划分及赋值与之相反（表 7-6）；土壤调整植被指数的计算方法见第六章第一节，采用自然断裂法，将其以 0.235、0.362、0.461、0.563 为界，对生态源地扩张阻力进行分级与赋值，城市源地扩张阻力等级划分及赋值与之相反（表 7-6）。

2）距水体距离

水资源是生物与城市赖以生存和发展的基础，距离水体越近，越有利于城市用地与生态用地的扩张[268]。据此，按照 200m、500m、800m、1 200m 的距离对水体的矢量数据作缓冲区分析并进行阻力分级与赋值，生态源地与城市源地扩张阻力赋值一致（表 7-6）。

4. 人为干扰性

1）距公路、铁路距离

城市用地扩展大多沿交通线路定向推进，城市交通的发展对城市内部结构调整也具有重要意义。距离道路越近，越有利于城市扩张。结合呼和浩特城市建设实际，高速公路以 300m、600m、900m、1 200m 的距离作缓冲区分析并对城市源地扩张阻力进行分级与赋值，铁路以 500m、1 000m、1 500m、2 000m 的距离作缓冲区分析并对城市源地扩张阻力进行分级与赋值，生态用地扩张阻力等级划分及赋值与之相反（表 7-6）。

2）距经济开发区距离

经济开发区不仅是城市吸引外商投资的重要载体，也是带动城市用地扩张的主要渠道。距经济开发区越近，越有利于城市扩张。呼和浩特现有 4 个经济开发区，即金川工业园区、呼和浩特出口加工区、白塔空港物流园和国家级留学人员创业园。依据呼和浩特实际情况，以 1 000m、1 500m、2 000m、2 500m 的距离作缓冲区分析并对城市源地扩张阻力进行分级与赋值，生态源地扩张阻力等级划分及赋值与之相反（表 7-6）。

3）距城市中心距离

城市是区域的政治、经济、文化中心，因资源相对集中[268]，距城市距离越近越有利于建设用地的扩张。参考已有研究，以 800m、1 300m、1 800m、2 500m 的距离作缓冲区分析并对城市源地扩张阻力进行分级与赋值，生态源地扩张阻力等级划分及赋值与之相反（表 7-6）。

4）人类干扰指数

人类干扰指数反映了人类活动对生态系统的干扰程度，其计算方法见第四章第二节。人类干扰程度越大，越适于建设用地的扩张。采用自然断裂法，分别以 0.756、0.580、0.427、0.251 为界，对城市源地扩张阻力进行分级与赋值，生态源地扩张阻力等级划分及赋值与之相反（表 7-6）。

5. 生态系统服务性

1）全年植被 NPP

作为地表碳循环的重要组成部分，NPP 不仅直接反映植物群落在自然环境条件下的生产能力，也表征陆地生态系统的质量状况，是调节生态过程的重要因子[275]。NPP 越高的区域，越适宜生态用地的扩张。基于全球变化科学研究数据出版系统官方网站的全国各月 NPP 分布图，经叠加、裁剪得到呼和浩特全年 NPP 分布图，采用自然断裂法，以 231.544gC/m^2、185.731gC/m^2、142.393gC/m^2、69.339gC/m^2 为界，对生态源地扩张阻力进行分级与赋值，城市源地扩张阻力等级划分及赋值与之相反（表 7-6）。

2）粮食供给

农作物、畜产品产量与地块植被指数间具有显著的线性关系[115]。据此，将粮食产量、畜产品产量基于 NDVI 值分别分配给耕地、草地栅格，以实现对粮食产量统计数据的空间化[276]，其计算公式如下：

$$G_i = \frac{\mathrm{NDVI}_i}{\mathrm{NDVI}_{\mathrm{sum}}} \times G_{\mathrm{sum}} \qquad (7\text{-}3)$$

式中，G_i 为第 i 个栅格所分配的粮食产量；NDVI_i 为第 i 个栅格 NDVI 值；$\mathrm{NDVI}_{\mathrm{sum}}$ 为研究区 NDVI 值之和；G_{sum} 为粮食总产量[250]。

区域内粮食供应保障程度越高，越有利于城市空间扩展。以 1.335t、2.181t、2.916t、3.672t 为界，对城市源地扩张阻力进行分级与赋值，生态源地扩张阻力等级划分及赋值与之相反（表 7-6）。

3）距生态保护区距离

为保护研究区的自然环境与生态系统，维护区域生态功能，将永久基本农田、森林公园、湿地公园、自然保护区、一级水源保护区、名胜古迹等各类用地划定为生态保护区。距离生态保护区越近，越不适宜建设用地的扩张。采用自然断裂法，以 300m、800m、1 300m、1 800m 为界，对生态源地扩张阻力进行分级与赋值，城市源地扩张阻力等级划分及赋值与之相反（表 7-6）。

6. 生态风险性

1）综合生态风险

呼和浩特城市空间扩展已导致区域生态风险的加剧，而生态风险的发生与发展又制约了城市空间的进一步扩展。因此，生态风险越大的区域，城市扩展的阻力越大。采用第四章第二节的生态风险计算结果，基于自然断裂法，分别以0.563、0.486、0.409、0.331为界，对城市用地扩张阻力进行分级与赋值，生态用地扩张阻力等级划分及赋值与之相反（表7-6）。

2）景观生态风险

采用景观干扰度指数来表征研究区的景观生态风险程度，其计算方法见第四章第二节。景观干扰度指数越高，表明区域景观生态风险越大，城市扩张阻力亦越大。采用自然断裂法，以0.641、0.528、0.414、0.301为界，对城市源地扩张阻力进行分级与赋值，生态源地扩张阻力等级划分及赋值与之相反（表7-6）。

（三）MCR面生成

采用MCR模型，借助ArcGIS空间分析模块对各阻力因子图层进行加权叠加，得出呼和浩特城市源地扩张阻力面和生态源地扩张阻力面（彩图57）；运用成本-距离模块得到城市源地扩张和生态源地扩张最小阻力面（彩图58）。结果表明：呼和浩特城市源地扩张阻力最大值为8.48，最小值为1.57，均值5.03；生态源地扩张阻力最大值为8.53，最小值为1.18，均值4.62。可见，城市源地扩张阻力略高于生态源地。扩张阻力低值均分布在其源地及周边地区，阻力值从源地呈放射状向四周逐渐升高，当遇到异质"源"时，阻力值发生突变。

（四）生态安全区划分

借鉴相关研究成果，采用生态源地扩张阻力值与城市源地扩张阻力值的差值来确定呼和浩特城市生态安全分区[268]。计算公式为

$$MCR_{差值} = MCR_{生态用地扩张} - MCR_{城市用地扩张}^{[268]} \qquad (7\text{-}4)$$

式中，$MCR_{差值}$为MCR差值；$MCR_{生态用地扩张}$为生态源地扩张阻力值；$MCR_{城市用地扩张}$为城市源地扩张阻力值。$MCR_{差值}>0$，表明生态源地扩张阻力相对更大，适宜城市源地扩张；$MCR_{差值}<0$，表明城市源地扩张阻力相对更大，适宜生态源地扩张；$MCR_{差值}=0$，是适宜生态源地和适宜城市源地的分界线。

运用式（7-4），借助ArcGIS中栅格计算器工具来实现$MCR_{差值}$的计算[268]，采用自然断裂法，将差值分为3个区间，分别对应3种生态安全类型区（表7-7、彩图59）。

表 7-7　呼和浩特城市生态安全格局分类

适宜类型	生态安全类型区	阻力差值区间
生态用地	高生态安全区	[-128 110～-44 767)
	中生态安全区	[-44 767～0)
	低生态安全区	[0～24 304)
城市用地	非生态区（建设用地扩张区）	[24 304～57 766]

彩图 59 显示：各生态安全类型区呈圈层式分布，作为非生态区的城市源地扩张区主要分布在建成区周边地带，是生态源地扩张的高阻力区域[269]，但适宜发展建设用地；低生态安全区环绕于建设用地与非生态区外围分布，MCR差值较大，适宜城市用地扩张，可作为城市建设用地的"储备区"；中生态安全区是生态源地保护的边缘地带与临界区域，也是城市建设用地的生态过渡区、生态环境的缓冲区域与外围屏障，起到隔离城市建设用地与生态区域的作用，对于维护城市生态格局的整体性具有重要意义，可作为生态源地发展的后备地带[269]；高生态安全区主要分布在城市北部及东部边缘带，MCR差值最小，最适宜作为生态源地，是维护城市生态安全及其可持续发展的生态基础[268,269]。

将呼和浩特乡镇单元矢量图层与生态安全分区图层相叠加，得到各乡镇不同生态安全类型区的空间分布结果（表 7-8）。由表 7-8 可知，高生态安全区分布在研究区北部及东部的生态源地内部，面积占比为 21.54%，主要集中于保合少镇、榆林镇、黄合少镇及攸攸板镇；中生态安全区呈环带状分布于高生态安全区外围，面积占比为 39.55%，除回民区和玉泉区外，各乡镇均有分布；低生态安全区面积占比为 24.55%，广泛分布于各乡镇内，并以金河镇、黄合少镇、小黑河镇、赛罕区、新城区为多，回民区内最少；非生态区面积占比 14.36%，除保合少镇外，在各乡镇均有分布，但主要集中于赛罕区、新城区及小黑河镇、回民区、玉泉区。

表 7-8　呼和浩特各乡镇不同生态安全区面积及其占比

乡镇（区）	高生态安全区		中生态安全区		低生态安全区		非生态区	
	面积/km²	占比/%	面积/km²	占比/%	面积/km²	占比/%	面积/km²	占比/%
赛罕区	0.000	0.000	4.255	0.005	65.152	0.127	126.889	0.425
榆林镇	109.427	0.244	98.842	0.120	33.373	0.065	2.602	0.009
黄合少镇	35.454	0.079	224.701	0.273	84.822	0.166	4.084	0.014
金河镇	0.000	0.000	88.088	0.107	106.964	0.209	19.036	0.064
新城区	0.000	0.000	52.017	0.063	63.554	0.124	54.729	0.183
保合少镇	275.238	0.614	182.302	0.221	25.996	0.051	0.000	0.000
回民区	0.000	0.000	0.000	0.000	4.590	0.009	28.194	0.094
攸攸板镇	28.382	0.063	94.985	0.115	40.124	0.079	0.789	0.003
玉泉区	0.000	0.000	0.000	0.000	14.932	0.029	23.438	0.078
小黑河镇	0.000	0.000	78.098	0.095	71.604	0.140	39.107	0.131

四、生态安全格局构建

（一）生态廊道提取及生态战略点识别

1. 生态廊道提取

生态廊道是不同于周围景观基质的线状或带状景观要素，也是生物在不同栖息地间迁徙和扩散的通道[268]。在 MCR 模型中，生态廊道为相邻生态源地之间阻力最小的通道[267]。基于生态源地扩张最小阻力面模型，运用 ArcGIS 软件中成本路径模块提取各生态源地间的阻力路径，并对相邻两"源"之间的阻力路径进行两两比较，得到最小阻力路径：以生态源地的几何中心点作为生态源点，从每个源点出发，运用成本路径模块构建迭代模型提取源点 n 到剩余 n-1 个中心点的最小阻力路径，作为潜在生态廊道[277,278]。为识别重要生态廊道，采用重力模型 [式 (7-5)] 计算各生态源地间的相互作用指数（表 7-9），以此对生态廊道进行分级。选取相互作用力指数大于 30 的廊道作为一级生态廊道，其余作为二级生态廊道。据此，提取出呼和浩特生态廊道（彩图 60）。重力模型的计算方式如下：

$$G_{ab} = \frac{\varphi_a \varphi_b}{\theta_{ab}^2} = \frac{\left[\dfrac{1}{R_a} \times \ln S_a\right]\left[\dfrac{1}{R_b} \times \ln S_b\right]}{\left(\dfrac{L_{ab}}{L_{max}}\right)^2} = \frac{L_{max}^2 \ln S_a \ln S_b}{L_{ab}^2 R_a R_b} \qquad (7\text{-}5)$$

式中，G_{ab} 为斑块 a 与斑块 b 的相互作用指数；φ_a 和 φ_b 分别为斑块 a 和斑块 b 的权重值；θ_{ab} 为斑块 a 与斑块 b 潜在廊道阻力的标准化值；R_a 和 R_b 分别为斑块 a 与斑块 b 的阻力值，依据生态源地等级将斑块阻力分别赋值为 0.8、0.85、0.9、0.9；S_a 与 S_b 分别为斑块 a 与斑块 b 的面积；L_{ab} 为斑块 a 与斑块 b 之间廊道的累积阻力值；L_{max} 为所有廊道累积阻力最大值。

表 7-9 呼和浩特各生态源地间的相互作用指数

生态源地	1	2	3	4	5	6
1	*	48.333	28.451	180.744	7.960	2 929.752
2		*	33.480	99.062	52.551	12.172
3			*	8.544	1.190	31.521
4				*	88.050	30.203
5					*	0.897
6						*

注：*表示生态源地间无距离，即相互作用指数为 0。

彩图 60 显示：呼和浩特共有 15 条潜在生态廊道，呈东西、南北向分布，总长度为 346km，构成了城市生态系统物质循环与能量流动的生态网络[268]。其中，一级生态廊道有 9 条，长度为 165km，占生态廊道总长度的 48%，呈环状分布，分为北线、南线、西线、东线和中线（彩图 60）。其中，北线与南线廊道分别为大青山生态涵养带和大黑河生态涵养带；西线廊道连通了大青山生态保护源地与大黑河水源涵养区，构成城市生态环境保护的天然屏障；东线廊道呈弧形分布，是连接南北之间生态保护区域的关键纽带；中线廊道紧邻城市扩张源东部边界，将城乡、河流、林地斑块连为一体，是加强城市生态保育的重要地带。二级生态廊道有 6 条，长度为 181km，占生态廊道总长度的 52%，分布于市区中部、东部与南部，是城市加强公共绿地与湿地建设的重要地区。

2. 生态战略点识别

生态战略点是两个生态源地之间的关键节点，一般位于生态系统最薄弱的地方[268]，通常根据两个相邻"源"为中心形成的等阻力线的相切点来确定[277]。借鉴相关研究，基于 ArcGIS 软件中的水文分析模块，提取生态扩张最小阻力面脊线，作为阻力高值通道，并取脊线与生态廊道的交点为生态战略点[267]。因其为生态廊道上阻力较高的点，不利于物质交换与能量传递，可能成为生态廊道的断裂点，故应重点保护。研究表明：呼和浩特共有 11 个生态战略点（彩图 60），主要分布在距离较长的生态廊道中央，以及小黑河镇、保合少镇境内的生态保护区附近。这是由于生态廊道越长，被外界打断的可能性越大；且生态保护源地面积越小、分布越分散、距离城市扩张源地越近，其扩散效应越弱，生态廊道的稳定性越差，因而应在这些地段建立生态战略点，起到保护城市生态环境的关键作用。其中，位于一级生态廊道的生态战略点有 12 个，位于二级生态廊道的生态战略点有 5 个（彩图 60）。

（二）生态安全格局构建

区域生态安全格局由源斑块、缓冲区、廊道、战略点等景观组分构成[268]。其中，源斑块通过最小阻力途径实现生态源地的扩张和信息、能量、生物的交流，以维护区域生态安全；战略点对于生态源地中物种扩散和迁移、生态流控制具有关键作用[269]。基于此，将呼和浩特城市生态源地、不同类型生态安全区及非生态区、生态廊道和生态战略点及城市空间结构规划图进行叠加，并以《呼和浩特市城市总体规划（2011—2020）》为依据，最终生成"点-线-面"相结合的城市生态安全格局[268]，即"一环、两带、三区、四廊、多心"的生态网络发展模式（彩图 61）。"一环"即基于北、东、南向的一级生态廊道，采用邻域分析工具构建的宽度为 2km 的生态缓冲区，它将北部大青山、东部草地和南部大黑河连为一体，既是由生态廊道构成的环城生态屏障，又是疏通物质交换和能量流动的生态通道；"两带"即北部大青山生态涵养带与南部大黑河水源涵养带，分别是城市北部的生态功能区和南部的水源储存地；"三区"为北部生态涵养区、中部城市发展区、南部生态保护区，分别为生态源地和城市建设用地的集中分布区；"四廊"是4条南北向的生态廊道，由西部城郊生态保护带、中部生态恢复带（2条）和东部水草生态保护带组成；"多心"即由生态源点及生态战略点共同组成的城市生态绿心，分布于生态源地内部和生态廊道上，从而形成以生态源地为核心、多生态战略点为线索、生态廊道为骨架的绿色生态网络架构。

第二节　呼和浩特城市生态风险防控研究

一、生态风险防控分区

空间管制是保障区域生态安全的有效措施[268]。空间管制是基于分区的约束性与指导性相结合的空间管治策略，一直是发达国家实施区域规划、调控空间布局的重要手段[268]。基于主体功能区划思想，结合生态安全分区结果，以呼和浩特乡镇行政单元为单位，划分出禁止开发、限制开发、重点开发及优化开发4类空间管制分区，结果如表7-10、彩图62所示。

表7-10　呼和浩特乡镇单元空间管制分区

适宜用地	乡镇（区）	生态安全分区	生态风险等级	主体功能区划	面积/km²	占比/%
生态源地	保合少镇	高生态安全区	较低	禁止开发区	497.52	21.53
	榆林镇	中生态安全区	中	限制开发区	914.00	39.55
	攸攸板镇					
	黄合少镇					
建设用地	金河镇	低生态安全区	较高	重点开发区	567.35	24.56
	小黑河镇					
	新城区					
	赛罕区	非生态区	高	优化开发区	331.87	14.36
	玉泉区					
	回民区					

禁止开发区是环境优越但生态脆弱的地区，也是禁止进行工业化和城市化建设的重点生态功能区；限制开发区是资源环境承载力较为低下、应限制大规模城市开发和经济集聚的地区；重点开发区是资源环境承载力较高、经济和人口聚居条件较好的地区；优化开发区是国土开发密度较高，但资源环境承载力开始减弱的地区[268]。

叠加分析结果表明：保合少镇地处呼和浩特生态源地的核心分布区，也是城市的重点生态功能区，为确保其现有的高生态安全水平，应划分为禁止开发区，原则上严禁任何形式的开发建设活动[267]，并适度引导人口、经济活动向中心城区集聚，加快推进大青山南坡的生态修复，提升其抗风险能力。榆林镇、攸攸板镇及黄合少镇是研究区生态源地的集中分布区，为生态用地发展后备区，为保持其现有的生态安全水平，应划为限制开发区，限制城市用地扩张，严格保护耕地，发展绿色生态农业，严控耕地面源污染，维护区域内的生态战略点，强化生态绿心建设。金河镇、小黑河镇、新城区地处生态用地、农业用地和城市建设用地的过渡区域，为生态源地保护的边缘地带与临界区域，应作为重点开发区域，今后应通过引导人口与产业的合理集聚带动城市重心向南及东南部迁移，依托于城市新区开发，加快基础设施投资与建设，因其目前属于低生态安全区，需优化城市用地扩张与耕地保护、生态保育的用地格局[279]，并在合理限度内进行开发利用[268]，提升其生态安全水平。作为非生态区且开发密度较高、人口高度集聚，赛罕区、玉泉区、回民区适宜发展为建设用地，属于优化开发区，今后应加快产业结构调整，注重城市内部挖潜，推行空间职能置换战略。

二、生态风险防控策略

（一）引导城市有序扩展，建立边界监管机制

第三章与第四章的研究表明：近年来呼和浩特城市空间的快速扩展已使生态环境受到干扰与破坏，导致区域生态风险有加剧趋势。因此，应依据城市空间扩展的外部约束与内生机制，结合呼和浩特城市建设发展实际与多情景模拟结果，划定未来城市用地增长的"刚性"边界与"弹性"边界，为城市建设确立科学、合理的发展空间。在划定一条不可突破的"永恒"边界的基础上，依据城市发展背景变化而适当调整并划定一定期限内的"弹性"边界，以此来引导城市有序扩展，严格控制城市用地规模，防止城市"摊大饼"式的粗放扩张。基于"一带一路"倡议对呼和浩特及其周边区域可能带来的影响，以及生产力合理布局与城市职能分工的需求，结合第六章的研究结果，未来呼和浩特城市"刚性"增长边界规模应控制在 650km² 以内；2025 年城市"弹性"增长边界规模应控制在 517km² 以内，2030 年城市"弹性"增长边界规模应控制在 550km² 以内。同时，应建立城市建设用地边界实时监测与管控机制，加强对建设用地的空间管制，划定各类用地的规模边界、扩展边界、禁建边界，以及允许建设区、限制建设区、管制建设区、禁止建设区的区域范围，以此引导城市用地科学发展与合理布局。

（二）优化城市用地结构，实现土地用途管制

长期以来，呼和浩特城市空间扩展主要靠占用耕地来实现，这会导致耕地数

量锐减，危及区域粮食安全。但因研究区耕地主要集中在中心城区周边地带，若完全限制耕地向建设用地转换，城市空间扩展则可能形成跳跃、分散趋势，不仅会限制城市发展，还会加剧城市用地与景观格局的破碎化，且城市用地将大量占用草地、林地、水域等生态用地，导致区域生态风险的发生与发展。因此，在呼和浩特城市发展过程中，在科学划定基本农田并保证粮食需求的基础上，应合理调控各类用地结构，以实现土地资源的最优配置、最佳布局和合理使用，达到经济效益、生态效益与社会效益的最大化。同时，应改革土地管理方式，通过加快城市土地经营步伐，完善城市土地储备制度，积极推行土地有偿使用、耕地占补平衡及使用权公开交易等系列制度和政策措施，有效组织土地的开发、利用、保护与整治，以实现土地用途管制及土地资源的持续利用。

（三）转变城市发展方式，建设紧凑复合型城区

研究结果表明：随着呼和浩特城市空间的不断扩展，不仅占用了大量的生态用地，城市内部用地的闲置与浪费现象也较普遍。因此，必须转变城市发展方式，建设紧凑型、复合型、节约型城市[36]。一方面，应增强城市综合承载能力，改善城市人居环境，推动城市的集中布局和紧凑发展，建设人口、产业和生态相协调的复合型城市，走集约型、生态化的空间发展模式[36]。另一方面，按照"控制总量、用好增量、盘活存量"的总体思路，盘活城市存量建设用地，开发闲置与低效用地的利用潜力，提高城市土地利用效率，以缓解城市用地的供需矛盾。根据闲置土地的实际情况及其闲置、低效利用的具体原因，采用限期开发、调整项目、嫁接引资、收回储备、临时处置和征收闲置费等有针对性的措施进行分类处置与重新开发，以促进土地集约与高效利用。作为首府城市，呼和浩特因吸纳了较多的外来人口需适度增加一定数量与规模的居住用地，但应以老旧小区改造和利用城区间荒地与闲置土地为主，不宜盲目开发居住用地，从而实现"控制建设用地增量，盘活土地存量"的目标。

（四）合理配置空间资源，形成开放有序空间构架

作为"一带一路"倡议建设的交通枢纽与对外开放城市，呼和浩特应合理配置城市资源与空间要素，做好城市未来发展规划：在充分发挥区位优势的基础上，加强交通要道与重要交通枢纽建设，构建面向欧亚区域的国际通道，打造北方地区开放发展的战略支点，形成网络化与安全高效的各类要素联系通道及"丝绸之路经济带"的重要门户；同时，应加强城市与区域的生态研究，坚持生态优先的城市空间发展原则[267]，注重"在开发中保护、在保护中开发"，优化调整空间结构，提升区域整体的生态竞争力和城市综合实力。据此，依据"北控、东优、南拓、西联、集中成片、规模发展"的城市发展策略，结合自然环境、空间布局和

交通条件，优化城区空间结构，形成"两轴、三极、四组团、八片区"的区域空间结构框架，即：以新华大街和锡林路为城市综合功能发展轴，火车东站、中山路、内蒙古大学分别为东部、中部、南部城区的发展核心，金川工业组团、金川南区工业组团、金桥工业组团、白塔空港物流组团为城区外围功能组团，金海片区、铁北片区、西河片区、中心片区、东部片区、西南片区、南部新市区片区、东河片区为八片区，在保持城市空间框架有一定弹性的同时，实现各功能组团的生产、生活、生态的平衡与协调发展。

（五）构建城市生态格局，进行风险分区管控

为有效防范因城市空间扩展而导致的区域生态风险发生，在呼和浩特城市空间扩展过程中应尽量保留草地、林地、水域、湿地等生态服务价值较高的景观类型，最大限度地降低与规避建成区的土地利用生态风险[257]。同时，应加强生态保育及生态建设工作，构建"一环、两带、三区、四廊、多心"的生态网络框架，即：以一级生态廊道为骨架构成城市"生态环"；将北部大青山生态涵养带及南部大黑河生态涵养带作为重点生态保育区，通过建设大型集中连片的绿色开敞空间，打造城区的"生态屏障"；将城市分为北部生态涵养区、中部城市发展区、南部生态保护区三大片区，分别做好发展部署与功能定位；构建由西部城郊生态保护带、中部生态恢复带和东部水草、生态保护带组成的四条南北向的生态廊道；由多个生态源点及生态战略点共同组成城市发展的生态绿心，形成城乡一体化绿色生态网络，并以此基础，依据生态安全分区结果（彩图 62），进行风险分区管控。

1. 禁止开发区

呼和浩特禁止开发区位于保合少镇，用地类型以林地和草地为主，是呼和浩特面积最大的生态保护源所在地，东西向的生态环与生态涵养带贯穿全镇。作为城市重点生态功能区及生态廊道与生态战略点的聚集地，应禁止任何开发活动，并采取如下风险防控策略：一是严禁一切不符合区域功能定位的开发建设活动，并设置产业准入环境门槛，禁止有污染物排放的企业进入[268]；二是实施人口退出政策，引导区域内人口实现就业转移；三是严格保护好天然林地、生态廊道及生态战略点等生态用地，提倡生物防治，控制面源污染[268]；四是实施大青山前坡生态治理工程，发展树木栽种、村庄改造、果园种植等环境修复与生态产业，保持大青山的生态完整性。

2. 限制开发区

呼和浩特限制开发区包括榆林镇、攸攸板镇及黄合少镇 3 个乡镇，分别位于市区西部和东部。区内耕地、草地、林地面积较大，拥有众多的生态环、生态廊

道、生态战略点及大面积的生态保护源地，是呼和浩特生态安全格局的关键枢纽及重要的粮食产地。作为资源承载能力较低、开发条件较差的地区，限制开发区未来发展应采取如下策略：第一，发展特色产业，适度开发旅游业、生态农业等绿色产业，增强区域绿色经济发展实力[268]；第二，合理利用土地资源，严格实行耕地保护政策，限制建设用地向北部生态区扩展；第三，以生态战略点为中心，保护生态用地不被侵占，推进水土保持工程建设[268]；第四，植树造林，增加林草覆盖面积，强化生态源地间的连通性。

3. 重点开发区

呼和浩特重点开发区包括金河镇、小黑河镇 2 个乡镇和新城区 1 个市辖区。耕地、建设用地、草地面积比重较大，北有大青山，南有大小黑河，中有生态保护源地，因资源环境承载能力较强、经济和人口聚居条件较好，应采取以下发展策略：一是提高城市基础设施建设水平，改善投资环境，积极承接优先开发区的产业转移与集聚[267]；二是实施人口迁入政策，强化人口集聚和吸纳功能，鼓励外来人口兴业投资和迁居[267]；三是加强生态环境建设，进行大小黑河河道整治，实行排污总量控制与达标处理，提高北部大青山的生态屏障与生态保育及大小黑河的水源涵养与净化功能；四是因地制宜地发展新城区经济林、金河镇现代农业等生态产业，严禁建设用地对耕地的过度侵占。

4. 优化开发区

呼和浩特优化开发区包括赛罕区、玉泉区、回民区 3 个市辖区。其开发程度高，人口密度与建筑密度大，基础设施相对完善，但资源环境承载能力有限，在今后的开发建设中应做到：第一，优化产业结构，转变经济增长方式，提升经济发展质量与水平，发挥带动周边乡镇经济增长的极点作用；第二，可在周边地区适当发展城市新区，疏散主城区人口，降低人口密度，引导人口均衡分布；第三，调整用地布局与空间结构，实现城市土地职能置换，加快存量建设用地的再开发，提高城市空间利用率，如应全面启动白塔机场的迁建工作，释放发展空间，打造东部城市新区；第四，加强玉泉区境内南湖湿地公园和小黑河流域的湿地保护，杜绝建设用地无序扩张。

（六）调整优化产业布局，实现生态绿色发展

产业结构是影响生态安全的重要因素。为构建生态风险防控体系，呼和浩特需通过产业结构的升级调整来促进高端化、服务业化、生态化，实现绿色发展[268]。为此，应利用高新技术特别是信息技术改造传统产业，使其向价值链高端发展，提升产业整体素质和核心竞争力[272]；淘汰能源消耗高、资源浪费大、污染严重的

产业，积极推行低碳化、循环化和集约化，推进资源高效循环利用；积极扶植质量效益型、资源节约型、科技先导型的新兴产业[38]与现代农业产业，构建战略性新兴产业新格局。同时，围绕生态红线、城市增长边界、主体功能区等制定地方政策，出台生态补偿、绿色发展绩效定量监测、绿色发展优惠等政策[268]，推动城市实现生态发展。

此外，作为"一带一路"经济带上重要的商贸物流和文化科教中心，呼和浩特应充分发挥比较优势，在强调绿色经济和生态文明的基础上，积极发展跨境贸易，深化经贸、金融、科教、文化、旅游等领域的国际交流与合作，加快资本、贸易和人口等核心要素的流动与集聚，实现出口产品结构升级和转型，优化城市工业用地规模与空间布局模式，提升整体经济实力与区域性服务中心职能，形成新的区域节点性城市，更好地发挥对区域的开放引领和辐射作用。

本 章 小 结

本章基于 MCR 模型和 ArcGIS 软件空间分析功能，通过确立城市生态源地、生态廊道和生态战略点等景观组分，构建区域生态安全格局，并据此进行城市空间管制与防控分区，提出生态风险防控策略，结果表明：

（1）基于呼和浩特的环境特点、用地现状及城市建设实际，确定城市扩张源地共计 6 个，面积为 365.60km²，占研究区总面积的 17.56 %，主要集中于城市建成区内；生态保护源地共计 6 个，面积为 424.00km²，占研究区总面积的 20.37%，分布于北部大青山区、东南部蛮汉山区及大黑河沿岸。

（2）选取地表形态、土地覆盖、环境敏感性、人为干扰性、生态系统服务性、生态风险性 6 类影响因子共计 17 个指标，构建城市源地与生态源地扩张阻力因子体系，运用 MCR 模型设置城市源地扩张最小阻力面和生态源地扩张最小阻力面，结果表明：呼和浩特城市源地扩张阻力最大值为 8.48，最小值为 1.57，均值 5.03；生态源地扩张阻力最大值为 8.53，最小值为 1.18，均值 4.62；城市源地扩张阻力略高于生态源地。

（3）借鉴相关研究，依据生态源地扩张阻力值与城市源地扩张阻力值的差值来确定呼和浩特生态安全分区，并采用自然断裂法将其分为 3 种生态安全类型。结果显示：呼和浩特各生态安全类型区呈"圈层式"分布，由中心城区向外，依次为建设用地扩展区、低生态安全区、中生态安全区、高生态安全区，其面积占比分别为 14.36%、24.55%、39.55% 和 21.54%。

（4）基于 MCR 模型，运用 ArcGIS 软件中成本路径模块提取各生态源地间的最小阻力路径作为生态廊道，运用网络分析模块提取生态廊道与最大阻力路径的交会点作为生态战略点。结果表明：呼和浩特城市生态廊道共有 15 条，呈环状分布于市区北部和南部，总长度为 346km（一级生态廊道有 9 条，长度为 165km；二级生态廊道有 6 条，长度为 181km）；生态战略点共计 11 个，位于生态源地的中心地带。

（5）将城市生态源地、生态安全区、生态廊道、生态战略点及城市空间结构规划图进行空间叠加，生成"一环、两带、三区、四廊、多心"的生态安全网络框架。"一环"即基于一级生态廊道，采用邻域分析工具构建的宽度为 2km 的生态缓冲区；"两带"即北部大青山生态涵养带与南部大黑河生态涵养带；"三区"为北部生态涵养区、中部城市发展区、南部生态保护区；"四廊"为 4 条南北向的生态廊道，"多心"即由生态源点及生态战略点共同组成城市发展的生态绿心。

（6）基于主体功能区划思想，结合生态安全分区结果，以呼和浩特乡镇行政单元为单位，划分为禁止开发区、限制开发区、重点开发区及优化开发区 4 类空间管制分区。结果表明：禁止开发区为保合少镇，限制开发区为榆林镇、攸攸板镇及黄合少镇，重点开发区包括金河镇、小黑河镇、新城区，优化开发区为赛罕区、玉泉区、回民区，并提出生态风险防控策略。

参 考 文 献

[1] 喻锋, 李晓兵, 王宏. 皇甫川流域土地利用变化与生态安全评价[J]. 地理学报, 2006, 61（6）: 645-653.

[2] 董廷旭, 秦其明, 王建华. 近30年来绵阳市城市用地扩展模式研究[J]. 地理研究, 2011, 30（4）: 667-675.

[3] 闫梅, 黄金川. 国内外城市空间扩展研究评析[J]. 地理科学进展, 2013, 32（7）: 1039-1050.

[4] 高玉宏, 张丽娟, 李文亮, 等. 基于空间模型和 CA 的城市用地扩展模拟研究: 以大庆市为例[J]. 地理科学, 2010, 30（5）: 723-727.

[5] 韩会然, 杨成凤, 宋金平. 北京市土地利用空间格局演化模拟及预测[J]. 地理科学进展, 2015, 34（8）: 976-986.

[6] 姚玉龙, 刘普幸, 陈丽丽, 等. 近30年来合肥市城市扩展遥感分析[J]. 经济地理, 2013, 33（9）: 65-72.

[7] 姚士谋, 陈振光, 王波. 我国沿海大城市空间扩展规律的初步认识[J]. 城市观察, 2012（5）: 96-104.

[8] 廖从健, 黄敬峰, 盛莉. 基于遥感的杭州城市建成区扩展研究[J]. 城市发展研究, 2013, 20（6）: 58-63.

[9] 李小建, 许家伟, 海贝贝. 县域聚落分布格局演变分析: 基于 1929—2013 年河南巩义的实证研究[J]. 地理学报, 2015, 70（12）: 1870-1883.

[10] 朱永官, 李刚, 张甘霖, 等. 土壤安全: 从地球关键带到生态系统服务[J]. 地理学报, 2015, 70（12）: 1859-1869.

[11] 渠爱雪, 仇方道. 徐州城市建设用地扩展过程与格局研究[J]. 地理科学, 2013, 33（1）: 61-68.

[12] 潘竟虎, 韩文超. 近20年中国省会及以上城市空间形态演变[J]. 自然资源学报, 2013, 28（3）: 470-480.

[13] NUISS H, HAASE D, LANZENDORF M, et al. Environmental impact assessment of urban land use transitions: A context-sensitive approach[J]. Land use policy, 2009, 26(5): 414-424.

[14] 张浩, 马蔚纯, HON-HING H. 基于 LUCC 的城市生态安全研究进展[J]. 生态学报, 2007, 27（5）: 2009-2017.

[15] SURIYA S, MUDGAL B V. Impact of urbanization on flooding: The thirusoolam sub watershed-a case study[J]. Journal of hydrology, 2012(3): 210-219.

[16] 陈利顶, 孙然好, 刘海莲. 城市景观格局演变的生态环境效应研究进展[J]. 生态学报, 2013, 33（4）: 1042-1050.

[17] 满苏尔·沙比提, 娜斯曼·那斯尔丁, 阿尔斯朗·马木提. 托木尔峰国家级自然保护区土地利用/覆被生态服务价值变化分析[J]. 地理研究, 2016, 35（11）: 2116-2124.

[18] 张骞, 高明, 杨乐, 等. 1988—2013 年重庆市主城九区生态用地空间结构及其生态系统服务价值变化[J]. 生态学报, 2017, 37（2）: 1-10.

[19] 赵丹, 李锋, 王如松. 城市土地利用变化对生态系统服务的影响: 以淮北市为例[J]. 生态学报, 2013, 33（8）: 2343-2349.

[20] 关小克, 张凤荣, 王秀丽, 等. 北京市生态用地空间演变与布局优化研究[J]. 地域研究与开发, 2013, 32（3）: 119-124.

[21] SUTER Ⅱ G W. 生态风险评价[M]. 尹大强, 林志芬, 刘树深, 等译. 2 版. 北京: 高等教育出版社, 2011.

[22] DE LANGE H J, SALA S, VIGHI M, et al. Ecological vulnerability in risk assessment: A review and perspectives[J]. Science of the total environment, 2010, 408(18): 3871-3879.

[23] CHERAGHI M, LORESTANI B, MERRIKHPOUR H, et al. Heavy metal risk assessment for potatoes grown in overused phosphate-fertilized soils[J]. Environmental monitoring and assessment, 2013, 185(2): 1825-1831.

[24] ERICSON B, CARAVANOS J, CHATHAM-STEPHENS K, et al. Approaches to systematic assessment of environmental exposures posed at hazardous waste sites in the developing world: the toxic sites identification program[J]. Environmental monitoring and assessment, 2012, 185(2): 1755-1766.

[25] TSCHERNING K, HELMING K, KRIPPNER B, et al. Does research applying the DPSIR framework support decision making?[J]. Land use policy, 2012, 29(1): 102-110.

[26] DOMENE X, RAMÍREZ W, MATTANA S, et al. Ecological risk assessment of organic waste amendments using the species sensitivity distribution from a soil organisms test battery[J]. Environmental pollution, 2008, 155(2): 227-236.

[27] 张思锋, 刘晗梦. 生态风险评价方法述评[J]. 生态学报, 2010, 30（10）: 2735-2744.

[28] 彭建, 党威雄, 刘焱序, 等. 景观生态风险评价研究进展与展望[J]. 地理学报, 2015, 70（4）: 664-677.

[29] 卢亚灵, 许学工. 生态风险与生态安全的评价方法及前景[J]. 安全与环境学报, 2010, 10（1）: 132-137.

[30] 潘雅婧, 王仰麟, 彭建, 等. 矿区生态风险评价研究述评[J]. 生态学报, 2012, 32（20）: 6566-6574.

[31] 张小飞, 王仰麟, 李正国, 等. 基于氮排放估算的区域生态风险评价: 以中国台湾地区为例[J]. 生态学报, 2016, 36（4）: 893-903.

[32] 蒙吉军, 燕群, 向芸芸. 鄂尔多斯土地利用生态安全格局优化及方案评价[J]. 中国沙漠, 2014, 34（2）: 590-596.

[33] 郑凯迪, 徐新良, 张学霞, 等. 上海市城市空间扩展时空特征与预测分析[J]. 地理信息科学学报, 2012, 14（4）: 490-496.

[34] 冯小杰, 金五刚, 杨甜. 城市空间扩展及其规划调控研究综述[J]. 城市建设理论研究, 2013（26）: 1-3.

[35] TOBLER W R. Cellular geography[M]// GALE S, OLSSON G. Philosophy in geography. Amsterdam: Springer-Verlag, 1979.

[36] 夏保林. 郑汴区域城市空间扩展及调控研究[D]. 郑州: 河南大学, 2010.

[37] 冯科. 城市用地蔓延的定量表达、机理分析及其调控策略研究: 以杭州市为例[D]. 杭州: 浙江大学, 2010.

[38] 蒋芳, 刘盛和, 袁弘. 城市增长管理的政策工具及其效果评价[J]. 城市规划学刊, 2007b（1）: 33-38.

[39] 龙瀛. 北京市限建区规划: 制订城市扩展的边界[C]//中国城市规划学会. 规划50年——2006中国城市规划年会论文集（中册）. 广州, 2006: 153-161.

[40] 刘志玲, 李江风, 张丽琴. 国内城市空间扩展研究综述[J]. 资源开发与市场, 2007, 23（11）: 1018-1020.

[41] 段进. 城市空间发展论[M]. 南京: 江苏科学技术出版社, 1999.

[42] 朱喜钢. 城市空间集中与分散论[M]. 北京: 中国建筑工业出版社, 2002.

[43] 李翅, 吕斌. 城市土地集约利用的影响因素及用地模式探讨[J]. 中国国土资源经济, 2007, 20（8）: 7-9.

[44] 韩守庆. 长春市区域空间结构形成机制与调控研究[D]. 长春: 东北师范大学, 2008.

[45] 黄馨, 黄晓军, 陈才. 长春城市空间扩张特征、机理与调控[J]. 地域研究与开发, 2009, 28（5）: 68-72.

[46] 任君, 刘录录, 岳健鹰, 等. 基于MCE-CA模型的嘉峪关市城市开发边界划定研究[J]. 干旱区地理, 2016, 39（5）: 1111-1119.

[47] 叶玉瑶, 苏泳娴, 张虹鸥, 等. 生态阻力面模型构建及其在城市扩展模拟中的应用[J]. 地理学报, 2014, 69（4）: 485-496.

[48] 陶卓霖, 喻忠磊, 王砾, 等. 基于空间区位条件的城市扩展生态阻力面模型及应用[J]. 地理研究, 2018, 37(1): 199-208.

[49] 丛佃敏, 赵书河, 于涛, 等. 综合生态安全格局构建与城市扩张模拟的城市增长边界划定: 以天水市规划区（2015—2030）为例[J]. 自然资源学报, 2018, 33（1）: 14-26.

[50] 雷艳旭. 基于多目标规划的开封市土地利用结构优化研究[D]. 开封: 河南大学, 2012.

[51] 赵晓丽, 张增祥, 易玲, 等. 呼和浩特市城市用地的扩展及其驱动力分析[J]. 干旱区资源与环境, 2010, 24（10）: 30-35.

[52] 曾勇. 区域生态风险评价——以呼和浩特市区为例[J]. 生态学报, 2010, 30（3）: 668-673.

[53] 姚士谋, 陈爽, 吴建楠, 等. 中国大城市用地空间扩展若干规律的探索——以苏州市为例[J]. 地理科学, 2009, 29（1）: 15-21.

[54] 高金龙,陈江龙,苏曦. 中国城市扩张态势与驱动机理研究学派综述[J]. 地理科学进展,2013,32(5):743-754.

[55] 张晶,李红,王丽光,等. 长春市建设用地扩展与经济增长的协调性研究[J]. 天津师范大学学报(自然科学版),2013,34(1):52-56.

[56] 王琳娟. 呼和浩特市区城市用地扩展多情景模拟研究[D]. 呼和浩特:内蒙古师范大学,2017.

[57] 冯琰玮. 基于生态安全格局的城市增长边界划定研究——以内蒙古呼和浩特市为例[D]. 呼和浩特:内蒙古师范大学,2019.

[58] 陈鹏飞. 北纬18°以北中国陆地生态系统逐月净初级生产力1公里栅格数据集(1985—2015)[J]. 北京:全球变化科学研究数据学报(中英文),2019,3(1):34.

[59] 甄江红,王亚丰,田圆圆,等. 城市空间扩展的生态环境效应研究——以内蒙古呼和浩特市为例[J]. 地理研究,2019,38(5):1080-1091.

[60] 蒙古学百科全书编辑委员会. 蒙古学百科全书:地理卷[M]. 呼和浩特:内蒙古人民出版社,2011.

[61] 甄江红. 内蒙古呼包鄂地区工业化与生态文明建设研究[M]. 北京:中国农业出版社,2015.

[62] 青城概况:自然地理_呼和浩特市人民政府.http://www.huhhot.gov.cn/mlqc/qcgk/zrdl/,2019/10/31.

[63] 何孙鹏. 呼和浩特市区城市空间扩展的景观生态安全评价研究[D]. 呼和浩特:内蒙古师范大学,2016.

[64] 布仁,范海娇. 呼和浩特市城市发展及规划编制简史[J]. 内蒙古师范大学学报(哲学社会科学版),2013,42(4):120-126.

[65] 王亚丰. 呼和浩特市中心城区居住用地时空演变及其调控研究[D]. 呼和浩特:内蒙古师范大学,2017.

[66] 海军. 基于RS、GIS的呼和浩特市城市土地利用及其空间结构演变研究[D]. 呼和浩特:内蒙古师范大学,2007.

[67] 萨楚拉. 基于GIS与地理元胞自动机(Geo-CA)模型的城市空间扩展模拟研究[D]. 呼和浩特:内蒙古师范大学,2007.

[68] 阎光亮. 清代内蒙古东三盟史[M]. 北京:中国社会科学出版社,2006.

[69] 徐东云,张雷,兰荣娟. 城市空间扩展理论综述[J]. 生产力研究,2009(6):168-170.

[70] 黄亚平. 城市外部空间开发规划研究[M]. 武汉:武汉大学出版社,1995.

[71] 杨荣南,张雪莲. 城市空间扩展的动力机制与模式研究[J]. 地域研究与开发,1997,16(2):1-4.

[72] 游士兵,苏正华,王婧. "点-轴系统"与城市空间扩展理论在经济增长中引擎作用实证研究[J]. 中国软科学,2015(4):142-154.

[73] 何流,崔功豪. 南京城市空间扩展的特征与机制[J]. 城市规划汇刊,2000(6):56-60.

[74] 朱才斌,陈勇. 试析土地有偿使用与城市空间扩展[J]. 人文地理,1997,12(3):43-46.

[75] 修春亮. 城市功能地域的形态及其演变规律研究[D]. 长春:东北师范大学,1996.

[76] 洪世键,张京祥. 经济学视野下的中国城市空间扩展[J]. 人文地理,2015,30(6):66-71.

[77] 许学强,周一星,宁越敏. 城市地理学[M]. 北京:高等教育出版社,1997.

[78] 孙平军,修春亮,吕飞. 城市空间扩展非协调性识别的基础理论与实证分析[J]. 地球科学进展,2015,30(2):247-258.

[79] 王永超. 城市化进程中的土地资源效应评估及风险防控机制研究[D]. 长春:东北师范大学,2014.

[80] 王发曾. 论我国城市开放空间系统的优化[J]. 人文地理,2005,20(2):1-8.

[81] 邓智national,唐秀敏,但涛波. 城市空间扩展战略研究——以上海市为例[J]. 城市开发,2004(5):17-20.

[82] 王诒健. 城市空间扩展机制研究——以邢台市为例[D]. 天津:天津大学,2004.

[83] WILSON E H, HURD J D, CIVCO D L, et al. Development of a geospatial model to quantify, describe and map urban growth[J]. Remote sensing of environment, 2003, 86(3): 275-285.

[84] 陈玉光. 城市空间扩展方式研究[J]. 城市,2010(8):22-27.

[85] 王绮,修春亮,魏冶. 城市空间扩展的动力机制分析——以沈阳市为例[J]. 城市问题,2014(10):29-35.

[86] BRUECKNER J K .The economics of urban yard space: An "implicit-market" model for housing attributes [J]. Journal of urban economics, 1983, 13(2): 216-234.

[87] FUJITA M, KRUGMAN P, VEBABLES A J. The spatial economy: cities, regions, and international trade[M]. Cambridge: The MIT Press, 1999.

[88] HARVEY D. The urban process under capitalism: A framework for analysis[J]. International journal for urban and regional research, 1978, 2(1): 101-131.

[89] CASTELLS M. The urban question: A marxist approach[M]. Cambridge: The MIT Press, 1977.

[90] FORM W H. The place of social structure in the determination of land use: some implications for a theory of urban ecology[J]. Social forces, 1954, 32(4): 317-323.

[91] DRUCKMAN DANIEL, ORAN R YOUNG, PAUL C STERN. Global environmental change: understanding the human dimensions[M]. Washington: National Academies Press, 1991.

[92] MCNEILL J, ALVES D, ARIZPE L, et al. Toward a typology and regionalization of land-cover and land-use change: report of working group B[J]. Changes in land use and land cover: a global perspective, 1994(45): 55-71.

[93] 刘盛和. 城市土地利用扩展的空间模式与动力机制[J]. 地理科学进展, 2002, 21（1）: 43-50.

[94] 渠爱雪. 矿业城市土地利用与生态演化研究[D]. 徐州: 中国矿业大学, 2009.

[95] 徐海贤, 郑文含, 王丁, 等. 2008 中国城市发展与规划国际论坛观点综述[J]. 江苏城市规划, 2008（8）: 41-44.

[96] JOHNSON M P. Environmental impacts of urban sprawl: A survey of the literature and proposed research agenda[J]. Environment and planning a, 2001, 33(4): 717-735.

[97] 蔺雪芹, 王岱, 刘旭. 北京城市空间扩展的生态环境响应及驱动力[J]. 生态环境学报, 2015, 24（7）: 1159-1165.

[98] 刘克华. 基于精明增长的城市用地扩展调控研究: 以泉州中心城区为例[D]. 南京: 南京大学, 2010.

[99] 韦亚平. 人口转变与健康城市化: 中国城市空间发展模式的重大选择[J]. 城市规划, 2006, 30（1）: 20-27.

[100] 黄焕春, 运迎霞. 基于 RS 和 GIS 的天津市核心区城市空间扩展研究[J]. 干旱区资源与环境, 2012, 26（7）: 165-171.

[101] 封建民, 赵敏宁, 李晓华. 近 30 年来西安市城市用地扩展时空变化研究[J]. 水土保持研究, 2013, 20（4）: 183-188.

[102] 朱少卿, 董锁成, 李泽红, 等. 基于分形维数测算的西安古城道路网研究[J]. 地理研究, 2016, 35（3）: 561-571.

[103] 尔德尼其其格, 阿拉腾图雅, 乌敦. 基于 GIS 和 RS 的呼和浩特市近百年城市空间扩展及其演变趋势[J]. 干旱区资源与环境, 2013, 27（1）: 33-39.

[104] 康红刚, 孙希华. 基于 RS 和 GIS 的城市扩展及驱动机制研究——以济南市为例[J]. 地域研究与开发, 2009, 28（3）: 135-139.

[105] 杨淑俐. 南昌市城市用地扩展变化研究[D]. 南昌: 江西师范大学, 2008.

[106] 郭永昌, 张敏, 秦树辉. 包头市城市地域空间扩展的动力机制研究[J]. 干旱区资源与环境, 2006, 20（5）: 15-20.

[107] 林目轩, 师迎春, 陈秧分, 等. 长沙市区建设用地扩张的时空特征[J]. 地理研究, 2007, 26（2）: 265-270.

[108] 徐枫, 刘兆礼, 陈建军. 长春市近 50 年城市扩展的遥感监测及时空过程分析[J]. 干旱区资源与环境, 2005, 19（7）: 80-84.

[109] 朱振国, 许刚, 姚士谋. 大城市边缘区城市化进程的实证分析——以南京江宁区为例[J]. 地理与地理信息科学, 2003, 19（3）: 76-79, 87.

[110] 刘盛和, 吴传钧, 沈洪泉. 基于 GIS 的北京城市土地利用扩展模式[J]. 地理学报, 2000, 55（4）: 407-416.

[111] 张庭伟. 1990 年代中国城市空间结构的变化及其动力机制[J]. 城市规划, 2001, 25（7）: 7-14.

[112] 石崧. 城市空间结构演变的动力机制分析[J]. 城市规划汇刊, 2004（1）: 50-52.

[113] PIERCE J J. Conversion of rural land to urban: A Canada profile[J]. Professional geographer, 1981, 33(2): 163-173.

[114] WALKER R, SOLECKI W. Special Section South Florida: The reality of change and the prospects for sustainability[J]. Ecological economics, 2001(3): 333-337.

[115] SCHNEIDER A, FRIEDL M A, POTERE D T. Mapping global urban areas using MODIS 500-m data: new methods and datasets based on urban ecoregions[J]. Remote sensing of environment, 2010, 114(8): 1733-1746.

[116] SUDHIRA H S, RAMACHANDRA T V, JAGADISH K S. Urban sprawl: Metrics, dynamics and modelling using GIS[J]. International journal of applied earth observation and geoinformation, 2004, 5(1): 29-39.

[117] 廖从健. 中国东中西部城市扩展遥感监测、驱动因素及效应比较研究[D]. 杭州: 浙江大学, 2013.

[118] 方修琦, 章文波, 张兰生, 等. 近百年来北京城市空间扩展与城乡过渡带演变[J]. 城市规划, 2002, 26（4）: 56-60.

[119] 沈体雁, 冯等田, 李迅, 等. 北京地区交通对城市空间扩展的影响研究[J]. 城市发展研究, 2008, 15（6）: 29-32.

[120] 李仙德, 白光润. 转型期上海城市空间重构的动力机制探讨[J]. 现代城市研究, 2008（9）: 11-18.

[121] 刘曙华, 沈玉芳. 上海城市扩展模式及其动力机制[J]. 经济地理, 2006, 26（3）: 487-491.

[122] 邓楠. 1990 年代以来广州城市空间拓展动力机制研究[D]. 武汉: 华中科技大学, 2006.

[123] 廖和平, 彭征, 洪惠坤, 等. 重庆市直辖以来的城市空间扩展与机制[J]. 地理研究, 2007, 26（6）: 1137-1146.

[124] 吴宏安, 蒋建军, 周杰, 等. 西安城市扩张及其驱动力分析[J]. 地理学报, 2005, 60（1）: 143-150.

[125] 程效东, 葛吉琦, 李瑞华. 基于 GIS 的城市土地扩展研究——以安徽马鞍山市城区为例[J]. 国土与自然资源研究, 2004（3）: 23-24.

[126] 曾磊, 宗勇, 鲁奇. 保定市城市用地扩展的时空演变分析[J]. 资源科学, 2004, 26（4）: 96-103.

[127] 姚士谋, 朱振国, 陈爽, 等. 香港城市空间扩展的新模式[J]. 现代城市研究, 2002, 17（2）: 55-58.

[128] 陈本清, 徐涵秋. 城市扩展及其驱动力遥感分析——以厦门市为例[J]. 经济地理, 2005, 25（1）: 79-83.

[129] 李欣钰. 兰州市固定资产投资及其与城市空间扩展的关系[D]. 兰州: 兰州大学, 2007.

[130] 梅志雄. 东莞市房地产发展与城市空间扩展研究[J]. 华南师范大学学报, 2009（4）: 111-115.

[131] 肖琳, 田光进. 天津城市扩展空间模式与驱动机制研究[J]. 资源科学, 2014, 36（7）: 1327-1335.

[132] 范作江, 承继成, 李琦. 遥感与地理信息系统相结合的城市扩展研究[J]. 遥感信息, 1997（3）: 12-16.

[133] 谈明洪, 李秀彬, 吕昌河. 我国城市用地扩张的驱动力分析[J]. 经济地理, 2003, 23（5）: 635-639.

[134] 朴研, 马克明. 北京城市建成区扩张的经济驱动: 1978—2002[J]. 中国国土资源经济, 2006, 19（7）: 34-37.

[135] 黎云, 李郇. 我国城市用地规模的影响因素分析[J]. 城市规划, 2006, 30（10）: 14-18.

[136] 何丹. 我国三大地带大城市建设用地扩展社会经济驱动力比较研究[D]. 重庆: 西南大学, 2006.

[137] 章波, 濮励杰, 黄贤金, 等. 城市区域土地利用变化及驱动机制研究——以长江三角洲地区为例[J]. 长江流域资源与环境, 2005, 14（1）: 28-33.

[138] 王丽萍, 周寅康, 薛俊菲. 江苏省城市用地扩张及驱动机制研究[J]. 中国土地科学, 2005, 19（6）: 26-29.

[139] 史培军, 陈晋, 潘耀忠. 深圳市土地利用变化机制分析[J]. 地理学报, 2000, 55（2）: 151-160.

[140] 刘纪远, 战金艳, 邓祥征. 经济改革背景下中国城市用地扩展的时空格局及其驱动因素分析[J]. AMBIO-人类环境杂志, 2005, 34, （6）: 444-449.

[141] 陈利根, 陈会广, 曲福田, 等. 经济发展、产业结构调整与城镇建设用地规模控制——以马鞍山市为例[J]. 资源科学, 2004, 26（6）: 137-144.

[142] 鲍丽萍, 王景岗. 中国大陆城市建设用地扩展动因浅析[J]. 中国土地科学, 2009, 23（8）: 68-72.

[143] 郝素秋, 徐梦洁, 蒋博. 南京市城市建成区扩张的时空特征与驱动力分析[J]. 广东土地科学, 2009, 8（5）:

44-48.

[144] 王俊松, 贺灿飞. 转型期中国城市土地空间扩张问题研究——基于 Muth-Mill 模型的实证检验[J]. 城市发展研究, 2009, 16(3): 24-30.

[145] TIAN G, LIU J, XIE Y, et al. Analysis of spatio-temporal dynamic pattern and driving forces of urban land in China in 1990s using TM images and GIS[J]. Cities, 2005, 22(6): 400-410.

[146] CHENG J Q, MASSER I. Urban growth pattern modeling: a case study of Wuhan city, PR China[J]. Landscape and urban planning, 2003, 62(4): 199-217.

[147] LUO J, WEI Y D. Population distribution and spatial structure in transitional Chinese cities: A study of Nanjing [J]. Eurasian geography and economics, 2006, 47(5): 585-603.

[148] BERRY B J L. City size distributions and economic development[J]. Economic development and cultural changes, 1961(4): 573-587.

[149] BRUECKNER J K, FANSLER D A. The economics of urban sprawl: Theory and evidence on the spatial sizes of cities[J]. Review of economics and statistics, 1983, 65(3): 479-482.

[150] 陈佑启, VERBURG P H. 中国土地利用/土地覆盖的多尺度空间分布特征分析[J]. 地理科学, 2000, 20（3）: 197-202.

[151] 刘旭华, 王劲峰, 刘纪远, 等. 国家尺度耕地变化驱动力的定量分析方法[J]. 农业工程学报, 2005, 21（4）: 56-60.

[152] 谢冰花. 临汾市建成区城市空间扩展及动力机制分析[D]. 临汾: 山西师范大学, 2012.

[153] 潮洛濛, 翟继武, 韩倩倩. 西部快速城市化地区近 20 年土地利用变化及驱动因素分析——以呼和浩特市为例[J]. 经济地理, 2010, 30（2）: 239-243.

[154] 余劲晖. 武汉城市开放空间时空演变与驱动因素分析研究[D]. 武汉: 华中科技大学, 2013.

[155] 武进. 中国城市形态: 结构及其演变[M]. 南京: 江苏省科技出版社, 1990.

[156] 摆万奇, 赵士洞. 土地利用和土地覆盖变化研究模型综述[J]. 自然资源学报, 1997, 12（2）: 169-175.

[157] 甄江红. 城市用地扩展对生态安全的影响——以内蒙古自治区呼和浩特市为例[J]. 内蒙古农业大学学报（自然科学版）, 2018, 39（3）: 52-59.

[158] 张伟新, 范晓秋, 姜翠玲, 等. 生态评价方法与区域生态足迹评价——以无锡市为例[J]. 南京财经大学学报, 2005, 132（2）: 24-28.

[159] 龙花楼, 刘永强, 李婷婷, 等. 生态用地分类初步研究[J]. 生态环境学报, 2015, 24（1）: 1-7.

[160] 苏伟忠, 杨桂山, 甄峰. 长江三角洲生态用地破碎度及其城市化关联[J]. 地理学报, 2007, 62(12): 1309-1317.

[161] 潘竟虎, 韩文超. 兰州中心城区用地扩展及其热岛响应的遥感分析[J]. 生态学杂志, 2011, 30(11): 2597-2603.

[162] 潘竟虎, 任皓晨, 秦晓娟, 等. 嘉峪关市瞬时热力场空间格局的遥感分析[J]. 城市环境与城市生态, 2007, 20（5）: 39-42.

[163] 覃志豪, ZHANG M H, KARNIELI A, 等. 用陆地卫星 TM6 数据演算地表温度的单窗算法[J]. 地理学报, 2001, 56（4）: 456-466.

[164] 谢高地, 鲁春霞, 冷允法, 等. 青藏高原生态资产的价值评估[J]. 自然资源学报, 2003, 18（2）: 189-195.

[165] 陈强, 濮励杰, 梁华石, 等. 快速城市化地区城市用地扩展的生态环境效应评价——以南京市栖霞区为例[J]. 江西农业大学学报, 2009, 31（4）: 750-755.

[166] 徐德明, 李静, 彭静, 等. 基于 RS 和 GIS 的生态系统健康评价[J]. 生态环境学报, 2010, 19（8）: 1809-1814.

[167] 高吉喜. 可持续发展理论探索: 生态承载力理论、方法与应用[M]. 北京: 中国环境科学出版社, 2001.

[168] 姚尧, 王世新, 周艺, 等. 生态环境状况指数模型在全国生态环境质量评价中的应用[J]. 遥感信息, 2012, 27（3）: 93-98.

[169] 黎显平. 北京城市动态扩展及对生态环境影响的研究[D]. 哈尔滨：哈尔滨师范大学，2016.

[170] 钟海燕. 鄱阳湖区土地利用变化及其生态环境效应研究[D]. 南京：南京农业大学，2011.

[171] 吉力力·阿不都外力，木巴热克·阿尤普. 基于生态足迹的中亚区域生态安全评价[J]. 地理研究，2008，27（6）：1308-1320.

[172] 方广玲，香宝，王宝良，等. 苏南经济快速发展地区人类活动生态风险评价——以镇江市丹徒区为例[J]. 应用生态学报，2014，25（4）：1076-1084.

[173] 张小飞，王如松，李正国，等. 城市综合生态风险评价——以淮北市城区为例[J]. 生态学报，2011，31（20）：6204-6214.

[174] 尹占娥. 城市自然灾害风险评估与实证研究[D]. 上海：华东师范大学，2009.

[175] 安佑志. 基于 GIS 的城市生态风险评价——以上海为例[D]. 上海：上海师范大学，2011.

[176] 孙心亮，方创琳. 干旱区城市化过程中的生态风险评价模型及应用——以河西地区城市化过程为例[J]. 干旱区地理，2006，29（5）：668-674.

[177] 吕永龙，王尘辰，曹祥会. 城市化的生态风险及其管理[J]. 生态学报，2018，38（2）：359-370.

[178] 高雅，陆兆华，魏振宽，等. 露天煤矿区生态风险受体分析——以内蒙古平庄西露天煤矿为例[J]. 生态学报，2014，34（11）：2844-2854.

[179] 施婷婷，许章华. 2005—2014 年平潭县土地利用变化及生态风险评价[J]. 海南大学学报（自然科学版），2016，34（3）：278-288.

[180] 阳文锐，王如松，黄锦楼，等. 生态风险评价及研究进展[J]. 应用生态学报，2007，18（8）：1869-1876.

[181] 余情情. 基于IV级逸度模型的典型抗生素环境归趋行为动态模拟与风险评估研究[J].南京：南京大学，2019.

[182] 毛小苓，倪晋仁. 生态风险评价研究述评[J]. 北京大学学报（自然科学版），2005，41（4）：646-654.

[183] 周婷，蒙吉军. 区域生态风险评价方法研究进展[J]. 生态学杂志，2009，28（4）：762-767.

[184] 王美娥，陈卫平，彭驰. 城市生态风险评价研究进展[J]. 应用生态学报，2014，25（3）：911-918.

[185] 孙洪波，杨桂山，苏伟忠，等. 生态风险评价研究进展[J]. 生态学杂志，2009，28（2）：335-341.

[186] 曾建军，邹明亮，郭建军，等. 生态风险评价研究进展综述[J]. 环境监测管理与技术，2017，29（1）：1-5.

[187] 陈辉，刘劲松，曹宇，等. 生态风险评价研究进展[J]. 生态学报，2006，26（5）：1558-1566.

[188] 龙涛，邓绍坡，吴运金，等. 生态风险评价框架进展研究[J]. 生态与农村环境学报，2015，31（6）：822-830.

[189] 张静. 陕南土地景观动态与生态风险变化研究[D]. 西安：陕西师范大学，2018.

[190] 周启星，王美娥，张倩茹，等. 小城镇土地利用变化的生态效应分析[J]. 应用生态学报，2005，16（4）：651-654.

[191] 李辉霞，蔡永立. 太湖流域主要城市洪涝灾害生态风险评价[J]. 灾害学，2002，17（3）：91-96.

[192] 杨宇，石璇，徐福留，等. 天津地区土壤中萘的生态风险分析[J]. 环境科学，2004，25（2）：115-118.

[193] 郭平，谢忠雷，李军，等. 长春市土壤重金属污染特征及其潜在生态风险评价[J]. 地理科学，2005，25（1）：108-112.

[194] 刘小琴，朱坦. 城市化进程中环境风险评价的一些问题探讨[J]. 中国安全科学学报，2004，14（3）：92-95.

[195] 马禄义，许学工. 基于气象灾害的青岛市域生态风险评价[J]. 城市环境与城市生态，2010，23（4）：1-5.

[196] 孙洪波，杨桂山，苏伟忠，等. 沿江地区土地利用生态风险评价——以长江三角洲南京地区为例[J]. 生态学报，2010，30（20）：5616-5625.

[197] 傅丽华，谢炳庚，张晔，等. 长株潭城市群核心区土地利用生态风险评价[J]. 自然灾害学报，2011，20（2）：96-101.

[198] 田鹏，史小丽，李加林，等. 杭州市土地利用变化及生态风险评价[J]. 水土保持通报，2018，38（4）：274-281.

[199] 夏敏，张开亮，文博，等. 煤炭资源枯竭型城市工矿用地时空变化模拟与生态风险评价——以江西省萍乡市

安源区为例[J]. 地理研究，2017，36（9）：175-188.

[200] 张建荣. 对区域环境风险评价的探讨[J]. 中国环境管理，1997（6）：39-40.

[201] 殷浩文. 水环境生态风险评价程序[J]. 上海环境科学，1995，14（11）：11-14.

[202] US ENVIRONMENTAL PROTEION AGENCY. Guidelines for ecological risk assessment[M]. Federal register, 1998, 63(93): 26846-26924.

[203] EUROPEAN COMMISSION. Technical guidance document on risk assessment[M]. Italy: European Communities, 2003.

[204] CANADIAN COUNCIL MINISTERS OF ENVIRONMENT. A framework for ecological risk assessment: general guidance[M]. Winnipeg: Canadian Council of Ministers of the Environment, 1996.

[205] 中国环境科学研究院. 化学物质风险评估导则（征求意见稿）[S]. 北京：环境保护部，2011.

[206] 朱艳景，张彦，高思，等. 生态风险评价方法学研究进展与评价模型选择[J]. 城市环境与城市生态，2015，28（1）：17-21.

[207] 李凤全，吴樟荣. 半干旱地区土地盐碱化预警研究——以吉林省西部土地盐碱化预警为例[J]. 水土保持通报，2002，22（1）：57-59.

[208] 傅伯杰. 区域生态环境预警的理论及其应用[J]. 应用生态学报，1993，4（4）：436-439.

[209] 徐美. 湖南省土地生态安全预警及调控研究[D]. 长沙：湖南师范大学，2013.

[210] TRAVIS C C, MORRIS J M. The emergence of ecological risk assessment[J]. Risk analysis, 1992, 12(2):167-168.

[211] 徐美，朱翔，刘春腊. 基于RBF的湖南省土地生态安全动态预警[J]. 地理学报，2012，67（10）：1411-1422.

[212] 傅伯杰. 区域生态环境预警的原理与方法[J]. 资源开发与市场，1991，7（3）：138-141.

[213] 尹昌斌，陈基湘，鲁明中. 自然资源开发利用度预警分析[J]. 中国人口·资源与环境，1999，9（3）：34-38.

[214] 施晓清，赵景柱，欧阳志云. 城市生态安全及其动态评价方法[J]. 生态学报，2005，25（12）：3237-3243.

[215] 刘邵权，陈国阶，陈治谏. 农村聚落生态环境预警——以万州区茨竹乡茨竹五组为例[J].生态学报，2001，21（2）：295-311.

[216] 付强，付红，王立坤. 基于加速遗传算法的投影寻踪模型在水质评价中的应用研究[J].地理科学，2003，23（2）：236-239.

[217] 邓楚雄，谢炳庚，李晓青，等. 基于投影寻踪法的长株潭城市群地区耕地集约利用评价[J]. 地理研究，2013，32（11）：2000-2008.

[218] 徐建华. 现代地理学中的数学方法[M]. 北京：高等教育出版社，2002.

[219] 吴晓庆. 我国新型工业化进程评价指标体系及模型构建研究[D]. 重庆：重庆大学，2007.

[220] 周迪，施平，吴晓青，等. 烟台市城镇空间扩展及区域景观生态风险[J]. 生态学杂志，2014，33（2）：477-485.

[221] 张友民，李庆国，戴冠中，等. 一种RBF网络结构优化方法[J]. 控制与决策，1996，11（6）：667-671.

[222] 冯琰玮，甄江红. 基于径向基神经网络的呼和浩特市生态安全预警研究[J]. 干旱区资源与环境，2018，32（11）：87-92.

[223] 刘耀彬，李仁东，宋学锋. 中国城市化与生态环境耦合度分析[J]. 自然资源学报，2005，20（1）：105-112.

[224] 冯琰玮，甄江红. 呼和浩特城市空间扩展与生态安全演变耦合研究[J]. 内蒙古农业大学学报（自然科学版），2017，38（6）：48-53.

[225] 戴云哲，李江风，杨建新. 长沙都市区生境质量对城市扩张的时空响应[J]. 地理科学进展，2018，37（10）：1340-1351.

[226] ZHANG S N, YORK A M, BOONE C G, et al. Methodological advances in the spatial analysis of land fragmentation[J]. Professional geographer, 2013, 65(3): 512-526.

[227] 王磊，段学军. 长江三角洲地区城市空间扩展研究[J]. 地理科学，2010，30（5）：702-709.

[228] 陈学，朱康文，雷波. 基于 CA-Markov 模型的土地利用/覆盖变化模拟[J]. 环境影响评价，2016，38（4）：61-65.

[229] 李贤江，石淑芹，蔡为民，等. 基于 CA-Markov 模型的天津滨海新区土地利用变化模拟[J]. 广西师范大学学报（自然科学版），2018，36（3）：133-143.

[230] 胡碧松，张涵玥. 基于 CA-Markov 模型的鄱阳湖区土地利用变化模拟研究[J]. 长江流域资源与环境，2018，27（6）：1207-1219.

[231] 肖蕾. 基于 CA-Markov 模型的抚仙湖流域土地利用变化情景模拟[D]. 昆明：昆明理工大学，2017.

[232] 郝慧君. CA-Markov 模型与 GIS、RS 在土地利用/土地覆盖变化中的应用研究[D]. 武汉：华中农业大学，2010.

[233] 黎夏，刘小平. 基于案例推理的元胞自动机及大区域城市演变模拟[J]. 地理学报，2007，62（10）：1097-1109.

[234] 陈训争，范胜龙，林晓丹，等. 基于 Logistic-CA-Markov 模型的龙海市土地利用/覆被变化与模拟[J]. 福建农林大学学报（自然科学版），2017，46（6）：685-691.

[235] 吴晶晶. 基于 GIS 和 CA-Markov 模型的乌江下游地区土地利用变化情景模拟与生态环境效应评价[M]. 重庆：西南大学，2017.

[236] 宋磊，陈笑扬，李小丽，等. 基于 CA-Markov 模型的长沙市望城区土地利用/覆盖变化预测[J]. 国土资源导刊，2018，15（2）：17-23.

[237] 李保杰. 矿区土地景观格局演变及其生态效应研究——以徐州市贾汪矿区为例[D]. 北京：中国矿业大学，2014.

[238] 张润朋，周春山. 美国城市增长边界研究进展与述评[J]. 规划师，2010，26（11）：89-96.

[239] KNAAP G, NELSON A C. 土地规划管理：美国俄勒冈州土地利用规划的经验教训[M]. 丁晓红，何金祥，译. 北京：中国大地出版社，2003.

[240] 胡飞，何灵聪，杨昔. 规土合一、三线统筹、划管结合——武汉城市开发边界划定实践[J]. 规划师，2016，32（6）：31-37.

[241] DING C R, KNAAP G J, HOPKINS L D. Managing urban growth with urban growth boundaries: a theoretical analysis[J]. Journal of urban economics, 1999, 46(1): 53-68.

[242] 刘焱序，彭建，孙茂龙，等. 基于生态适宜与风险控制的城市新区增长边界划定——以济宁市太白湖新区为例[J]. 应用生态学报，2016，27（8）：2605-2613.

[243] 任君. 基于 MCE-CA 模型的城市扩展及城市开发边界划定研究——以嘉峪关市为例[D]. 兰州：甘肃农业大学，2017.

[244] 黄明华，田晓晴. 关于新版《城市规划编制办法》中城市增长边界的思考[J]. 规划师，2008，24（6）：13-15.

[245] 黄明华，寇聪慧，屈雯. 寻求"刚性"与"弹性"的结合——对城市增长边界的思考[J]. 规划师，2012，28（3）：12-15.

[246] 王颖，顾朝林，李晓江. 中外城市增长边界研究进展[J]. 国际城市规划，2014，29（4）：1-11.

[247] KNAAPEN J P, SCHEFFER M, HARMS B. Estimating habitat isolation in landscape planning[J]. Landscape and urban planning, 1992, 23(1): 1-16.

[248] 韩世豪，梅艳国，叶持跃，等. 基于最小累积阻力模型的福建省南平市延平区生态安全格局构建[J]. 水土保持通报，2019，39（2）：192-198.

[249] 张继平，乔青，刘春兰，等. 基于最小累积阻力模型的北京市生态用地规划研究[J]. 生态学报，2017，37（19）：6313-6321.

[250] 王钊，杨山，王玉娟，等. 基于最小阻力模型的城市空间扩展冷热点格局分析——以苏锡常地区为例[J]. 经济地理，2016，36（3）：57-64.

[251] 刘光盛，王红梅，朱东亚，等. 新常态下基于双轨思维的城市开发边界体系探析[J]. 城市发展研究，2015，

22（11）：80-86.

[252] 张丽琴. 土地利用弹性规划研究[J]. 资源开发与市场, 2004, 20（4）：279-280.

[253] 尹奇, 吴次芳, 罗罡辉. 土地利用的弹性规划研究[J]. 农业工程学报, 2006, 22（1）：65-68.

[254] 邓元杰. 低碳导向下的土地利用结构优化及模拟研究——以德阳市为例[D]. 成都：四川师范大学, 2018.

[255] 梁烨, 刘学录, 汪丽. 基于灰色多目标线性规划的庄浪县土地利用结构优化研究[J]. 甘肃农业大学学报, 2013, 48（3）：93-98.

[256] 田思萌, 於冉, 江礼婷. 基于多目标线性规划的六安市土地利用结构优化研究[J]. 安徽农业大学学报, 2017, 44（4）：665-669.

[257] 刘艳芳, 明冬萍, 杨建宇. 基于生态绿当量的土地利用结构优化[J]. 武汉大学学报（信息科学版）, 2002, 27（5）：493-498.

[258] 李彬, 边静. 基于生态绿当量的重庆市涪陵区土地利用结构优化研究[J]. 海南师范大学学报（自然科学版）, 2012, 25（2）：212-215.

[259] 唐文帅. 基于多目标规划的盐城市土地利用结构优化研究[J]. 安徽农业科学, 2017, 45（35）：209-212.

[260] 冯甜甜. 张家港市土地利用结构优化研究[D]. 南京：南京农业大学, 2009.

[261] 卢波, 金勇章. 长沙市土地利用结构信息熵及驱动力研究[J]. 资源与产业, 2008, 10（6）：19-21.

[262] 庄争蓉, 李永实. 福清市土地利用结构时空分异规律研究[J]. 安庆师范学院学报（自然科学版）, 2007, 13（11）：47-50.

[263] 韩玉, 於忠祥. 信息熵在合肥市土地利用结构变化分析中的应用[J]. 安徽农业大学学报, 2012, 39（4）：624-628.

[264] 吴利, 朱红梅. 长沙市城乡用地结构动态演变信息熵研究[J]. 湖南农业大学学报（自然科学版）, 2010, 36（1）：20-23.

[265] 傅丽华, 谢炳庚, 张晔. 长株潭核心区土地利用生态风险多尺度调控决策[J]. 经济地理, 2012, 32（7）：118-122.

[266] 欧阳志云, 崔书红, 郑华. 我国生态安全面临的挑战与对策[J]. 科学与社会, 2015, 5（1）：20-30.

[267] 俞孔坚, 王思思, 李迪华, 等. 北京市生态安全格局及城市增长预景[J]. 生态学报, 2009, 29（3）：1189-1204.

[268] 曹玉红. 极化区生态安全格局演化与调控研究[D]. 合肥：安徽师范大学, 2018.

[269] 张亮. 基于生态安全格局的城市增长边界划定与管理研究[D]. 杭州：浙江大学, 2018.

[270] 陈昕, 彭建, 刘焱序, 等. 基于"重要性—敏感性—连通性"框架的云浮市生态安全格局构建[J]. 地理研究, 2017, 36（3）：471-484.

[271] COSTANZA R, D'ARGE R, DE GROOT R, et al. The value of the world's ecosystem services and natural capital[J]. Nature, 1997, 25(1): 3-15.

[272] DAILY G C, SOERQVIST T, ANIYAR S, et al. The value of nature and the nature of value[J]. Science, 2000, 289(5478): 395-396.

[273] TAYLOR P D, FAHRIG L, HENEIN K, et al. Connectivity is a vital element of landscape structure[J]. Oikos, 1993, 68(3): 571-573.

[274] 黄木易, 岳文泽, 冯少茹, 等. 基于 MCR 模型的大别山核心区生态安全格局异质性及优化[J]. 自然资源学报, 2019, 34（4）：771-784.

[275] 张明洁, 张京红, 张亚杰, 等. 基于 FY-3C 的海南橡胶林生长季净初级生产力估算研究[J]. 热带农业科学, 2019, 39（5）：92-98.

[276] 毛祺, 彭建, 刘焱序, 等. 耦合 SOFM 与 SVM 的生态功能分区方法：以鄂尔多斯市为例[J]. 地理学报, 2019, 74（3）：460-474.

[277] 彭建,李慧蕾,刘焱序,等. 雄安新区生态安全格局识别与优化策略[J]. 地理学报, 2018, 73(4): 701-710.

[278] 彭建,郭小楠,胡熠娜,等. 基于地质灾害敏感性的山地生态安全格局构建——以云南省玉溪市为例[J]. 应用生态学报, 2017, 28(2): 627-635.

[279] 柯新利,郑伟伟,杨柏寒. 权衡城市扩张、耕地保护与生态保育的土地利用布局优化——以武汉市为例[J]. 地理与地理信息科学, 2016, 32(5): 9-13.

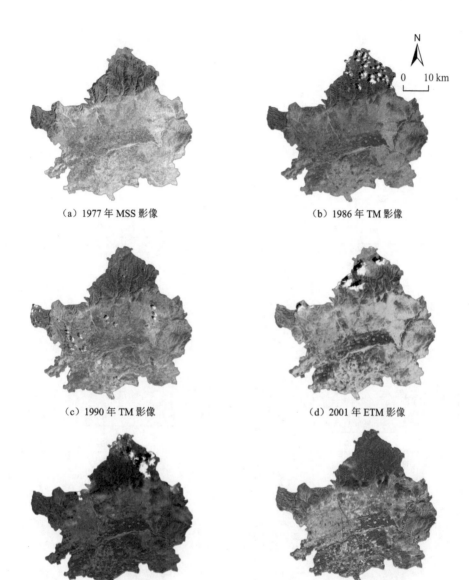

（a）1977 年 MSS 影像

（b）1986 年 TM 影像

（c）1990 年 TM 影像

（d）2001 年 ETM 影像

（e）2010 年 TM 影像

（f）2017 年 OLI-TIRS 影像

彩图 1　1977～2017 年呼和浩特市区遥感影像原图

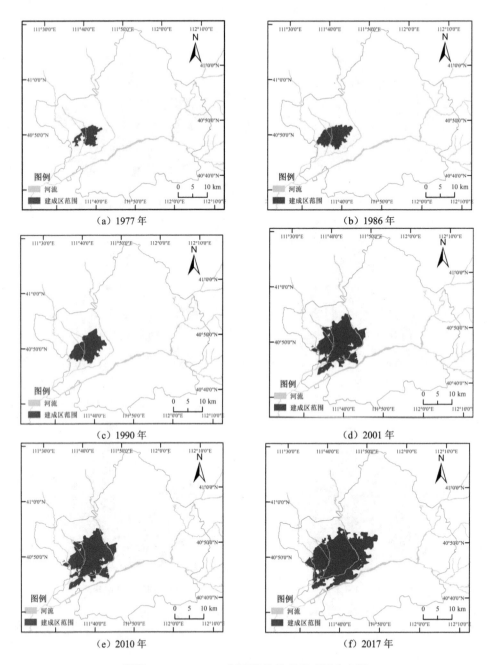

彩图 2 1977～2017 年呼和浩特市建成区分布图

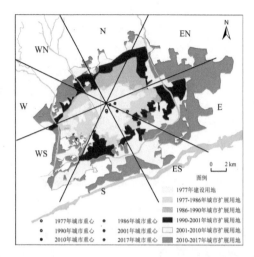

彩图 3　1977～2017 年呼和浩特城市扩展八方位分布图

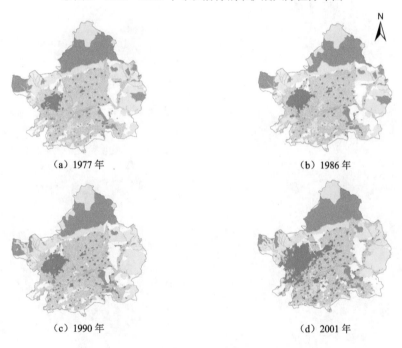

（a）1977 年

（b）1986 年

（c）1990 年

（d）2001 年

彩图 4　1977～2017 年呼和浩特市区景观类型分布图

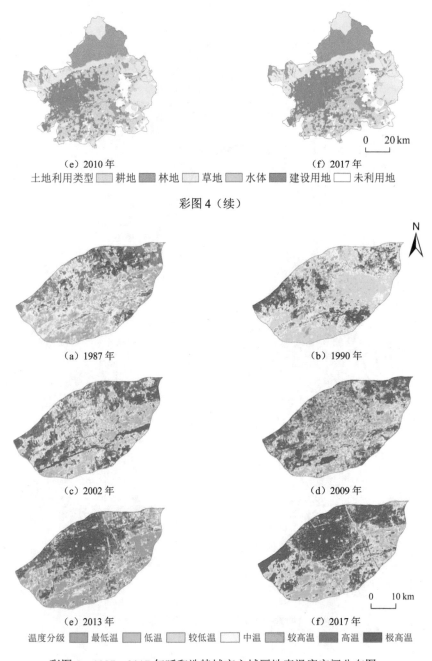

(e) 2010 年   (f) 2017 年

土地利用类型 ▢ 耕地 ▢ 林地 ▢ 草地 ▢ 水体 ▢ 建设用地 ▢ 未利用地

彩图 4（续）

(a) 1987 年   (b) 1990 年

(c) 2002 年   (d) 2009 年

(e) 2013 年   (f) 2017 年

温度分级 ▢ 最低温 ▢ 低温 ▢ 较低温 ▢ 中温 ▢ 较高温 ▢ 高温 ▢ 极高温

彩图 5　1987～2017 年呼和浩特城市主城区地表温度空间分布图

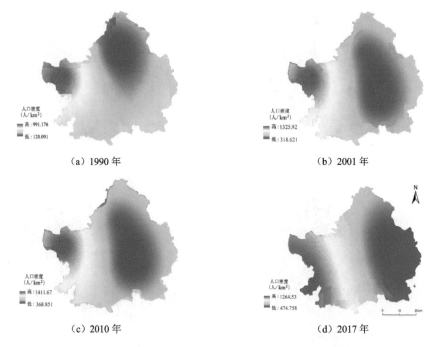

（a）1990 年   （b）2001 年

（c）2010 年   （d）2017 年

彩图 6　1990～2017 年呼和浩特市人口密度分布图

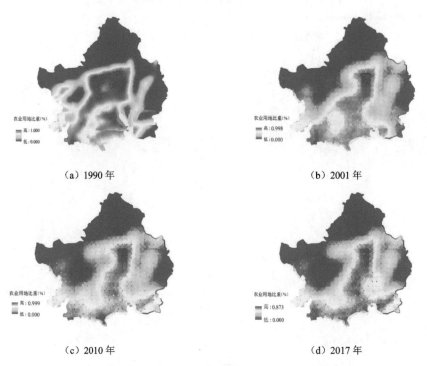

（a）1990 年   （b）2001 年

（c）2010 年   （d）2017 年

彩图 7　1990～2017 年呼和浩特市农业用地比重分布图

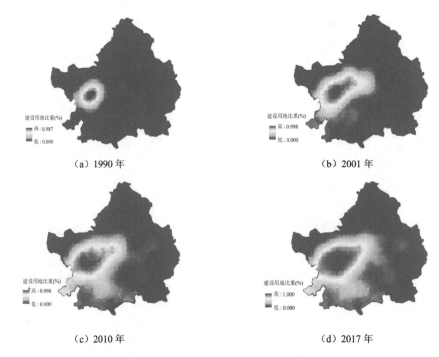

（a）1990 年   （b）2001 年

（c）2010 年   （d）2017 年

彩图 8 1990～2017 年呼和浩特市建设用地比重分布图

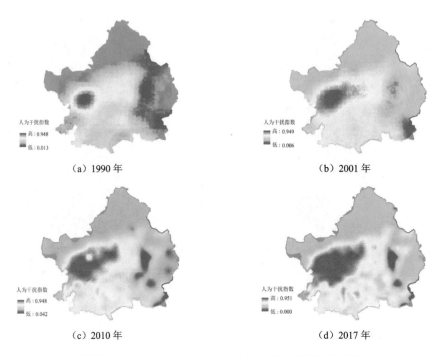

（a）1990 年   （b）2001 年

（c）2010 年   （d）2017 年

彩图 9 1990～2017 年呼和浩特市人类干扰指数分布图

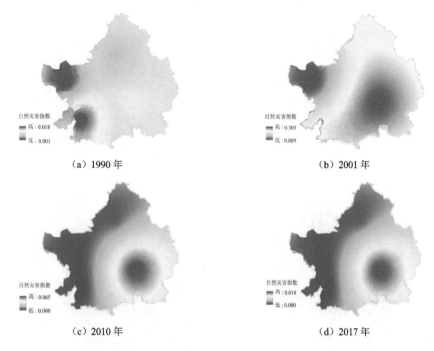

（a）1990 年　　　　　　　　　　　　（b）2001 年

（c）2010 年　　　　　　　　　　　　（d）2017 年

彩图 10　1990～2017 年呼和浩特市自然灾害指数分布图

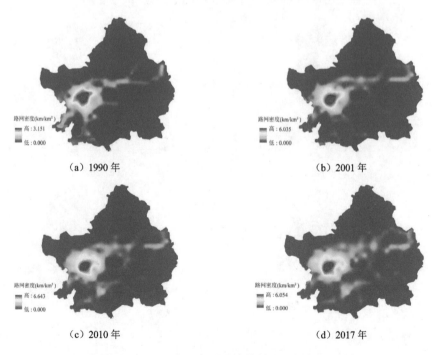

（a）1990 年　　　　　　　　　　　　（b）2001 年

（c）2010 年　　　　　　　　　　　　（d）2017 年

彩图 11　1990～2017 年呼和浩特市路网密度分布图

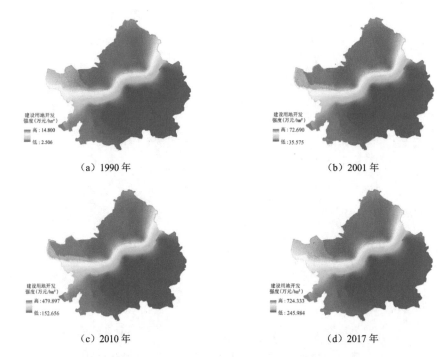

（a）1990 年　　　　　　　　　　　　（b）2001 年

（c）2010 年　　　　　　　　　　　　（d）2017 年

彩图 12　1990～2017 年呼和浩特市建设用地开发强度分布图

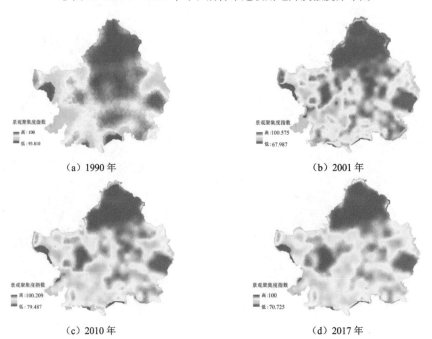

（a）1990 年　　　　　　　　　　　　（b）2001 年

（c）2010 年　　　　　　　　　　　　（d）2017 年

彩图 13　1990～2017 年呼和浩特市景观聚集度指数分布图

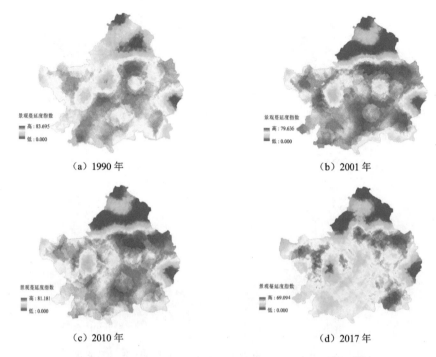

（a）1990 年   （b）2001 年

（c）2010 年   （d）2017 年

彩图 14　1990～2017 年呼和浩特市景观蔓延度指数分布图

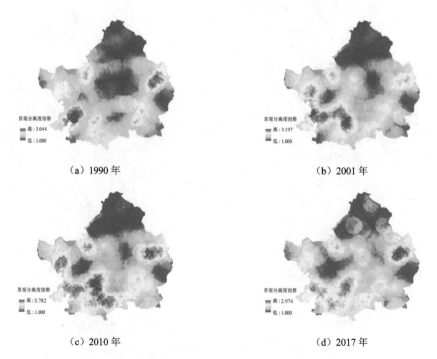

（a）1990 年   （b）2001 年

（c）2010 年   （d）2017 年

彩图 15　1990～2017 年呼和浩特市景观分离度指数分布图

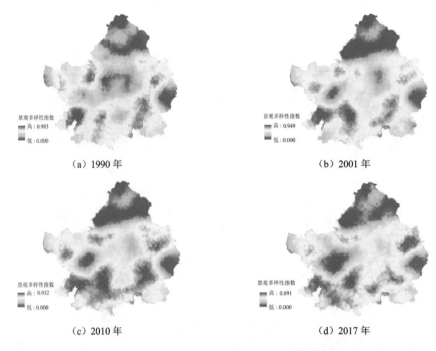

（a）1990 年　　　　　　　　　　　　　　（b）2001 年

（c）2010 年　　　　　　　　　　　　　　（d）2017 年

彩图 16　1990～2017 年呼和浩特市景观多样性指数分布图

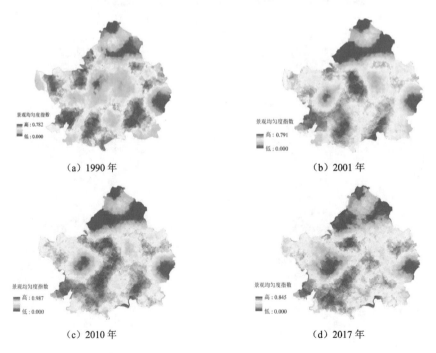

（a）1990 年　　　　　　　　　　　　　　（b）2001 年

（c）2010 年　　　　　　　　　　　　　　（d）2017 年

彩图 17　1990～2017 年呼和浩特市景观均匀度指数分布图

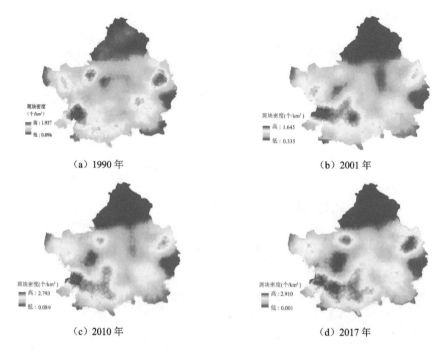

（a）1990 年　　　　　　　　　　　　　　　（b）2001 年

（c）2010 年　　　　　　　　　　　　　　　（d）2017 年

彩图 18　1990～2017 年呼和浩特市斑块密度分布图

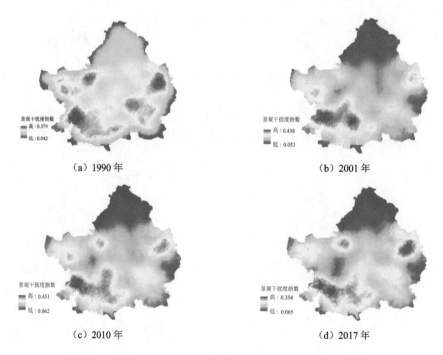

（a）1990 年　　　　　　　　　　　　　　　（b）2001 年

（c）2010 年　　　　　　　　　　　　　　　（d）2017 年

彩图 19　1990～2017 年呼和浩特市景观干扰度指数分布图

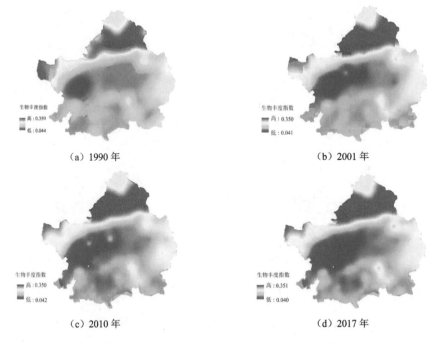

（a）1990 年 （b）2001 年

（c）2010 年 （d）2017 年

彩图 20　1990～2017 年呼和浩特市生物丰度指数分布图

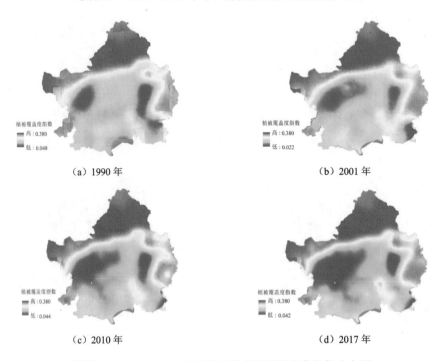

（a）1990 年 （b）2001 年

（c）2010 年 （d）2017 年

彩图 21　1990～2017 年呼和浩特市植被覆盖度指数分布图

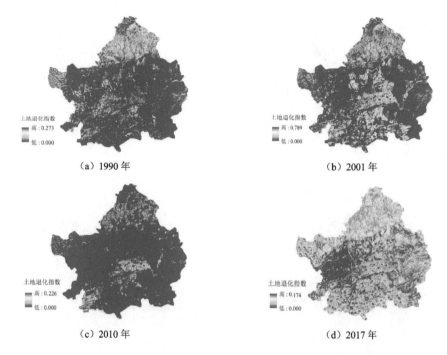

彩图 22　1990～2017 年呼和浩特市土地退化指数分布图

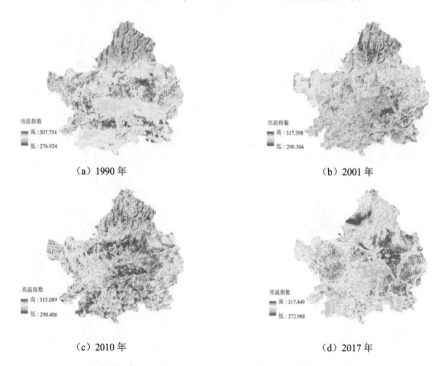

彩图 23　1990～2017 年呼和浩特市亮温指数分布图

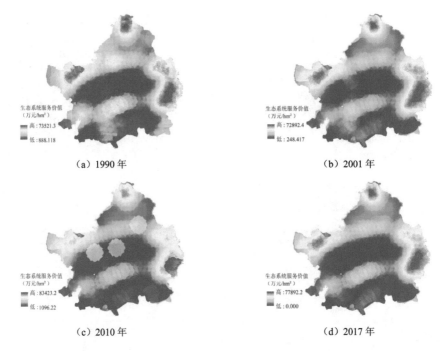

（a）1990 年　　　　　　　　　　　　　（b）2001 年

（c）2010 年　　　　　　　　　　　　　（d）2017 年

彩图 24　1990～2017 年呼和浩特市生态系统服务价值分布图

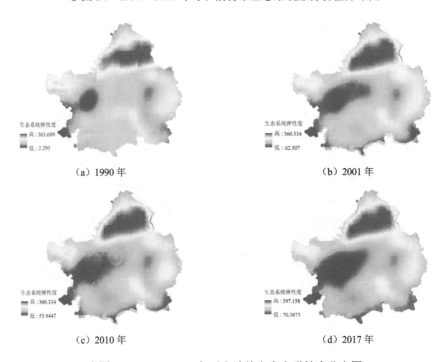

（a）1990 年　　　　　　　　　　　　　（b）2001 年

（c）2010 年　　　　　　　　　　　　　（d）2017 年

彩图 25　1990～2017 年呼和浩特市生态弹性度分布图

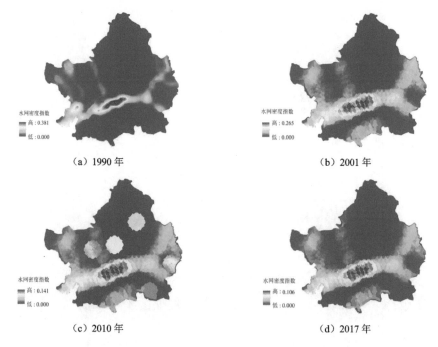

（a）1990 年　　　　　　　　　　　（b）2001 年

（c）2010 年　　　　　　　　　　　（d）2017 年

彩图 26　1990～2017 年呼和浩特市水网密度指数分布图

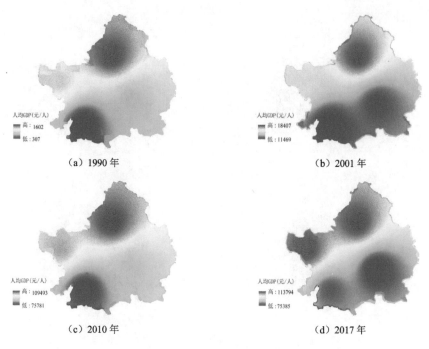

（a）1990 年　　　　　　　　　　　（b）2001 年

（c）2010 年　　　　　　　　　　　（d）2017 年

彩图 27　1990～2017 年呼和浩特市人均 GDP 分布图

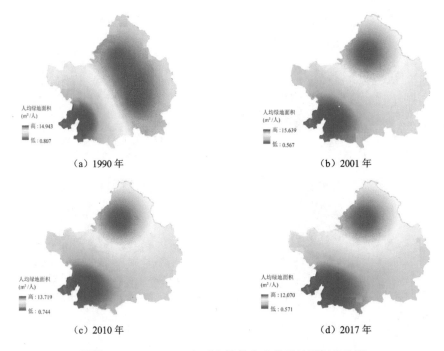

人均绿地面积
(m²/人)
高:14.943
低:0.807

（a）1990 年

人均绿地面积
(m²/人)
高:15.639
低:0.567

（b）2001 年

人均绿地面积
(m²/人)
高:13.719
低:0.744

（c）2010 年

人均绿地面积
(m²/人)
高:12.070
低:0.571

（d）2017 年

彩图 28　1990～2017 年呼和浩特市人均绿地面积分布图

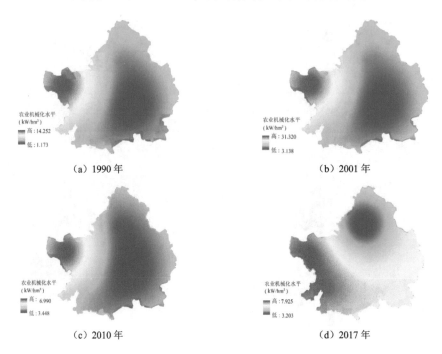

农业机械化水平
(kW/hm²)
高:14.252
低:1.173

（a）1990 年

农业机械化水平
(kW/hm²)
高:31.320
低:3.138

（b）2001 年

农业机械化水平
(kW/hm²)
高:6.990
低:3.448

（c）2010 年

农业机械化水平
(kW/hm²)
高:7.925
低:3.203

（d）2017 年

彩图 29　1990～2017 年呼和浩特市农业机械化水平分布图

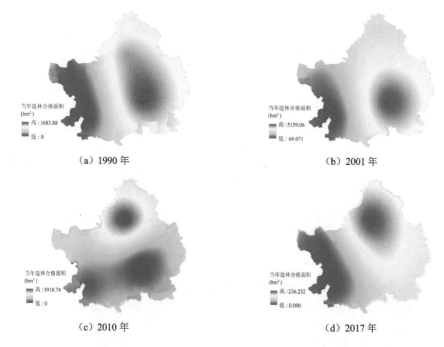

彩图 30　1990～2017 年呼和浩特市当年合格造林面积分布图

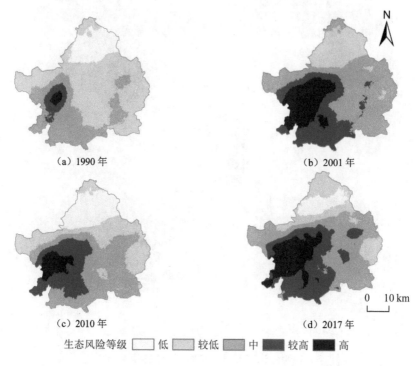

生态风险等级 ☐ 低 ☐ 较低 ☐ 中 ☐ 较高 ■ 高

彩图 31　1990～2017 年呼和浩特市四辖区生态风险综合指数分布图

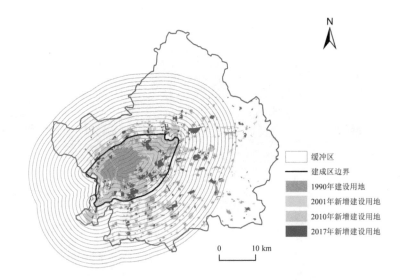

彩图 32　1990~2017 年呼和浩特市建设用地扩展及其圈层划分

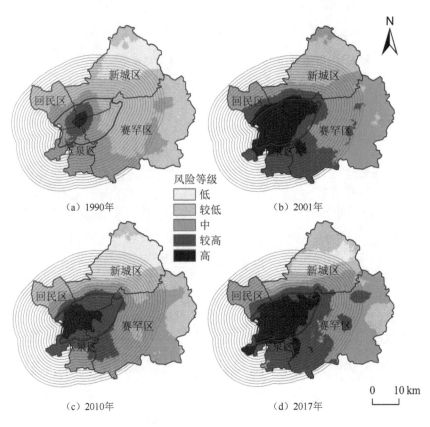

彩图 33　1990~2017 年呼和浩特城市生态风险的圈层分异

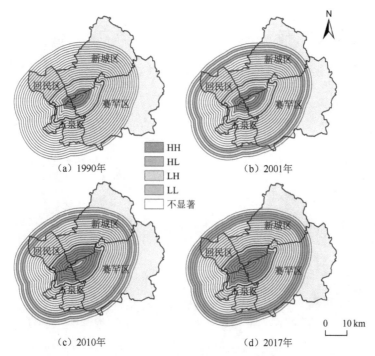

彩图 34　1990～2017 年呼和浩特城市建设用地比重与生态风险
综合指数的局部空间自相关 LISA 集聚图

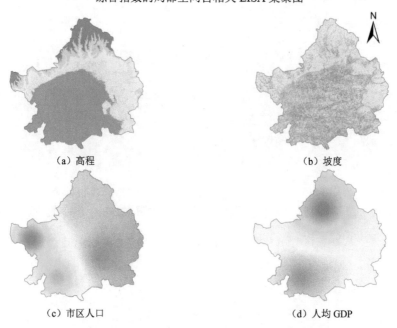

彩图 35　呼和浩特城市空间扩展驱动因子栅格图

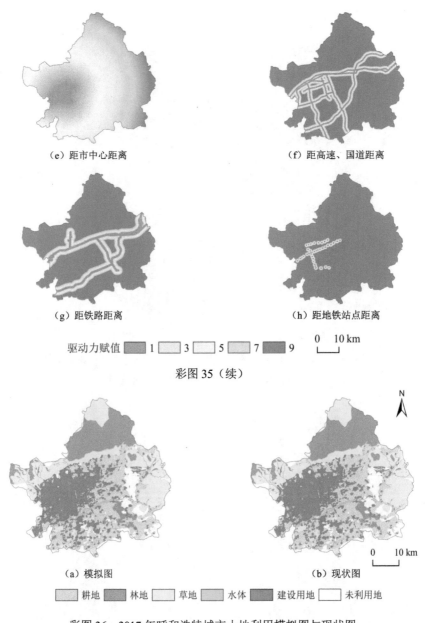

（e）距市中心距离　　　　　　　　（f）距高速、国道距离

（g）距铁路距离　　　　　　　　（h）距地铁站点距离

驱动力赋值　1　3　5　7　9　　　0　10 km

彩图 35（续）

（a）模拟图　　　　　　　　　　（b）现状图

耕地　林地　草地　水体　建设用地　未利用地

彩图 36　2017 年呼和浩特城市土地利用模拟图与现状图

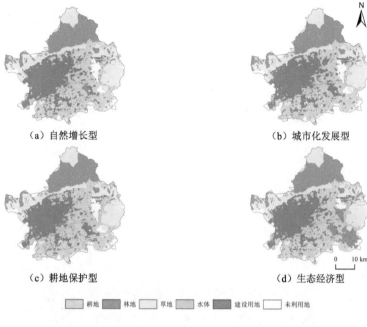

（a）自然增长型 （b）城市化发展型

（c）耕地保护型 （d）生态经济型

耕地　林地　草地　水体　建设用地　未利用地

彩图 37　2025 年呼和浩特城市空间扩展多情景模拟

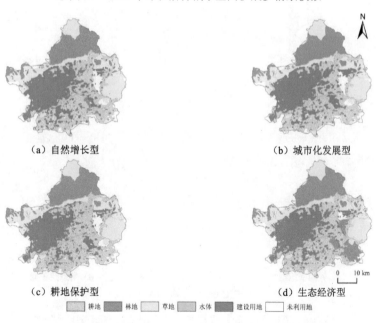

（a）自然增长型 （b）城市化发展型

（c）耕地保护型 （d）生态经济型

耕地　林地　草地　水体　建设用地　未利用地

彩图 38　2030 年呼和浩特城市空间扩展多情景模拟

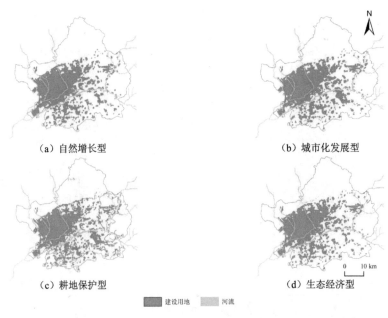

（a）自然增长型 （b）城市化发展型

（c）耕地保护型 （d）生态经济型

■ 建设用地 河流

彩图 39 2025 年不同扩展情景下呼和浩特城市建设用地分布

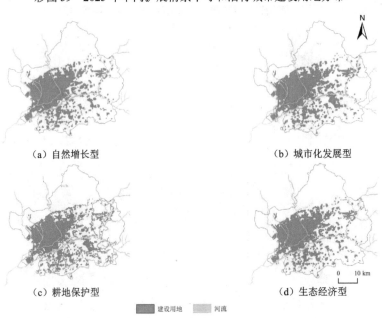

（a）自然增长型 （b）城市化发展型

（c）耕地保护型 （d）生态经济型

■ 建设用地 河流

彩图 40 2030 年不同扩展情景下呼和浩特城市建设用地分布

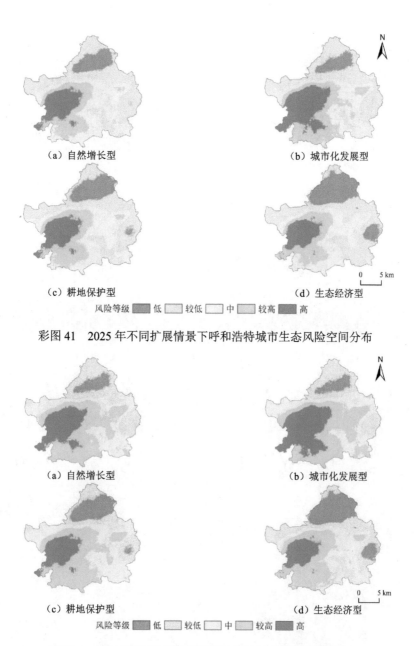

（a）自然增长型　　　　　　　　　（b）城市化发展型

（c）耕地保护型　　　　　　　　　（d）生态经济型

风险等级　■低　□较低　□中　□较高　■高

彩图41　2025年不同扩展情景下呼和浩特城市生态风险空间分布

（a）自然增长型　　　　　　　　　（b）城市化发展型

（c）耕地保护型　　　　　　　　　（d）生态经济型

风险等级　■低　□较低　□中　□较高　■高

彩图42　2030年不同扩展情景下呼和浩特城市生态风险空间分布

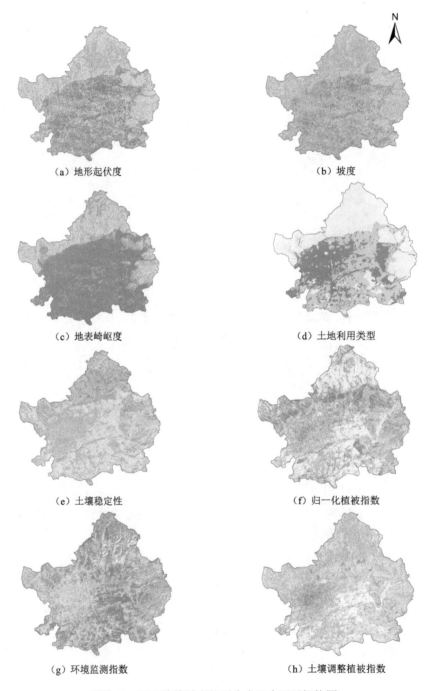

（a）地形起伏度　　　　　　　　　　　　（b）坡度

（c）地表崎岖度　　　　　　　　　　　　（d）土地利用类型

（e）土壤稳定性　　　　　　　　　　　　（f）归一化植被指数

（g）环境监测指数　　　　　　　　　　　（h）土壤调整植被指数

彩图 43　呼和浩特城市扩展生态阻力因子栅格图

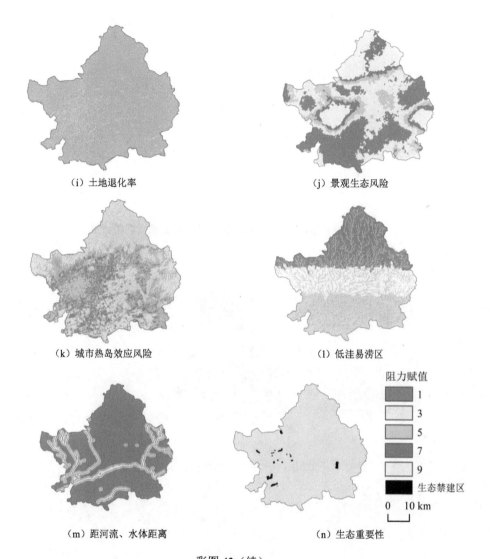

（i）土地退化率

（j）景观生态风险

（k）城市热岛效应风险

（l）低洼易涝区

（m）距河流、水体距离

（n）生态重要性

阻力赋值
1
3
5
7
9
生态禁建区

0　10 km

彩图 43（续）

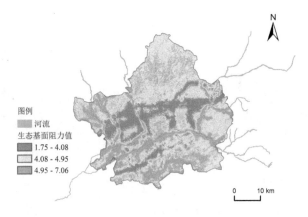

彩图 44 呼和浩特城市扩展生态基面阻力综合评价结果

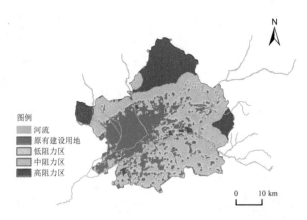

彩图 45 不同阻力水平下呼和浩特城市空间扩展方案

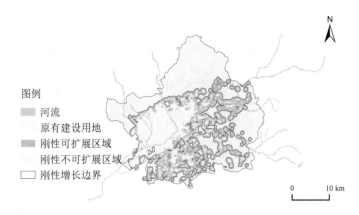

彩图 46 呼和浩特城市空间扩展的"刚性"边界

彩图 47　2025 年呼和浩特城市空间扩展"弹性"边界

彩图 48　2030 年呼和浩特城市空间扩展"弹性"边界

彩图 49　呼和浩特城市扩张源地分布图

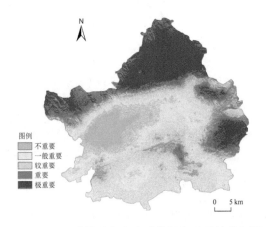

彩图 50　呼和浩特城市生态系统服务重要性分级图

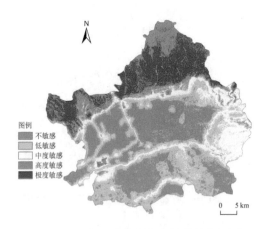

彩图 51　呼和浩特城市生态敏感性分级图

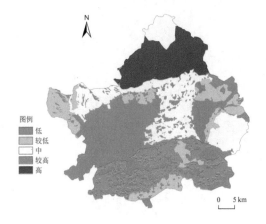

彩图 52　呼和浩特城市景观连通性分级图

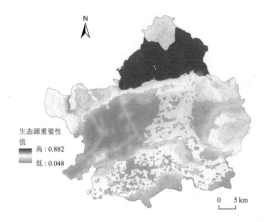

彩图 53　呼和浩特城市生态源地重要性分布图

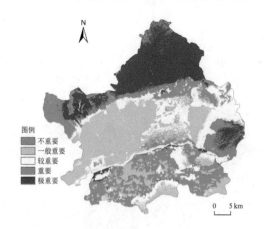

彩图 54　呼和浩特城市生态源地重要性分级图

彩图 55　呼和浩特城市生态保护源地分布图

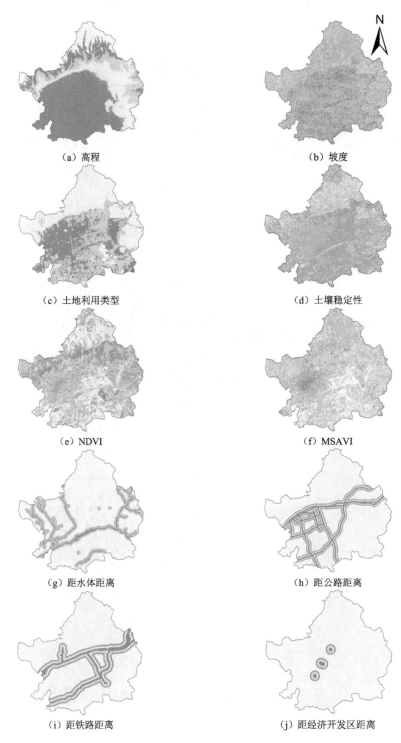

（a）高程 　　　　　　　　　　（b）坡度

（c）土地利用类型 　　　　　　　（d）土壤稳定性

（e）NDVI 　　　　　　　　　　（f）MSAVI

（g）距水体距离 　　　　　　　　（h）距公路距离

（i）距铁路距离 　　　　　　　　（j）距经济开发区距离

彩图 56　呼和浩特城市用地与生态用地扩张阻力赋值栅格图

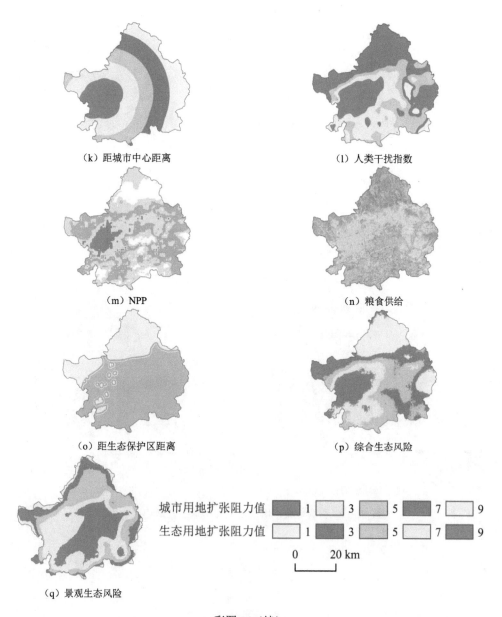

（k）距城市中心距离　　　　　　　　　　（l）人类干扰指数

（m）NPP　　　　　　　　　　　　　　　（n）粮食供给

（o）距生态保护区距离　　　　　　　　　　（p）综合生态风险

（q）景观生态风险

城市用地扩张阻力值　　1　3　5　7　9

生态用地扩张阻力值　　1　3　5　7　9

0　　20 km

彩图 56（续）

注：距水体距离、距公路距离、距铁路距离、距经济开发区距离、距城市中心距离、距生态保护区距离：以河、现有公路、铁路、经济开发区、城市中心、生态保护区为起始点或线建立缓冲区并分级赋值。

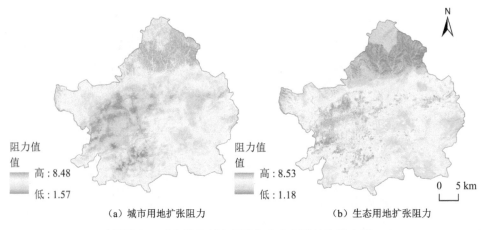

彩图 57　呼和浩特城市用地与生态用地扩张阻力面

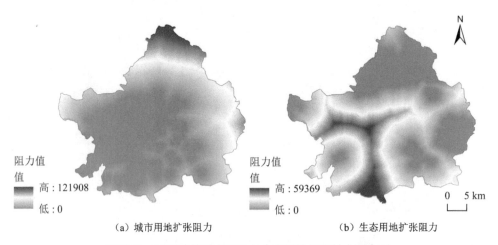

彩图 58　呼和浩特城市用地与生态用地扩张最小阻力面

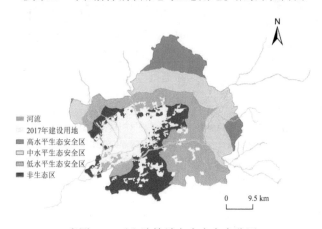

彩图 59　呼和浩特城市生态安全分区

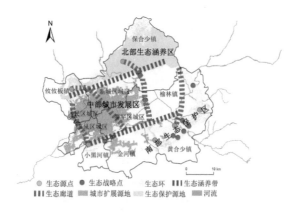

彩图 60 呼和浩特城市生态廊道及生态战略点

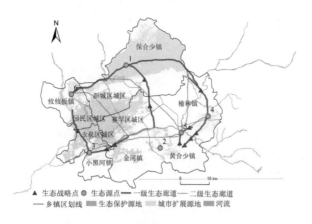

彩图 61 呼和浩特城市生态安全格局

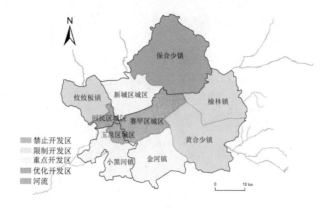

彩图 62 呼和浩特城市乡镇单元空间管制分区